JN279483

難関突破

1級舗装施工管理技術者試験

一般試験 1

土木工学・アスファルト舗装 編

建設技術教育研究会 編

技報堂出版

- 1編 土木工学
- 2編 アスファルト舗装
- 3編 コンクリート舗装・補修
- 4編 施工管理
- 5編 品質管理と検査
- 6編 舗装法規

まえがき

　1級舗装施工管理技術者試験の有用性は，今後ますます広がると考えられている。しかし当試験は，合格率が10％前後と極めて厳しいものになっている。この原因を分析してみると，基礎的な考え方が不十分なことに加え，舗装計画，舗装設計計算，アスファルト混合物の配合設計，再生加熱アスファルト混合物の配合設計，および製造等，広い知識が問われることが浮かび上がってくる。また一方では，1級土木施工管理技士に出題されるような，品質管理，品質検査，舗装施工といった問題の数が少ないことに戸惑いを受けているようにも見受けられる。

　こうした傾向は当研究会の研修においても確認されている。このことから，知識を整理して，課題→原因→措置の関係を理解することが必要となる。たとえば「アスファルト混合物は高温時に流動化する→アスファルトが熱可塑性だから→セメントと消石灰等をアスファルト混合物の1～3％混合する措置をとる」。というような関係を理解することである。

　本書においては学習のスタイルを「課題→原因→措置」のパターンとし，知識の体系化が可能なように構成されている。また，重要と思われる用語には「**舗装**」というように太字で記載しているので，学習の際に参考にして欲しい。知識を繰り返し記述することによって，読者の効果的な学習を促進し，一読すれば舗装の体系的知識を頭に練り混ませるように工夫している。

　本書の学習で合格し，「1級舗装施工管理技術者」になられることを祈念します。

2005年2月
建設技術教育研究会　森野安信

目 次

1編 土木工学 …………………………………………………………… 1

1章 道路土工 ……………………………………………………… 3
- 1-1 土質調査 ……………………………………………… 4
- 1-2 土工機械 ……………………………………………… 10
- 1-3 土量計算 ……………………………………………… 17
- 1-4 切土・盛土の施工 …………………………………… 23
- 1-5 演習問題 ……………………………………………… 38

2章 道路施設 ……………………………………………………… 43
- 2-1 擁壁工 ………………………………………………… 44
- 2-2 排水工 ………………………………………………… 55
- 2-3 道路標識 ……………………………………………… 63
- 2-4 防護柵 ………………………………………………… 67
- 2-5 道路照明 ……………………………………………… 75
- 2-6 道路緑化 ……………………………………………… 80
- 2-7 演習問題 ……………………………………………… 84

3章 設計図書，測量 ……………………………………………… 89
- 3-1 設計図書 ……………………………………………… 90
- 3-2 測量 …………………………………………………… 98
- 3-3 演習問題 ……………………………………………… 118

2編 アスファルト舗装 ……………………………………………… 121

1章 アスファルト舗装の計画と設計 …………………………… 123
- 1-1 アスファルト舗装の計画 …………………………… 124
- 1-2 アスファルト舗装の構造 …………………………… 126
- 1-3 舗装の技術基準 ……………………………………… 128
- 1-4 アスファルト舗装の設計 …………………………… 132
- 1-5 演習問題 ……………………………………………… 143

2章 アスファルト舗装の材料 …………………………………… 149
- 2-1 アスファルト舗装素材の分類 ……………………… 150
- 2-2 表層・基層等素材 …………………………………… 153
- 2-3 アスファルト等混合物 ……………………………… 164
- 2-4 構築路床用材料 ……………………………………… 166
- 2-5 路盤用材料 …………………………………………… 167
- 2-6 演習問題 ……………………………………………… 171

3章 アスファルト混合物の配合設計 …………………………… 177
- 3-1 表層・基層アスファルト混合物の配合設計 ……… 178
- 3-2 表層アスファルト混合物配合設計例 ……………… 187
- 3-3 アスファルト混合物の特別な対策 ………………… 196
- 3-4 再生加熱アスファルト混合物の配合設計 ………… 200
- 3-5 アスファルト混合物に関する試験 ………………… 204
- 3-6 演習問題 ……………………………………………… 207

        4章　アスファルト舗装の施工　……………………211
            4-1 構築路床の施工 ……………………………212
            4-2 下層路盤の施工 ……………………………216
            4-3 上層路盤の施工 ……………………………222
            4-4 路上再生路盤工法 …………………………228
            4-5 表層，基層の施工 …………………………234
            4-6 路上表層再生工法 …………………………247
            4-7 アスファルト舗装機械 ……………………252
            4-8 演習問題 ……………………………………255
        5章　特殊アスファルト舗装　……………………267
            5-1 特殊アスファルト舗装の概要 ……………268
            5-2 開粒度アスファルト混合物の舗装 ………270
            5-3 ギャップアスファルト混合物の舗装 ……281
            5-4 特殊な箇所の舗装 …………………………286
            5-5 特殊構造の舗装 ……………………………296
            5-6 特殊素材の舗装 ……………………………300
            5-7 演習問題 ……………………………………304

1級舗装施工管理技術者試験 一般試験編2（別売）目次

3編　コンクリート舗装・補修
　　1章　コンクリート舗装
　　2章　補修

4編　施工管理
　　1章　施工計画
　　2章　原価管理
　　3章　工程管理
　　4章　安全管理
　　5章　品質管理

5編　品質管理と検査
　　1章　舗装品質管理
　　2章　舗装検査

6編　舗装法規
　　1章　労働関係法
　　2章　建設業法
　　3章　道路関係法
　　4章　環境保全関係法

1級舗装施工管理技術者試験　一般試験

分野	No.	2004年度	2003年度
土木工学	1	切土のり面の砂の標準勾配	切土のり面の質と安定性
土木工学	2	盛土の締固め規定と土質	盛土のり面安定計算と土質
土木工学	3	逆T字型擁壁に作用する土圧	重力式擁壁設計と引張応力
土木工学	4	盛土の締固め機械の特徴	排水ますの施工手順
土木工学	5	道路緑化，高木の剪定時期	型枠支持工の取外し順序
土木工学	6	契約解除できる受請代金減少額	のり面保工・播種工の特徴
土木工学	7	特記仕様書に定める内容	材料検査費用負担者（貸与品）
土木工学	8	土質試験，塑性限界含水比	詳細測量の内容（路線測量）
アスファルト舗装	9	CBR試験試料採取深さ	設計CBRの計算式
アスファルト舗装	10	3車線の舗装計画交通量	舗装の設計期間の定義（ひび割れ）
アスファルト舗装	11	平坦性の測定位置	アスファルト舗装の設計期間
アスファルト舗装	12	プレコート砕石をする舗装名	半たわみ性舗装と温度応力
アスファルト舗装	13	剥離防止剤，消石灰の混合量	低騒音性混合物と最大粒径
アスファルト舗装	14	カチオン系，アスファルト乳剤	製鋼スラグエージング期間
アスファルト舗装	15	PIが9を超える材料の利用	PK-3乳剤利用目的
アスファルト舗装	16	吸水率1.5%を超える骨材密度	路盤の安定性と粒度分布
アスファルト舗装	17	最大粒径20mmと13mmの違い	寒冷地75μm骨材の通過比率
アスファルト舗装	18	ウレタンコートとテニスコート	剥離防止用，消石灰混合割合（%）
アスファルト舗装	19	再生材配合率10%以下の配合設計	透水性舗装とクラッシャランの使用
アスファルト舗装	20	連続空隙率測定方法	再生アスファルト材料の目標針入度値
アスファルト舗装	21	間接加熱混合方式の特徴	排水性舗装カンタブロ試験
アスファルト舗装	22	加熱アスファルト混合物のパサツキ要因	設計CBR2未満路床処理法
アスファルト舗装	23	アスファルト混合物の締固め方法	シックリフト工法と交通開放
アスファルト舗装	24	アスファルト混合物の縦継目の施工法	一時貯蔵ビンの貯蔵時間
アスファルト舗装	25	寒冷期アスファルト混合物の施工法	振動ローラの締固め速度
アスファルト舗装	26	排水性舗装の締固め方法	寒冷期のタックコート施工法
アスファルト舗装	27	グースアスファルト混合物，接着材名	グースアスファルト混合物接着材名
アスファルト舗装	28	アスファルト締固め機械	透水性舗装とプライムコート
アスファルト舗装	29	ノニオン系アスファルト乳剤の使用工法	ホイール式とクローラ式特徴

（土木工学・アスファルト舗装）過去問題分析表

分野	No.	2002年度	2001年度
土木工学	1	切土のり面の小段幅	コンクリート吹付工
土木工学	2	ほぐし土量の計算	側溝ますと縁石ますの違い
土木工学	3	地震検討の必要な擁壁高さ	擁壁裏込め土の持つべき性質
土木工学	4	歩行自転車用柵の設計荷重	標識の設計荷重の種類
土木工学	5	クローラ式とホイール式特徴	粘土と砂の作業効率の違い
土木工学	6	避けられない損害の負担者	樹木の大きさ、幹周の定義
土木工学	7	水準測量の野帳、標高計算	仕様書に示す内容
土木工学	8	スウェーデン式サウディング試験	水準測量・零点目盛誤差
アスファルト舗装	9	改良路床の上限CBR値	CBR試験の試料採取深さ
アスファルト舗装	10	他産業廃棄物の利用促進	T_Aと$T_{A'}$との関係
アスファルト舗装	11	性能指標の設定時期	車道と側帯間の目地の可否
アスファルト舗装	12	路盤材料の等値換算係数	瀝青安定処理路盤上のコート種類
アスファルト舗装	13	フルデプスアスファルト舗装設計CBR値	フルデプスアスファルト舗装設計CBR
アスファルト舗装	14	アスファルト混合物と海砂の利用の可否	路盤材料の有害物質の制限
アスファルト舗装	15	セミブローンアスファルト混合物の特徴	粒度調整工法に用いる修正CBR値
アスファルト舗装	16	シルト・粘土の混合量制限	排水性舗装の目標空隙率
アスファルト舗装	17	粒径20mmと13mmの違い	耐流動性向上と粒度分布
アスファルト舗装	18	耐流動性向上とアスファルト量	ロールドアスファルト混合物の骨材粒度
アスファルト舗装	19	セメント安定処理とひび割れ	再生骨材配合率10%以下の針入度
アスファルト舗装	20	ダレ試験の目的	凍結遅延剤の使用目的
アスファルト舗装	21	粒状生石灰と路床の締固め方法	路床施工後の交通開放の可否
アスファルト舗装	22	細粒分の多い混合物の混合時間	最適含水比による路盤の施工
アスファルト舗装	23	グースアスファルト混合物運搬方法	加熱アスファルト混合物の積込み方
アスファルト舗装	24	アスファルト混合物敷き均し（降雨時）	排水性混合物の温度制御難易
アスファルト舗装	25	ホットジョイントの施工法	初転圧時のローラの転圧方向
アスファルト舗装	26	アスファルト混合物転圧順序	タックコートの散布量
アスファルト舗装	27	排水性舗装の締固め度	アスファルト混合物転圧幅寄せ方法
アスファルト舗装	28	グースアスファルトプレコートの施工	アスファルト混合物縦継目相互間隔
アスファルト舗装	29	鉄輪振動ローラの無振の施工	自転車・歩道のBPNの値

1級舗装施工管理技術者試験の概要

(1) 申し込み受付期間　　毎年2月中旬～下旬
(2) 試験日　　　　　　　毎年6月第4日曜日（予定）
(3) 試験会場　　　　　　全国主要都市（平成17年は10都市で開催予定）
(4) 受験問い合わせ先　　財団法人　道路保全技術センター　技術検定室
　　　　　　　　　　　　（9:00～17:30　土日祝日は休）
　　　　　　　　　　　　〒112-0004　東京都文京区後楽2-3-21
　　　　　　　　　　　　TEL:03(5803)7811　　FAX:03(5803)7880
　　　　　　　　　　　　http://www.hozen.or.jp

(5) 試験内容は下記の図の通り

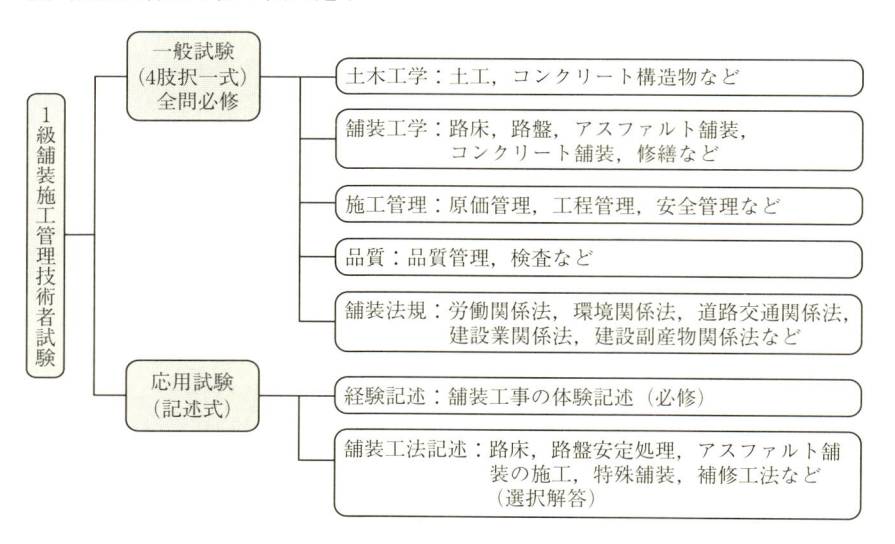

```
                  ┌─ 一般試験     ┬─ 土木工学：土工，コンクリート構造物など
                  │  (4肢択一式)   │
                  │  全問必修     ├─ 舗装工学：路床，路盤，アスファルト舗装，
1級舗装施工       │               │           コンクリート舗装，修繕など
管理技術者試験 ──┤               ├─ 施工管理：原価管理，工程管理，安全管理など
                  │               │
                  │               ├─ 品質：品質管理，検査など
                  │               │
                  │               └─ 舗装法規：労働関係法，環境関係法，道路交通関係法，
                  │                          建設業関係法，建設副産物関係法など
                  │
                  └─ 応用試験     ┬─ 経験記述：舗装工事の体験記述（必修）
                     (記述式)     │
                                  └─ 舗装工法記述：路床，路盤安定処理，アスファルト舗
                                               装の施工，特殊舗装，補修工法など
                                               （選択解答）
```

難関突破　一般試験

第1編
土木工学

第1章　道路土工
第2章　道路施設
第3章　設計図書，測量

設計基準，材料品質規格，品質管理基準，検査基準の例については，日本道路協会発行の各種指針，便覧，JIS，土木学会示方書，道路構造令等の舗装の基準となる数値を参考とした。参考とした出典はすべて表示した。

第1章 道路土工

1編 土木工学

　道路土工では，土質調査方法の名称と区分を整理し，土工機械として，掘削，運搬，敷き均し，締固め機械の名称と特徴を理解し，切土のり面の勾配，盛土の工法および，のり面保護工の種類と特徴を理解する。

　　　1-1　土質調査
　　　1-2　土工機械
　　　1-3　土量計算
　　　1-4　切土・盛土の施工
　　　1-5　のり面保護工
　　　1-6　演習問題

1-1 土質調査

1-1-1 土質調査

　道路土工に先がけて，原位置における道路の原地盤の支持力を，標準貫入試験やスウェーデン式サウンディングにより判定し，軟弱地盤の区間を特定し，必要により軟弱地盤に対策を行い，改良しておく。また，路体や路床の支持力を求めるために，原位置で行う平板載荷試験や，原位置から採取した土試料により室内 CBR 試験を行う。アスファルト舗装では，路床の評価を CBR で行い，コンクリート舗装では路盤支持力 K 値で評価する。

　このように，土質調査には，原位置における土の性状を確認するために行う原位置試験と，試料を原位置から採取（サンプリング）して，試験室で土の性状を調べる土質試験とがある。土質調査は，図 1-1 のように分類される。

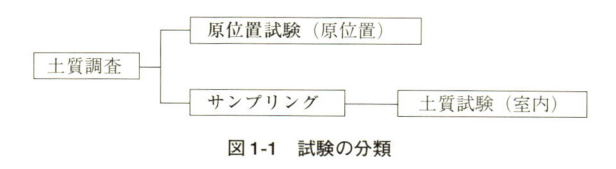

```
                    ┌── 原位置試験（原位置）
        土質調査 ──┤
                    └── サンプリング ── 土質試験（室内）
```

図 1-1　試験の分類

1-1-2 原位置試験

　道路土工に必要な原位置試験で代表的なのは次のようなものである。

(1)　ボーリング調査

　計画路線上で，適切な間隔で，土，岩をボーリングで採取し，路線の土質・地質を把握する。ボーリング深度は 5m 以上にわたって，支持地盤まで確認するのを原則とし，切土部では 2m 程度，地すべりが予想されるときは 5m 程度とする。

(2)　標準貫入試験

　ボーリング孔を利用して，**標準貫入試験**を実施し，橋梁の橋脚，橋台以外のカルバート，道路の基礎としては，N 値が 15 以上とし，橋梁の基礎は，支持層が，基礎幅に比較して十分な厚さであることを確認する。

　N 値が 4 以下の粘性土層は，軟弱地盤として改良する。また砂質地盤では，N 値が 10 ～ 15 以下のとき，地震時の液状化について調査する。

(3) サンプリング

 土質試験をするため,原位置から土試料を乱さず採取するサンプリングには,シンウォールサンプラ,またはフォイルサンプラを用いる。これは,主に軟弱粘性土層に適用する。採取は縦断方向に50～100 m とし,サンプリングは,原則として軟弱粘性土層の下層までとする。層厚の厚いときは,土層から2～3点採取する。

(4) 原位置試験のまとめ

 原位置試験は,軟弱層のせん断強さを原位置で求めるもので,ベーン試験,標準貫入試験,現場 CBR 試験(室内 CBR の適さない高含水比軟弱層に適用),平板載荷試験,岩盤の掘削の硬さを測定する弾性波探査等がある。その代表的なものは,**表 1-1** のようである。

表1-1 原位置試験

試験の名称	試験結果から得られるもの	試験結果の利用
弾性波探査	地盤の弾性波速度 V(m/s)	地層の種類,性質,岩の掘削法 成層状況の推定
電気検査	地盤の比抵抗値 r (Ω)	地下水の状態の推定
単位体積質量試験 (砂置換法)(IR法)	湿潤密度 ρ_t(g/cm^3) 乾燥密度 ρ_d(g/cm^3)	締固めの施工管理
標準貫入試験	N 値(打撃回数)動的貫入	土の硬軟,締まり具合の判定
スウェーデン式 サウンディング試験	N_{sw} 値(半回転数)静的貫入	土の硬軟,締まり具合の判定
コーン貫入試験	コーン指数 q_c(kN/m^2)	トラフィカビリティの判定
ベーン試験	粘着力 c (N/mm^2)	細粒土の斜面や基礎地盤の安定計算
平板載荷試験	支持力係数 K (MPa/cm)	締固めの施工管理
現場透水試験	透水係数 k (cm/s)	透水関係の設計計算 地盤改良工法の設計
現場 CBR 試験	CBR 値(%)	舗装厚さの設計

1-1-3 土質試験

土質試験の代表的なものは次のようである。

(1) 突固めによる土の締固め試験
① 目的：**突固めによる土の締固め試験**は，土の力学的性質を調べる室内試験で略して突固め試験ともいわれ，盛土した土の，最大乾燥密度 ρ_{dmax}（g/cm³）と，そのときの土の最適含水比 w_{opt}（％）を求め，盛土の締固め度を計算し，締固め管理をすることである。
② 試験方法：盛土材料の代表的な土を採取し，直径 10 cm モールド（容積 1 000 cm³）に土を入れ，ランマで突固め，土の供試体の含水比 w（％）と土の湿潤密度 ρ_t（g/cm³）を測定し，これより，次の式で土の乾燥密度 ρ_d（g/cm³）を求める。

$$\rho_d = \frac{\rho_t}{1 + \frac{w}{100}} \text{ (g/cm}^3\text{)}$$

③ 試験結果：最大乾燥密度と最適含水比を求めるため，5〜6個の供試体の含水比 w を横軸に，このときの乾燥密度 ρ_d を縦軸として，点（w, ρ_d）をグラフ上に打点し，曲線で，打点を結び，その頂点の座標（w_{opt}, ρ_{dmax}）から図1-2 のように，最大乾燥密度 ρ_{dmax} と最適含水比 w_{opt} を求める。

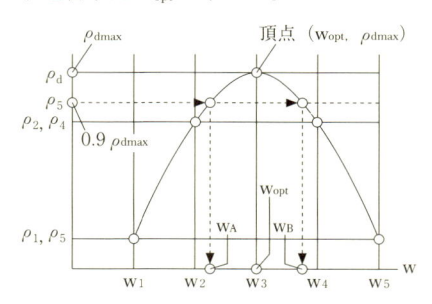

図 1-2　締固め曲線

④ 結果の利用：締固め度を 90 ％と仮定するとき，90 ％× ρ_{dmax} = 0.9 ρ_{dmax} を図1-2 に打点し，このときの含水比の範囲 w_A〜w_B の範囲で盛土材料を管理して施工すれば，所要の締固め度 90 ％が得られる。

(例題)

ある盛土材料の土の締固め試験により，次の結果を得た。この結果をもとに，土の締固め曲線を描き，最大乾燥密度 ρ_{dmax} と最適含水比 w_{opt} を求めよ。

測定番号	1	2	3	4	5
含水比 w（%）	10.0	12.0	15.0	18.0	20.0
湿潤密度 ρ_t (g/cm³)	1.650	2.016	2.300	2.124	1.800

(解答)

(1) 乾燥密度 ρ_d の計算

$\rho_{d1} = \rho_{t1} \div (1 + \frac{w_1}{100}) = 1.650 \div (1 + \frac{10}{100}) = 1.50$

$\rho_{d2} = \rho_{t2} \div (1 + \frac{w_2}{100}) = 2.016 \div (1 + \frac{12}{100}) = 1.80$

$\rho_{d3} = \rho_{t3} \div (1 + \frac{w_3}{100}) = 2.300 \div (1 + \frac{15}{100}) = 2.00$

$\rho_{d4} = \rho_{t4} \div (1 + \frac{w_4}{100}) = 2.124 \div (1 + \frac{18}{100}) = 1.80$

$\rho_{d5} = \rho_{t5} \div (1 + \frac{w_5}{100}) = 1.800 \div (1 + \frac{20}{100}) = 1.50$

(2) 座標 (w, ρ_d) の位置に打点する。

$(w_1, \rho_{d1}) = (10, 1.5)$, $(w_2, \rho_{d2}) = (12, 1.8)$, $(w_3, \rho_{d3}) = (15, 2.0)$, $(w_4, \rho_{d4}) = (18, 1.8)$, $(w_5, \rho_{d5}) = (20, 1.5)$

(3) グラフ化して頂点を求めると，
頂点 (w_{opt}, ρ_{dmax}) は，
最適含水比 w_{opt} = 15 %
最大乾燥密度 ρ_{dmax} = 2.0 g/cm³

(4) 結果の利用
突固めによる土の締固め試験では，最大乾燥密度と最適含水比を求め，盛土の締固め管理に用いる。

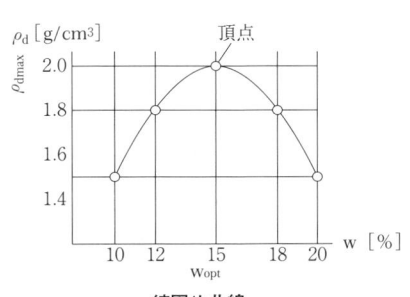

締固め曲線

たとえば，路体の締固め度を C_d = 90 % とすると，施工含水比は，$\rho_{dmax} \times 0.9 = 2.0 \times 0.9 = 1.8$ g/cm³ となり，このときの含水比 w_A = 12 %，w_B = 18 % となる。したがって，含水比が 12 ～ 18 % の範囲で盛土材料を管理して施工すれば，締固め度 90 % を確保できる。

(2) 含水比試験
① 目的：**含水比試験**は土の物理性状を調べる室内試験で，含水比を求めて，土の締固め管理をする。
② 試験方法：直径5cmほどの蒸発皿の質量 m_0 (g) を測定しておき，この蒸発皿に湿潤状態の土試料を載せ，蒸発皿と土試料の合計質量 m_1 (g) を測定する。次に，蒸発皿と土試料を乾燥炉に入れ，土試料の水分を蒸発させ，乾燥させ，その後の蒸発皿と乾燥土試料の質量 m_2 (g) を測定する。
③ 試験結果：
   蒸発皿の質量＝ m_0 (g)
   湿潤土試料質量＝ $(m_1 - m_0)$ (g)
   乾燥土試料質量＝ $(m_2 - m_0)$ (g)
   蒸発水分質量＝ $(m_1 - m_2)$ (g)

   $$土試料の含水比 w = \frac{蒸発水分質量 \times 100}{乾燥土試料質量} = \frac{(m_1 - m_2)}{(m_2 - m_0)} \times 100 (\%)$$

④ 結果の利用：盛土の締固め管理等に用いる。

例題

ある盛土材料からサンプリングした土試料を蒸発皿に入れて，質量を測定したところ210gあった。これを乾燥炉（電子レンジも可）で乾燥させて，蒸発皿と乾燥土試料を測定したところ 190gとなっていた。蒸発皿の質量を90gとするとき，この盛土材料の含水比 w (％) を求めよ。

解答

① 蒸発皿質量　$m_0 = 90$ g
② 湿潤土試料質量　$m_1 - m_0 = 210 - 90 = 120$ g
③ 乾燥土試料質量　$m_2 - m_0 = 190 - 90 = 100$ g
④ 蒸発水分質量　$m_1 - m_2 = 210 - 190 = 20$ g
⑤ 土試料含水比　$w = \dfrac{20}{100} \times 100 = 20 \%$

(3) 土質試験のまとめ
① 土の力学的性質を調べる土質試験のまとめは表1-2のようである。

表1-2 力学性質を判断する土質試験

No.	試験名	試験により求める値	試験で求めた値の利用法
1	突固めによる土の締固め試験	・ρ_{dmax}（最大乾燥密度） ・w_{opt}（最適含水比）	・盛土の締固め管理
2	せん断試験 ・直接せん断試験 ・一軸圧縮試験（粘性土） ・三軸圧縮試験	・ϕ（内部摩擦角） ・c（粘着力） ・q_u（一軸圧縮強さ） ・S_t（鋭敏比）	・地盤の支持力の確認 ・細粒土のこね返しによる支持力の判定 ・斜面の安定性の判定
3	室内CBR試験	・CBR値 ・修正CBR値	・路盤材料の選定 ・地盤支持力の推定
4	圧密試験	・m_v（体積圧縮係数） ・k（透水係数）	・沈下量の判定 ・沈下時間の判定

② 土の物理的性質を調べる土質試験のまとめは，表1-3のようである。

表1-3 物理的性質を判断する土質試験

No.	試験名	試験により求める値	試験で求めた値の利用法
1	含水比試験	・w（含水比）	・土の締固め管理 ・土の分類
2	土粒子の密度試験	・ρ_s（土粒子の密度） ・S_r（飽和度） ・v_a（空気間隙率）	・土の基本的な分類 ・高含水比粘性土の締固め管理
3	コンシステンシー試験 （液性限界試験） （塑性限界試験）	・w_L（液性限界） ・w_P（塑性限界） ・PI（塑性指数）	・細粒土の分類 ・安定処理工法の検討 ・凍上性の判定 ・締固め管理
4	粒度試験	・粒径加積曲線	・盛土材料の判定 ・液状化の判定 ・透水性の判定
5	砂の密度試験	・D_r（相対密度）	・砂地盤の締まり具合の判断 ・砂層の液状化の判定

1-2 土工機械

1-2-1 作業別土工機械の分類

土工機械は建設機械の一種で，主に土工事を行う機械である。表 1-4 に作業別の土工機械の種類を示す。

土工機械には，掘削，積込み，運搬，締固め等の機能を持つ各種の機械がある。土工作業は，まず，地山の木の根を引き抜く伐開作業を行い，ショベルやブルドーザで土の掘削を行い，ブルドーザやスクレーパで運搬し，モータグレーダで敷き均し，ローラ等で締固め整地する。また，下水道の施工時には，整地された地盤を溝掘機等を用いて掘削する。

表 1-4　作業別適性土工機械

作業の種類	土工機械の種類
伐開	ブルドーザ，レーキドーザ
掘削	パワーショベル，バックホウ，ドラグライン，クラムシェル，トラクタショベル，ブルドーザ
積込み	パワーショベル，バックホウ，ドラグライン，クラムシェル，トラクタショベル
掘削・積込み	パワーショベル，バックホウ，ドラグライン，クラムシェル，トラクタショベル，浚渫船（しゅんせつせん），バケットエキスカベータ
掘削・運搬	ブルドーザ，スクレープドーザ，スクレーパ，トラクタショベル
運搬	ブルドーザ，ダンプトラック，ベルトコンベア
敷き均し	ブルドーザ，モータグレーダ，スプレッダ
締固め	ロードローラ，タイヤローラ，タンピングローラ，振動ローラ，振動コンパクタ，ランマ，タンパ，ブルドーザ
整地	ブルドーザ，モータグレーダ
溝掘	トレンチャ，バックホウ

1-2-2 ショベル系掘削機械

ショベル系掘削機械は，ショベル系本体のブームに，掘削土質や掘削場所等に適する作業装置（フロントアタッチメント）を取り付けて用いられる。

パワーショベルは，構造的機械位置より高い場所にある軟らかい土から硬い土の掘削に適するように専用化されている。このため，低い位置の掘削に適さない。また，バックホウは低い位置にある軟らかい土から硬い土の掘削に専用化されていて，$0.1\,m^3 \sim 2.0\,m^3$ のバケット容量がある。

パワーショベルとバックホウは，一般に油圧力を直接バケットに伝達して掘削するため，硬い土も強力な力で掘削できる。

パワーショベルやバックホウは，ショベル系本体の前面のブームポイントで取換えられるバケットで，一般にフロントアタッチメントの一種である。

ショベルのアタッチメントの大きさは，原則として，バケットの平積容量で表すが，油圧式によるパワーショベルとバックホウの2つは山積容量で表す。

ショベル系アタッチメントとその特徴をまとめたものを**表1-5**に示しておく。

表1-5　フロントアタッチメントと適性作業

		パワーショベル	バックホウ	ドラグライン	クラムシェル
	掘削力	大	大	小	小
掘削材料	硬い土・岩・破砕された岩	◎	◎	×	×
	水中掘削	×	◎	○	○
掘削位置	地面より高い所	◎	×	×	◎
	地面より低い所	×	◎	○	○
	正確な掘削	○	○	×	○
	広い範囲	×	×	◎	○
適応作業	高い所の切り取り	○	×	×	×
	狭いV形溝掘	×	○	×	○
	表土はぎ整地	○	×	○	×
	ウィンチ作業	×	×	○	○

○：適当，×：不適当，◎：○のうち出題頻度の高いもの

1-2-3　トラクタ系機械

　トラクタにアタッチメントのブレードを取り付けたものを**ブルドーザ**という。ブルドーザは掘削・運搬，敷き均し，締固めの連続作業が可能で，作業能率はよいが，一定の敷き均し厚さとすることが困難である。敷き均し，締固めには施工上注意すべきことが多いため，施工の精度が高いといえない。作業効率は砂は高く粘性土は低い。

　図1-3にトラクタ系のアタッチメントを示す。

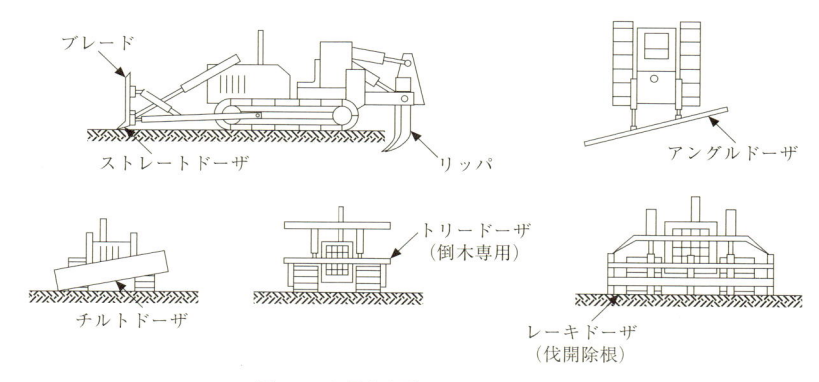

図1-3　トラクタ系のアタッチメント

① **ストレートドーザ**は，ブレードを固定し硬い土を掘削する重掘削に用いる。
② **アングルドーザ**は，ブレード角度（25°前後）をつけて，土を横方向に流して作業を行う。
③ **チルトドーザ**は，ブレードの角を左上りまたは右上りに立てて，地盤に溝を掘削するもので，硬い地盤に適する。
④ **リッパドーザ**は，リッパを立てて岩盤に差し込み，節理と逆目で下り勾配として，能率よく岩盤を掘削する。硬い岩ほど爪の数を少なくする。
⑤ **レーキドーザ**はフォーク状のブレードを木株の下に押し込み，木株を除去し，伐開除根する。
⑥ **トラクタショベル**は，タイヤまたはローラの足まわりを持つトラクタに土砂積込み用のシャベルを持つもので，砂や軟らかい土をダンプトラックに積み込むのに広く用いられ，硬い地盤の掘削はできない。トラクタショベルは山積容量でその大きさを表す。
⑦ **湿地ブルドーザ**は，履帯幅が広く急傾斜地の作業に安全で，軟弱粘性土の締固めに適している。

　このほか，土をこぼさぬようU形をしたブレードを持つUドーザ，および立木を倒すトリードーザがある。

1-2-4　締固め機械

　締固め機械と適用する土質の関係は**表 1-6** のようである。ロードローラは，路盤の締固めや盛土の仕上げ，タイヤローラは砕石の場合は空気圧を高くして，粘性土の場合は空気圧を低下させることで広い範囲の土質に適する。湿地ブルドーザは高含水比の粘性土の締固めに用いる。振動ローラは小型の機械であっても振動による締固め効果が高く，敷き均し厚さを大きくできる。また，ローラは「8 t 〜 12 t」のように表示し，ローラの質量は 8 t で，4 t のバラスト（水や鉄くず）を余分に積み込み，12 t までの質量に変化させることができる。

表 1-6　締固め機械の適用土質

締固め機械	適用土質
ロードローラ	路床，路盤の締固めや盛土の仕上げに用いられる。粒度調整材料，切込砂利，礫混じり砂等に適している
タイヤローラ	砂質土，礫混じり砂，山砂利，まさ土等細粒分を適度に含んだ締固め容易な土に最適。その他，高含水比粘性土等の特殊な土を除く普通土に適している 大型タイヤローラは一部細粒化する軟岩にも適する
振動ローラ	細粒化しにくい岩，岩砕，切込砂利，砂質土等に最適 また，一部細粒化する軟岩やのり面の締固めにも用いる
タンピングローラ	風化岩，土丹，礫混じり粘性土等，細粒分は多いが鋭敏比の低い土に適している 一部細粒化する軟岩にも適している
振動コンパクタ，タンパ等	鋭敏な粘性土等を除くほとんどの土に適用できる ほかの機械が使用できない狭い場所やのり肩等に用いる
湿地ブルドーザ	鋭敏比の高い粘性土，高含水比の砂質土の締固めに用いる

1-2-5　敷き均し機械

敷き均し機械には次のものがある。
① スクレーパには自走式と，トラクタによる被牽引式とがあり，掘削，運搬，敷き均しの作業を一貫して行うことができる。
② スクレープドーザは図 1-4（b）のように履帯式で 2 つの運転台を前後に持ち，回転させずに軟弱土の掘削・運搬，敷き均しができるので，狭い場所に用いられる。
③ モータグレーダは，スカリファイヤによる固結土のかき起こし，敷き均しの他，図 1-4（c）のように前輪を傾斜（リーニング）させて安定を保ったり，ブレードを左右に振って，のり線を仕上げるショルダーリーチ作業やバンクカット（のり面切削等の整正作業）ができる。

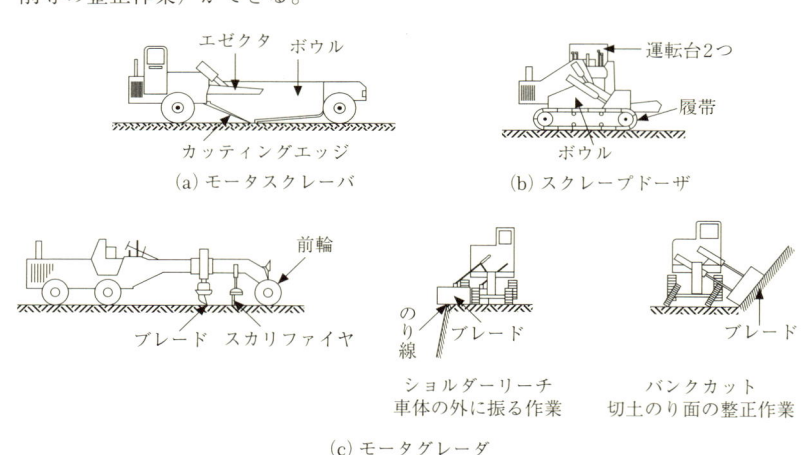

図1-4　敷き均し機械

1-2-6　土工機械の選定

土工機械は，コーン指数，運搬距離，作業勾配などから選定する。

(1)　コーン指数と運搬距離

① 地盤が軟弱になると，履帯幅の広い湿地ブルドーザのようなコーン指数が低いものが適し，逆にコーン指数の数値が高い地盤は硬いので，スクレーパやダンプトラック等タイヤ式の建設機械を用いる。コーン指数 q_c（kN/m²）と適正な建設機械の関係は表1-7の通りである。

表1-7　コーン指数と土工機械の関係

建設機械	コーン指数
湿地ブルドーザ	300 以上
スクレープドーザ	600 以上
ブルドーザ	500 ～ 700 以上
被牽引式スクレーパ	700 ～ 1000 以上
モータスクレーパ	1000 ～ 1300 以上
ダンプトラック	1200 ～ 1500 以上

表1-8　運搬距離と土工機械の関係

建設機械	運搬距離
ブルドーザ	60 m 以下
スクレープドーザ	40 ～ 250 m
被牽引式スクレーパ	60 ～ 400 m
モータスクレーパ	200 ～ 1200 m
ショベルとダンプ	100 m 以上

② 運搬距離と土工機械の関係は，表1-8のようになる。自走式スクレーパやダンプトラック等は，ブルドーザや被牽引式スクレーパ等に比べて走行速度が速いため，比較的長距離の運搬に適している。

(2)　作業勾配

ブルドーザが傾斜地を掘削したり，ダンプトラックが土砂を運搬するときの道路や作業場の勾配を，**作業勾配**という。各土工機械に適する作業勾配（％）は次のようである。

ダンプトラックや自走式スクレーパは 10 ～ 15 %，被牽引式スクレーパは 15 ～ 25 %，ブルドーザは 35 ～ 40 % 以下とする。

(3)　履帯式とタイヤ式

履帯式とタイヤ式を比較すると，履帯式では低速走行するため，湿地ブルドーザのように土質の影響を受けにくく，掘削力は大きく，軟弱地盤に適している。しかし保守が困難なうえに，作業距離が短く，機動性も小さいのが欠点である。これに対してタイヤ式は保守が容易で，作業距離も長く機動性もあるが，土質の影響を受けやすく，軟弱地盤には不向きである。

(4) 油圧式と機械式

　油圧式と機械式とでは，小型で取扱いが容易なのは油圧式で，エンジンからアタッチメントへの伝動効率が悪く，用途も専用化されている。逆に機械式は伝動効率がよく広い用途に使える。また，機械式はアタッチメントの重力による衝撃力も利用できる。

(5) 接地圧と牽引力

　土工機械の**接地圧**は，建設機械の接地面積 $1\,m^2$ 当たりの土工機械の重量で表す。履帯式の接地圧は次の式で求める。

$$接地圧 = \frac{全装備重量}{総接地面積}$$

$$= \frac{(全機械＋油＋冷却水＋運転手)の重量(kN)}{2 \times 履帯幅(m) \times 接地長(m)} \quad (kN/m^2)$$

　上記の式でいう油とは，燃料や機械オイルを指し，運転手は1人分で 0.735 kN（質量 75 kg）の重量として計算する。また全機械の重量とは，アタッチメント等を取り付けたときの重量（kN）である。機械の接地圧と地盤のコーン指数等を参考にして土工機械を選定する。

　次に，土工機械の最大牽引力は，被牽引式（トラクタに牽引されるスクレーパ等）の作業能力を示すもので，土質により異なる。

　一般に**牽引力** F（N）は，車体重量の 70～85 % である。

1-3 土量計算

1-3-1 土量の体積変化

　土量は，土の重さは同じでも，地山，ほぐし，締固めの状態によりその体積は変化する。土の変化の度合（変化率）は土の種類により異なる。

(1) 土量の体積の変化率

　一般に土は，永年自然の状態で放置された土を地山といい，地山 $1\,m^3$ を掘削機械で掘削して，ほぐすと $1.2\,m^3$ のように体積が増加するが，空気が入り土に空隙が増加したもので，地山 $1\,m^3$ もほぐし土 $1.2\,m^3$ もその質量には変わりはない。

　また，ほぐし土 $1.2\,m^3$ をローラで締固めると $0.8\,m^3$ のように，体積が地山より減少する。これは，土に含まれた空隙が減少したものである。このように，締固め土 $0.8\,m^3$，地山 $1\,m^3$，ほぐし土 $1.2\,m^3$ のように，質量は一定でも，土の状態によって，土の体積は変化する。このため，地山土量を基準に考えて体積の変化率を，たとえば，次のように表す。

$$\text{ほぐし率 } L = \frac{\text{ほぐし土量}}{\text{地山土量}} = \frac{1.2}{1} = 1.2$$

$$\text{締固め率 } C = \frac{\text{締固め土量}}{\text{地山土量}} = \frac{0.8}{1} = 0.8$$

　一般に，ほぐし率は，ダンプカーで運搬するときの土量の運搬計画に利用し，締固め率は，切土して盛土として埋め立てる土量の配分計画に利用される。

　土量の体積の変化率は $200\,m^3$ 以上を用いた試験施工で定めたり，既往の結果から推定することが多い。このとき，原則として，運搬中の土量の損失，地盤沈下による増加量は，変化率に含めない。

　表 1-9 に，代表的な土の標準的な土量の変化率を示す。

　また，土の各状態を基準の 1 としたときの土量の換算係数は，ほぐし率 L，締固め率 C とすると表 1-10 のようになる。

表 1-9　標準的な L と C の値

土の種類	ほぐし率 L	締固め率 C
岩塊	1.3～1.7	1.0～1.3
砂	1.1～1.2	0.85～0.95
普通土	1.2～1.3	0.85～0.95
粘性土	1.2～1.45	0.85～0.95

表 1-10　土量の換算係数 f

土の状態	地　山	ほぐし	締固め
① 地山土量	1	L	C
② ほぐし土量	1/L	1	C/L
③ 締固め土量	1/C	L/C	1

1-3-2 土量計算例

土量の基本的な変換を計算例で示す。

（例題）

地山土量 $1\,000\,\text{m}^3$ のとき，ほぐし土量と締固め土量を求めよ。ただし，L＝1.2，C＝0.9 とする。

（解答）

地山土量が与えられたときの計算は，次のようである。
ほぐし土量＝ $1\,000 \times L = 1\,000 \times 1.2 = 1\,200\,\text{m}^3$
締固め土量＝ $1\,000 \times C = 1\,000 \times 0.9 = 900\,\text{m}^3$

（例題）

必要盛土量 $1\,000\,\text{m}^3$ のとき，必要な地山土量と運搬土量を求めよ。ただし，L＝1.2，C＝0.9 とする。

（解答）

盛土量が与えられたときの計算は，次のようである。
地山土量＝ $1\,000 \div C = 1\,000 \div 0.9 = 1\,110\,\text{m}^3$
運搬土量＝ $1\,000 \div C \times L = 1\,000 \div 0.9 \times 1.2 = 1\,330\,\text{m}^3$

盛土量 $1\,000\,\text{m}^3$，地山土量 $1\,110\,\text{m}^3$，運搬土量 $1\,330\,\text{m}^3$ はいずれも体積は異なるが同一質量である。

例題

運搬土量 $1\,000\,\mathrm{m}^3$ のとき，地山土量と盛土量を求めよ。
ただし，$L = 1.2$，$C = 0.9$ とする。

解答

運搬土量が与えられたときの計算は，次のようである。
地山土量 $= 1\,000 \div L = 1\,000 \div 1.2 = 830\,\mathrm{m}^3$
盛土量 $= 1\,000 \div L \times C = 1\,000 \div 1.2 \times 0.9 = 750\,\mathrm{m}^3$

例題

盛土量 $13\,000\,\mathrm{m}^3$ が必要な工事において，$8\,000\,\mathrm{m}^3$ の地山土量が流用できるものとし，$L = 1.2$，$C = 0.8$ であった。不足する購入土の盛土量を求め，運搬すべき購入土量を求めよ。このとき，購入土の変化率は $L = 1.1$，$C = 0.9$ であった。

解答

土量計算ではまず表をつくり，盛土量を基準に計算する。
① 必要盛土量 $= 13\,000\,\mathrm{m}^3$
② 流用土盛土量 $= 8\,000 \times 0.8 = 6\,400\,\mathrm{m}^3$
購入盛土量＝必要盛土量－流用土盛土量であるから，
③ 購入土盛土量 $= 13\,000 - 6\,400 = 6\,600\,\mathrm{m}^3$
④ 購入土運搬土量 $= 6\,600 \div 0.9 \times 1.1 = 8\,070\,\mathrm{m}^3$
表 1-11 にまとめると，以下のようになる。

表 1-11 盛土量（単位 m³）

① 必要盛土量 13 000	
② 流用盛土量 6 400	③ 購入盛土量 $13\,000 - 6\,400 = 6\,600$
	④ 運搬土量 $6\,600 \div 0.9 \times 1.1 = 8\,070$

1-3-3　施工速度の計算

施工速度は，1時間当たりに地山土量に換算して処理できる土量 $Q(m^3/h)$ である。
施工速度 $Q(m^3/h)$ は，一般に，トラクタ系，ショベル系では，次式を用いて求める。

$$Q = \frac{60 \times q \times K \times f \times E}{C_m}$$

q ：1回に処理できるほぐし土量（m³/回）
K ：バケット係数
E ：作業効率
C_m ：**サイクルタイム（分）**
Q ：施工速度（m³/h）地山土量
f ：換算係数（1/L）

例題

バックホウのバケット容量 $q = 0.4\,m^3$（ほぐし土量），サイクルタイム $C_m = 45$ 秒，作業効率 $E = 0.75$ とするとき，施工速度 Q（m³/h）をほぐし土量として求めよ。ただし，$L = 0.8$ とする。

解答

$C_m = \dfrac{45}{60} = 0.75$ 分，$q = 0.4$（ほぐし土量），$E = 0.75$ とする。

バケット係数 K が示されていないので K = 1 と考える。

ほぐし土量で施工速度 Q を表すので $f = \dfrac{1}{L}$ と考える。

$$Q = \frac{60 \times q \times K \times E}{C_m \times L} = \frac{60 \times q \times 1 \times E}{C_m \times 0.8}$$

$$= \frac{60 \times 0.4 \times 1 \times 0.75}{0.75 \times 0.8} = 30\,m^3/h\text{（地山土量）}$$

1-3-4　土量配分

道路の土量計画は，原則として，購入土や搬出土のないように，また，各区間ごとに土が過不足のないように施工計画線の高さを定める。ここで注意することは，切土は地山土量で，盛土は締固め土量である。

切土量 100 m³，盛土量 100 m³ と等しく，締固め率 C = 0.8 の場合，切土量を盛土量に換算すると $100 \times 0.8 = 80\,m^3$ となり，盛土量は $100 - 80 = 20\,m^3$ が不足することとなる。このため，盛土量 100 m³ とするのに必要な切土量は $100 \div 0.8 = 125\,m^3$ として土量配分を計画する必要がある。

(1) 土積曲線

　土積曲線（マスカーブ）は図1-5のように，原点からの距離を横軸に20m間隔に，No.1，No.2，…のように定め，横軸に原点から各点までの距離を示し，地山土量を切土量⊕，盛土量の補正土量⊖として累加して表示するもので，縦軸に地山累加土量を表示する。なお，ここでいう盛土量の補正土量とは切土量として必要な地山量を表している。

(2) 土積曲線のつくり方

　表1-12において，距離80mの区間を，20mごとに区分し，測点0，1，2，3，4点とし，切土部の体積を100 m³，120 m³，盛土部の体積を96 m³，120 m³とする。地山の締固め率C＝0.8として，盛土部の体積をCで割って，補正土量（地山土量に換算）を96÷0.8＝120 m³，120÷0.8＝150 m³と計算する。次に地山累加土量は表1-12の図表右端の「累加土量」のように計算できる。図1-5における測点4の「50 m³」は，地山土量が50 m³不足していることを表している。

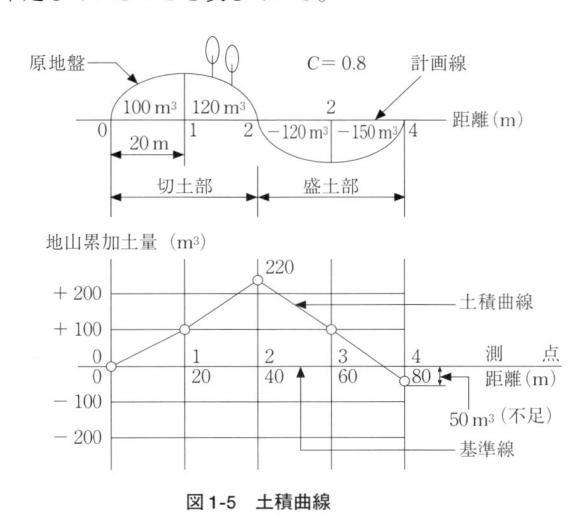

図1-5　土積曲線

表1-12　土量計算量（単位　m³）

	距離	切土部(地山)	盛土部(盛土)	C	補正土量　（地山）	差引土量(地山)	累加土量
0	—	—	—	—	—	0	0
1	20	100	—	—	—	＋100	0＋100＝＋100
2	20	120	—	—	—	＋120	＋100＋120＝＋220
3	20	—	96	0.8	96÷0.8　120	－120	＋220－120＝＋100
4	20	—	120	0.8	120÷0.8　150	－150	＋100－150＝－50

(3) 土積曲線の読み方

土積曲線は，一般に凹凸のある地山に道路の計画線を引き，切土量と盛土量が等しくなるよう，計画線の位置や形状を調整するために用いる。図1-6の例のように，土積曲線は計画線を基準として計算した切土量と盛土量の補正土量との累積土量を示す。計画線より上にある切土量と，計画線より下にある盛土量の補正土量（地山土量）とが等しければ，捨土や購入土の必要がなくなる。

土量の移動量は，土積曲線の頂点と基準線との高さ BB'で求める（図1-6参照）。また，土量の平均運搬距離は，土積曲線の頂点（変位点）と基準線 BB'の二等分線 EF の長さで求める。

平均運搬距離から施工に必要で適正な建設機械を表1-8に示したように選定する。たとえば，運搬距離 EF が 60 m 以下ならブルドーザ，200～1 200 m の中距離ならモータスクレーパ，というようになる。

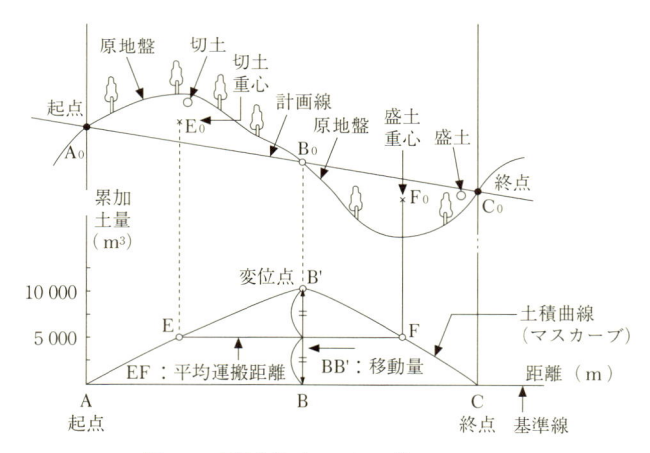

図1-6 土積曲線（マスカーブ）

① BB'は $A_0 B_0$ 区間の土の地山累加土量は土の移動量（m³）。
② EF は切土して盛土するのに必要な水平方向の**平均運搬距離**（m）。
③ 土積曲線の A は起点，C は終点，B'は切土と盛土の変位点。
④ 計画線上の切土区間 $A_0 B_0$ では土積曲線は上昇。
⑤ 計画線上の盛土区間 $B_0 C_0$ では土積曲線は下降。
⑥ 切土量と盛土量が等しくなると，土積曲線は，終点 C で基準線と一致し，土の過不足がないことを示す。
⑦ 平均運搬距離 EF を原地盤に移すと，E_0，F_0 となり，E_0 は切土量の重心位置を示し，F_0 は盛土量の重心位置を示す。

1-4 切土・盛土の施工

1-4-1 切土

切土するときは，切土のり面が安定するように土質に応じた勾配とする。また，必要により小段を設ける。

(1) 切土のり面の勾配
 ① 標準のり面勾配

自然地盤は極めて複雑で，時間の経過で不安定化することが多い。単一のり面で小段を含まない標準的な勾配は，**表1-13**のようである。

切土勾配を標準より急にするときは，擁壁や，鉄筋挿入工法により補強する。

表1-13 標準的な切土勾配と切土高

土の種類	切土高	勾配
硬岩	――	1:0.3～1:0.8
軟岩	――	1:0.5～1:1.2
砂	――	1:1.5～1:2.0
砂質土	5～10m	1:0.8～1:1.5
礫混じり砂質土	10～15m	1:0.8～1:1.5
粘性土（シルト含む）	10m以下	1:0.8～1:1.2

硬岩，軟岩，砂の切土高さは，調査の結果による。

(2) 切土のり面の形状

切土のり面の勾配は，切土面の土質や岩質により変化させ，**図1-7**のように，勾配変化点に小段を設ける。

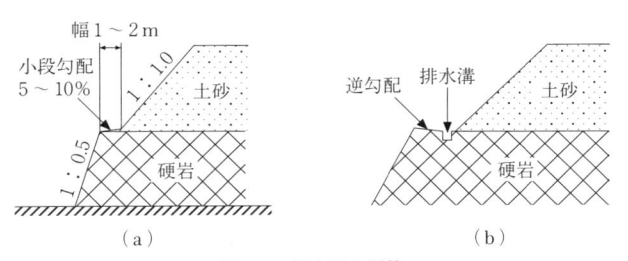

図1-7 切土面の形状

(3) 切土のり面の小段
① 目的：**小段**は，切土のり面の途中 5 〜 10 m 程度ごとに，幅 1 〜 2 m を設ける。その目的は，次のようである。
　a　のり面流下水の流速を低下させる。
　b　のり面の流下水量を軽減する。
　c　点検用通路とする。
② 小段勾配：小段の横断勾配は，一般に，のり尻に向けて 5 〜 10 ％程度とする。
　また，のり面剥離や小崩落のあるときは図 1-7 (b) のように逆の勾配として，排水溝を設ける。
③ 小段の位置：切土のり面では，土質や岩質によりのり面勾配を定めるが，5 〜 10 m ごとに 1 〜 2 m の幅の小段を設ける。また，長大なのり面や落下防止柵を設けるときは，小段幅は広くする。

1-4-2　切土施工

切土土質に応じた施工上の留意点は，次のようである。

(1) 崩積土，強風化切土斜面の安定
① 岩盤上に崩積土があるときは，図 1-8 のように，岩盤のり尻部に**ステップ（平場）**を設け，崩落土をステップで受ける。このとき，風化部分は，勾配をゆるくするためふとん篭を用いる。
② 円弧すべりの生じるおそれのある斜面の安定として，大規模な排土工として地すべり頭部を排土するか，地下排水工を設ける。緊急を要するときは，短期的に抑止工として杭を設ける。

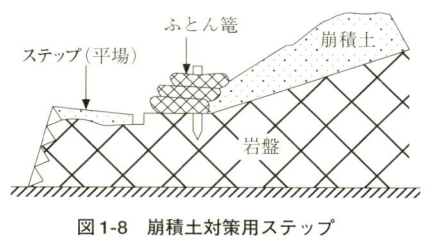

図 1-8　崩積土対策用ステップ

(2) 風化，浸食の進みやすい切土斜面の安定
① 砂質土として，シラス，マサ，山砂等ののり面は排水工やのり面保護工を用いる。
② 第三紀の泥岩，頁岩，固結度の低い凝灰岩，蛇紋岩は，切土による応力開放後に，凍結融解の繰返しで，土砂化し崩落するため，ステップ（平場）を設けるか，のり面を保護する。
　　第三紀の泥岩の場合は，平均勾配 1：0.8 〜 1：1.0，蛇紋岩は，切土高 10 m 以上のとき 1：0.5 〜 1：1.2，割れ目が流れ盤となるとき，1：0.8 より緩くして検討する。

(3) 割れ目の多い岩の切土斜面の安定
① 節理の発達したものや破砕帯，割れ目のある切土のり面では，弾性波探査や亀裂状態から，切土のり面を1：0.8程度の勾配とする。
② 節理が道路側に流れている場合，図1-9のように，全高10 m，のり勾配1：0.8以上の緩勾配とする。

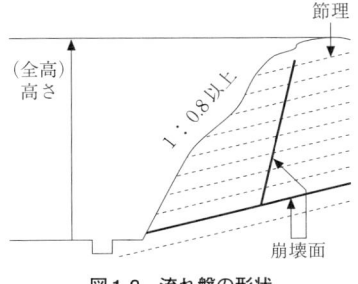

図1-9 流れ盤の形状

(4) 長大な切土斜面の安定
① 長大のり面の標準勾配の適用は高さ15 mまでとする。15 m超の場合，膨張性岩，断層破砕帯等を考慮し，抑止工法を組み合せて勾配を土質，岩質に応じて定める。
② 長大のり面の小段は，点検用のため幅3 m程度で高さ20～30 mごとに設けることが望ましい。
③ なだれの発生の危険のある長大のり面は，1：0.8～1：1.2の勾配を有し，中段に小段を設けるか，小段幅を広くし，なだれ防止柵を設ける。

1-4-3　掘削工

地山を切土するときは，**伐開除根**し，切土の土質に応じた掘削機械を用いて掘削する。

(1) 掘削工法
① ベンチカット工法（図1-10（a））は，階段式に掘削する工法で，バックホウ，パワーショベルにより掘削し，ダンプカーにより運搬する。
② ダウンヒルカット工法（図1-10（b））は，傾斜面の下り勾配を利用して掘削・運搬する工法でブルドーザ，スクレーパ，スクレープドーザを用いる。運搬距離が長いときはダンプカーを用いる。掘削勾配は建設機械の登坂能力を考慮して定める。

(a) ベンチカット工法　　(b) ダウンヒルカット工法

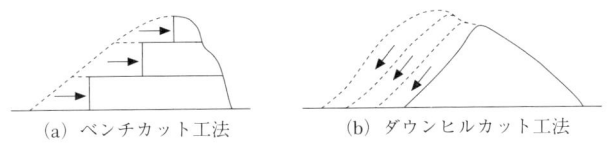

図1-10　掘削工法

(2) 伐開除根

計画面下1m以内の切株，竹根，障害物は除去し，将来舗装に悪影響のあるものは，さらに深くても除去する。木の葉や枝等，有機性物質は除去する。

(3) 表土処理

表土は，有機物を多量に含み，緑化に有効であるため，仮置して，衣土として再利用する。高さ1～2mとして緩い勾配とし，盛土して保存しておく。

(4) 岩石の破砕工
① 発破工法は，岩が硬い場合，火薬類を用いて岩を発破により破砕するものである。事業者は保安責任者を定め，安全保安対策を十分に行う。
② 道路土工の発破として，ベンチカット発破，リッパの掘削に先がけるためのふかし発破等がある。
③ リッパ工法は，大型ブルドーザのアタッチメントとしてリッパ（爪）を節理に圧入し，掘り起こすもので，一般に弾性波速度を測定し，掘削の可否を判断する。
④ ブレーカ工法は，岩塊の小割や発破できない場所の破砕工法である。
⑤ 軽石混じり土の掘削は，リッパで破砕するか，ブルドーザで押し出すか，または発破により処理する。

1-4-4 盛土

盛土材料は盛土に必要な品質の材料を用い，土質に応じた勾配で施工する。また，切土・盛土となる箇所や構造物との接合部分での施工に注意が必要である。

(1) 望ましい盛土材料

盛土材料は，切土区間の転用土または購入土を用いる。いずれにしても，望ましい盛土材料は，施工が容易で，せん断強度が大きく，膨潤性が小さく，圧縮性が小さいことである。しかし，良質な盛土材が得られないときは，石灰やセメントによる安定処理や，ジオテキスタイルによる補強工法を用いる。原則として，盛土材料として使用しないものは，圧縮性が大きい①ベントナイト，②温泉余土，③酸性白土，④有機土といった土質材料である。

(2) 盛土のり面の標準勾配

盛土のり面の勾配は表 1-14 のように，盛土材料の性質と盛土高に応じて定める。一般に，盛土の小段は，のり肩から垂直距離で 5〜7 m 下がるごとに，1〜2 m 幅の小段を設け，管理用通路としたり，のり面を流れる雨水の流速を弱める働きがある。

表 1-14 盛土の標準的なのり面勾配と盛土高

盛土材料	盛土高	勾配
粒度のよい砂利等	5 m 以下 5〜15 m	1:1.5〜1:1.8 1:1.8〜1:2.0
粒度の悪い砂	10 m 以下	1:1.8〜1:2.0
岩塊，ずり	10 m 以下 10〜20 m	1:1.5〜1:1.8 1:1.8〜1:2.0
砂質土，粘性土	5 m 以下 5〜10 m	1:1.5〜1:1.8 1:1.8〜1:2.0

(3) 盛土の安定

盛土の安定を検討する必要があるのは，次の場合である。
① 盛土高が標準より高い場合は，安定性を検討する。
② 盛土材料の含水比が高く，せん断力に弱いときは，安定性を検討する。
③ 盛土材料がシルトのように間隙水圧が増加しやすいときは，安定性を検討する。
④ 軟弱基礎地盤上の盛土であるときは，安定性を検討する。

以上のような場合，地下排水溝，のり面保護工，緩勾配等の対策が必要となる。

(4) 盛土の安定計算
① 盛土の安定計算をするにあたり，基礎地盤および盛土材料について，土質試験により，各層のせん断強さを調べる。
② 盛土の安定は，通常，次の2つについて検討する。
　a 盛土直後の安定
　b 盛土施工後，長期経過後に降雨等の浸透水のある場合の安定

盛土直後は，間隙水圧を調べ，長期経過後の場合は，浸透水による間隙水圧を調べ，安定性を判断する。

③ 安定計算は，**有効応力法**（間隙水圧を差引いて計算），または**全応力法**（間隙水圧を差引かないで計算）により**円弧すべり面**を仮定し分割法を用いる。すべり力はスライス分割した各すべり力 $W \cdot \sin\alpha$ を合計した $\Sigma W \cdot \sin\alpha$ で求め，すべり抵抗力は，すべり力の 1.2 倍以上とするため，最小安全率は 1.2 以上とする。

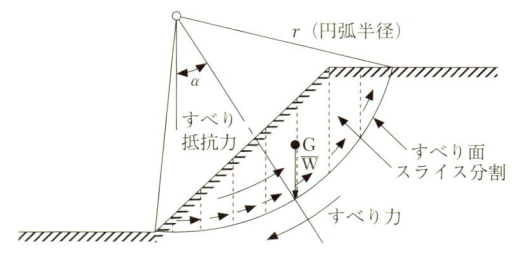

図 1-11　分割法による円弧すべりの計算

(5) 盛土の締固め

① 路体では 35～45 cm に敷き均し，1 層 30 cm 以下に仕上げ，路床は 25～30 cm で敷き均し，1 層 20 cm 以下で仕上げる。
② 最適含水比，最大乾燥密度で締固められた盛土は，その条件では，間隙が最小で，降雨による吸水も最小となり，長期間安定する。
③ 最適含水比より低い，乾燥側で締固めると，施工直後において，強度特性は圧縮性が最小である。しかし，間隙が大きいため，長期間には，かえって圧縮性，強度特性も低下する。
④ 最適含水比より高い，湿潤側で締固めると，間隙が少なくなるため，水浸による強度低下は少ないが，強度特性は，最適含水比より劣る。
⑤ 盛土の締固め管理は，発注者がその工法を示す工法規定方式と，発注者が品質だけを定め，受注者が施工法を決める品質規定方式とがある。品質規定方式の規定方法は，適用材料により求める。**表 1-15** に，その概要を示す。

表 1-15　盛土の締固め規定

規定方式	規定名	規定量	規定試験	適用材料
工法規定方式	工法規定	機械重量，走行回数	試験施工	玉石，岩塊
品質規定方式	強度規定	K 値，CBR 値，q_c 値	平板載荷試験等	礫，玉石
	変形量規定	δ（デルタ：たわみ量）	プルーフローリング走行試験	礫，玉石
	乾燥密度規定	C_d（締固め度）	締固め試験，単位体積質量試験	一般土質材料
	飽和度規定または空気間隙率規定	S_r（飽和度）または v_a（空気間隙率）	土粒子の密度試験	高含水比粘性土

(6) 傾斜地盤への盛土の施工

傾斜地盤の勾配が 1：4 より急な場合には，図 1-12 のように，以下の点に留意して施工する。

① 切土のり面ののり尻（山側）に排水溝を設け，切土面から流入する水を排水する。
② **段切**は，段切高さ 50 cm 以上，段切幅 100 cm 以上で，段切面に勾配 3 ～ 5 ％をつけて排水をよくし，盛土のすべりを防止する。
③ 切土と盛土の境に暗渠を設け，地下水の盛土側への流入を防止する。
④ 切土部に良質土による 1：4 勾配のすりつけを設け，切土と盛土のなじみをよくして，不等沈下を防止する。

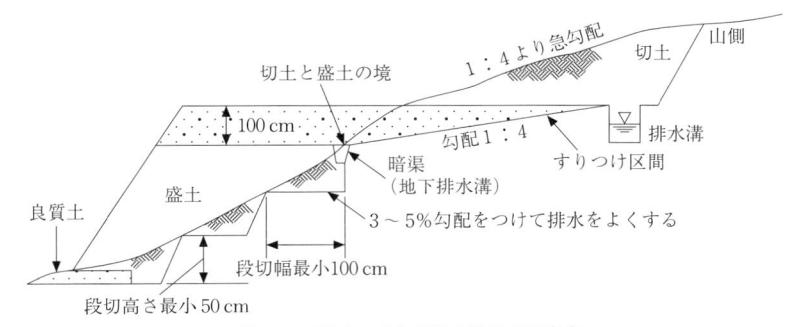

図 1-12　切土・盛土区間の施工の留意点

(7) **構造物に隣接する盛土の施工**
① 隣接部の沈下の原因
　構造物と接する場所の盛土施工では，剛体の構造物と柔軟な盛土の接点で，盛土材料に応力集中が生じて局部沈下が起こる。沈下の主な原因として，次の3項目がある。
　a　大型機械による締固めが困難である。
　b　構造物と盛土との間に水が流入し盛土が軟化する。
　c　盛土が構造物からの振動を常時受けている。
② 構造物に接する盛土施工の留意点
　構造物に接する盛土の施工の留意点は次のようである。
　a　構造物の左右を対称に施工し，構造物に偏圧を与えないようにして，入念に小型建設機械（ランマ等）で締固める。
　b　埋戻し材料には透水性がよく支持力の大きい切込砂利，岩くず等の良質土を薄層に敷き均す。
　c　構造物の底部に排水孔として，管の途中に孔を有する有孔管を設け排水し，土の軟化による沈下を防止する。

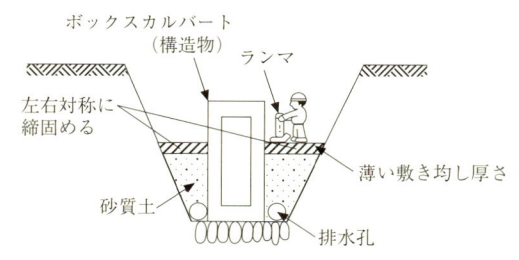

図1-13　構造物周辺の締固め

1-5 のり面保護工

1-5-1 のり面保護工の分類

のり面保護工は，環境保全の立場から，植生工とすべきであるが，立地条件，気象条件，地質条件により構造物とすることがある。

のり面には，切土のり面と盛土のり面があり，盛土のり面は，盛土材料が事前にわかっているので，のり面保護工の選定は容易であるが，切土のり面は，土質，岩質，湧水等，変化が激しく，適正なのり面保護工の選定が困難である。

のり面保護工は原則として，植生工とすべきであるが，日照の関係や，植生に適さない土質であったり，湧水があったりするときは，構造物によるのり面保護工とする。

構造物によるのり面保護工には，大きく分類すると，構造物でのり面を覆う密閉型と，降雨，湧水の浸食を許す開放型，および背面からの土圧にある程度抵抗できる抗土圧型がある。

この他，構造物と植生工を組み合せたのり面保護工もある。表 1-16 にのり面保護工の名称，目的および分類について示す。

表1-16 のり面保護工とその目的（道路土工のり面工，斜面安定工指針）

保護工の分類		工 種	目的・特徴	摘 要
植生工		種散布工 種吹付工	雨水浸食防止，全面植生（緑化）	1：1より緩い勾配 盛土の浅い崩壊
		植生マット工 張芝工	凍上崩落防止のためネットを併用することがある	切土の浅い崩壊
		植生筋工 筋芝工	盛土の浸食防止，部分植生	1：1.2より緩い勾配 盛土の浅い崩壊
		植生盤工 植生土のう工 植生穴工	不良土，硬質土のり面の浸食防止，部分客土植生	1：0.8より緩い勾配 切土の浅い崩壊
構造物によるのり面保護工	密閉型 〔降雨の浸食を許さないもの〕	モルタル吹付工 コンクリート吹付工 石張工	風化，浸食防止	切土の浅い崩壊
		ブロック張工 コンクリートブロック枠工	（中詰めが栗石〈練詰め〉やブロック張り）	切土または盛土の浅い崩壊
	開放型 〔降雨の浸食を許すもの〕	コンクリートブロック枠工 編柵工 のり面蛇籠工	（中詰めが土砂や栗石の空詰め）のり表層部の浸食や湧水による流出の抑制	切土または盛土の浅い崩壊
	抗土圧型 〔ある程度の土圧に対抗できるもの〕	コンクリート張工 現場打コンクリート枠工 のり面アンカー工	のり表層部の崩落防止，多少の土圧を受けるおそれのある個所の土留，岩盤剥落防止	切土の浅い崩壊 切土の深く広範囲に及ぶ崩壊

1-5-2 植生工

植生工には，のり面に施肥をして種を散布する播種工と，芝類や木本類を植える植栽工がある。

植生工は草根により切土・盛土の浅い崩壊を防止するもので，のり面の深い崩壊は防止できないが環境にやさしい。植生工にはのり面全面を植生するものと，部分植生するものがある。また，のり面が崩壊して荒れているときは，のり面植生の基礎として，緑化基礎工を必要とする場合もある。

(1) 全面植生工法

全面植生工法は，盛土のり面の雨水浸食を防止し，かつ凍上を防止するもので，のり面全域に植生となる芝等を植付ける工法である。

各工種の目的と工法は表1-17および図1-14の通りである。種散布工はポンプを使用するのに対して，種吹付工はのり面の凹凸の状態に合わせて一定の厚さになるようにガン吹付により散布し，必要に応じて追肥する。また，植物種は3種類以上を混合し，気象条件，土地条件に適用させる。吹付基材厚さを3～10cmと厚くして，種吹付工を行う方法を厚層基材吹付工という。気象条件，土地条件を考慮して3種以上選定して，発芽率を向上させる。植生マット工は，軟岩や土丹には不向きであるが，植生時期を問わない長所がある。張芝工は播土と目土で野芝，高麗芝をのり面に張り付ける工法で，そのうち総芝工は風化しやすい砂質土に用いられ，一般に筋芝工は部分植生工法で風化の遅い粘性土ののり面に用いる。各工法の概略は図1-14の通りである。

表1-17　全面植生工種

工　種	工　法	目　的
種散布工	種，肥料，ファイバ等を水に分散させスラリーをポンプで散布する	1：1より緩い勾配の盛土のり面の浸食防止
種吹付工（厚層基材吹付工）	種，土，肥料に水を加えて，ガンで吹き付ける	
植生マット工　植生シート工	種，肥料等を，布，紙，むしろ等のマットに装着して，被覆する	1：1より緩い勾配の切土のり面の浸食防止
張芝工	芝を全面に張り付ける	

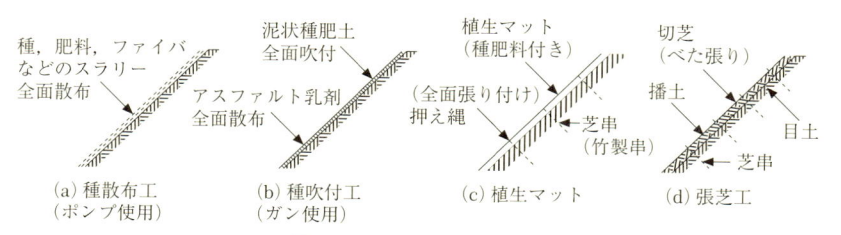

図1-14　全面植生工法の種類

(2) 部分植生工法

部分植生工法は，のり面の土が植生に適さないとき，部分的に植生に適する土と種を埋め込む工法である。

表 1-18 に示したように，植生筋工と筋芝工は盛土のり面の浸食防止，凍上防止を目的とし，部分植生として施工する。切芝は 2/3 を埋め戻す。不良土，硬質土切土のり面の浸食防止と客土の効果を目的としたのが植生盤工，植生土のう工，植生穴工である。客土というのは，のり面の土質が植物の育成によくないとき，水平に溝を掘り，肥土を施すことをいう。植生盤工，植生土のう工は，工場等で生産される化学肥料と種子の入った植生盤や植生土のうをのり面に埋め込む工法で，客土効果も期待できる。

なお，のり面が長大で安定しないときは，図 1-15 (f) の現場打コンクリート枠工の内部に植生工を用いる。この工法は，現場打ちコンクリートまたは，スレキストコンクリートで枠をつくり，枠内に張芝をするものである。

表1-18 部分植生工種

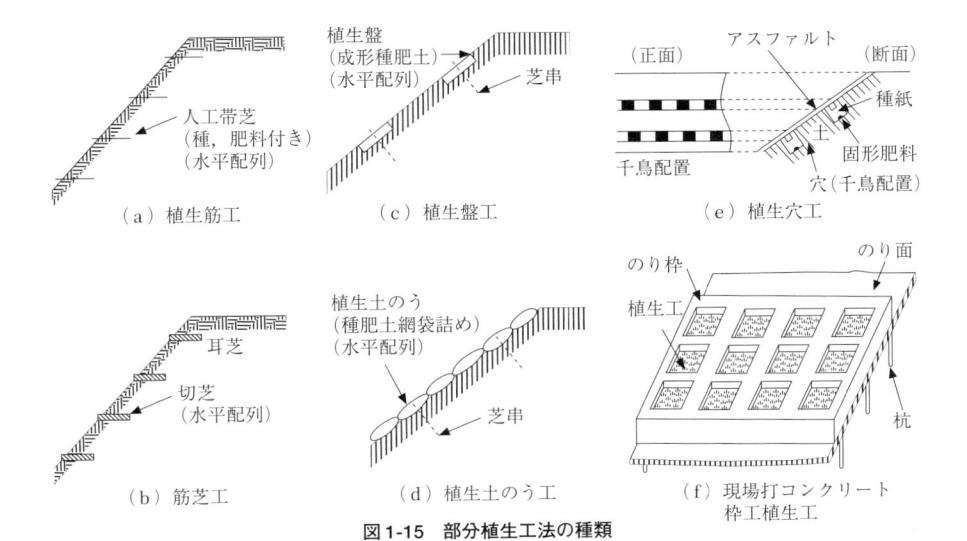

工 種	工 法	目 的
植生筋工	種，肥料を装着したマット（人工帯芝）を盛土の土羽打ちのとき筋状に入れる	盛土の浸食防止，凍上防止
筋芝工	盛土土羽打ちのとき筋状に芝を入れる	
植生盤工	種，肥料を入れた土を盤状にして帯状に張り付ける	不良土，硬質土切土のり面の浸食防止，凍上防止
植生土のう工	種，肥料を網袋に詰め，帯状に張り付ける	
植生穴工	種，肥料をのり面に掘った穴に詰める	

図1-15 部分植生工法の種類

(3) 緑化基礎工

　植生工を施工するには，安定した切土，盛土が必要である。しかし，のり面が荒れているときは，**緑化基礎工**を施工する。緑化基礎工は，次のものがある。

① 排水工：排水溝による表面の流下水による浸食を防止する。
② 吹付枠工，現場打ちコンクリート枠工：1：1より急な凹凸があるのり面に吹付けて枠工を施工し，その枠内には植生工を施工する。
③ **プレキャスト枠工**：凹凸のない1：1より緩いのり面に工場製品のプレキャスト枠工を施工し，枠内は植生工を施工する。
④ **編柵工**(あみしがらみこう)：木杭に竹やそだなどをからませて崩落土砂の部分固定や流下水勢の緩和をし，植生工を施工する。
⑤ ネット張工：金網張工，繊維ネット張工等により，のり面流下水による剥落を防止する。
⑥ 植生土のう工：1：0.8より緩いのり面に適用する。

1-5-3 構造物によるのり面保護工

構造物によるのり面保護工には，①風化・浸食防止ののり面保護工，②湧水処理のり面保護工，③岩盤剥落・崩落防止ののり面保護工がある。

各のり面保護工の施工の留意点は次のようである。

(1) 風化・浸食防止のり面保護工

① モルタル吹付工およびコンクリート吹付工は，切土のり面の風化・のり面剥落・崩落を防止するために用いられる。一般に湧水のない風化した岩ののり面に広く用いられる。美観の点に問題があるのが欠点である。念のため，水抜孔を設けモルタル厚は8～10cm，コンクリート厚は10～20cmとするのが普通である。

② 石張工およびブロック張工は勾配が1：1より緩いのり面に用い，浸食・風化・崩落防止を目的とし，砂質土や崩れやすい粘性土ののり面に，石やブロックをモルタルで張込む練張で施工する。少量の湧水のあるときは，のり面を覆う石やブロック間をモルタルで詰めない空張りとし，水抜きできるようにする。

③ コンクリートブロック枠工(プレキャストコンクリート枠工)は勾配が1：1より緩いのり面に用い，盛土・切土ののり面に用いられ，湧水が少量である場合は枠内に石詰めして空張とする。また，枠内を植生工とする場合，枠内に張芝工を施す場合がある。

以上をまとめると表1-19のようになり，その措置を図1-16に示す。

表1-19 構造物による保護工

工　種	工　法	目　的
モルタル・コンクリート吹付工	湧水がない風化しやすい岩，土丹等で植生が無理なのり面に吹き付ける(モルタル8～10cm，コンクリート10～20cm厚)	湧水のないのり面の風化・浸食防止
石張・ブロック張工	1:1以上の緩勾配で土丹または崩れやすい粘性土ののり面に張り付ける	練張りのとき風化・浸食防止 空張りのとき湧水対策
コンクリートブロック枠工	1:1より緩やかな凹凸のないのり面で植生が無理な長大なのり面に施工し，杭またはアンカーで止める	練張りのとき浸食防止 空張りのとき湧水対策

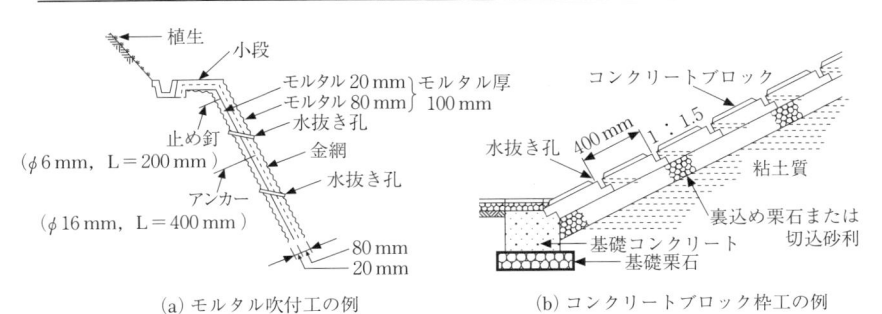

(a) モルタル吹付工の例　　(b) コンクリートブロック枠工の例

図1-16　構造物による保護工法

(2) 湧水処理のり面保護工
① 編柵工は，木杭をのり面に打込み，木杭の間に高分子ネット，竹，そだで編んだ編柵を取り付ける。編柵工は，洗掘を受けるのり面に用い，のり面の植生が成育するまでの間，のり面の浸食・洗掘を防止する。
② のり面蛇籠工は，のり面が湧水により崩壊するおそれのあるとき，鉄線籠に石を詰めたものを杭で留めて，湧水による土砂の流出に対する保護とのり面保護とを兼ねる。
③ 現場打コンクリート枠工玉石空張工は，コンクリート枠内を，コンクリートや植生工ではなく石詰めしたものである。まとめると，表1-20のようになる。

表1-20 湧水処理のり面保護工

工　種	工　法	目　的
編柵工	植生が発育するまで，のり面に木杭を打ち，竹，そだ，合成繊維の編柵を設ける	表層部の浸食，流水による流失の抑制
のり面蛇籠工	湧水の多い場合，地滑りの復旧工事等に鉄線製の蛇籠を設ける	
現場打コンクリート枠工玉石空張工	長大なのり面，はらみ出しのおそれのあるのり面で湧水のある場合に玉石を空張りする	

（a）編柵工　　　（b）のり面蛇籠工

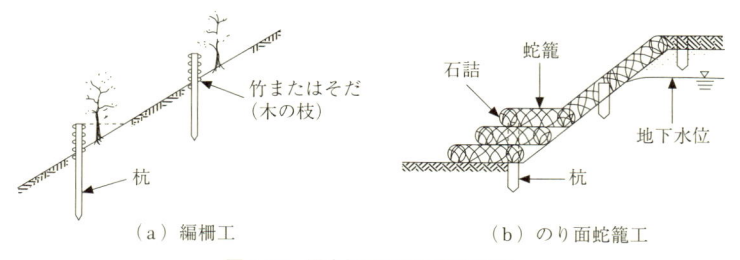

図1-17　湧水処理のり面保護工法

(3) 落石防止工

落石防止工は，風化の激しいのり面で，落石が予想される場合に用いられる。

落石防止工は，図1-18のようにのり面に防止網工を施工し，アンカーで固定する。道路面との境の擁壁工上に，落石防止柵工を施工する。

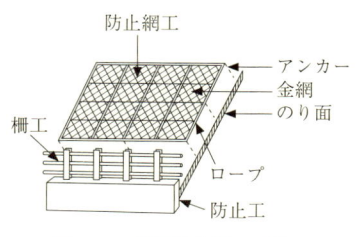

図1-18　落石防止網工・柵工

(4) 岩盤剥落・崩落防止のり面保護工

コンクリート張工は，節理の多い岩，ルーズな崖錐層(がいすいそう)等の吹付工では安定しないのり面の施工に用いる。勾配が1：0.5より急なとき，鉄筋コンクリート張工を用いる。現場打コンクリート枠工は，とくに湧水のある長大なのり面，勾配の急なのり面で，はらみ出しのおそれのある場合に用いられる。のり面アンカー工は，図1-19 (c) のようにPC鋼材等を基盤にボーリングして挿入し，モルタルを注入して固定する。一般に，擁壁工と組み合せて用いることが多い工法である。まとめると，表1-21のようになる。

表1-21 剥落防止のり面保護工

工　種	工　法	目　的
コンクリート張工	吹付けや枠工では不十分なのり面に金網または鉄筋を入れコンクリートを打つ	・岩盤剥落防止 ・表層部の崩落防止 ・土留
現場打 コンクリート枠工	湧水のある場合，1：0.8より急な長大のり面で，コンクリートブロック枠工等では不安のとき枠工を鉄筋コンクリート現場打ちとする	
のり面アンカー工	岩盤が崩落・剥落するおそれのあるときPC鋼材等で基盤にアンカーする	

(a) コンクリート張工の例

(b) 現場打コンクリート枠工

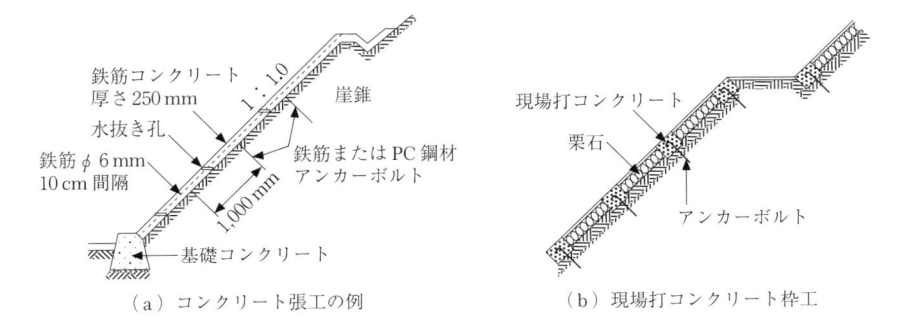

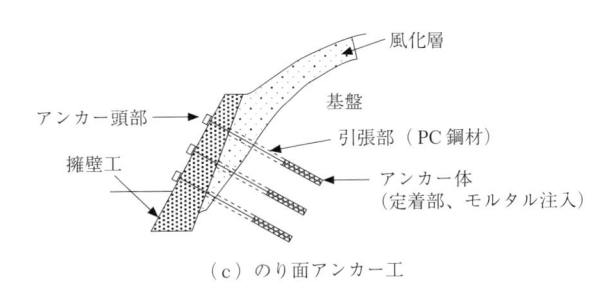

(c) のり面アンカー工

図1-19　岩盤剥落・崩落防止工法

1-6 演習問題

土工

問1 盛土，切土に関する次の記述のうち，**不適当なもの**はどれか。

(1) 切土のり面が長大な場合は，通常の小段のほかに点検，補修用の小段を高さ 20 〜 30 m ごとに設けておくことが望ましい。

(2) 切土のり面で落石防止柵等を設ける場合は，小段幅を狭くとることができる。

(3) 盛土の締固めにおいて盛土材料が砂質土や礫質土の場合は，一般に締固め度を密度によって規定する。

(4) 盛土の1層の敷き均し厚さは，一般に路体では 35 〜 45 cm 以下，路床では 25 〜 30 cm 以下である。

土工

問2 盛土の安定計算等に関する次の記述のうち，**不適当なもの**はどれか。

(1) シルトを盛土材料に使用する場合には，標準のり面勾配であれば安定検討を行わなくてもよい。

(2) 盛土の安定計算にあたっては，基礎地盤や盛土材料のせん断特性を調べる必要がある。

(3) 盛土の安定計算は，一般に有効応力法，または全応力法により円形のすべり面を仮定した分割法を用いればよい。

(4) 地震時の盛土の安定検討には，円弧すべり面を仮定した震度法による計算方法を用いることができる。

問1 解説
切土のり面で落石防止柵を設ける場合は，小段幅を広くとる必要がある。

正解 [2]

問2 解説
シルト，粘性土，火山灰質粘性土については，注意して用いるか何らかの処理を必要とし，安定計算が必要である。

正解 [1]

演習問題　1-1-2

土工

問3　土工に関する次の文章中の□にあてはまる下記の数値の組合せのうち，正しいものはどれか。

「1800 m³ の盛土を造成するのに必要な地山の土量は ① m³ であり，また，ほぐした土量を用いる場合は ② m³ である。ただし，土量の変化率は L = 1.2，C = 0.9 とする。」

(1)　① 1620　② 2400
(2)　① 2000　② 2400
(3)　① 1620　② 2160
(4)　① 2000　② 2160

のり面保護工

問4　のり面の植生工に関する次の記述のうち，**不適当なもの**はどれか。

(1) 張芝工は，野芝等を目ぐし，播土，目土を用いてのり面全面に張り付けるもので，施工後の耐浸食性には比較的大きな効果がある。
(2) 播種工に用いる牧草類は，直根が土中に深く入り，のり面の安定度を高め，追肥等を必要としない。
(3) 植生工は，植物が十分繁茂した場合にのり面の浸食を防止する機能を期待するものであり，のり面の深い崩壊の防止効果を期待することはできない。
(4) 播種工を行う場合の種子の配合については，植物はその種類によって気象条件等との適応が異なるため，その使用目的と性状を十分理解したうえで3種以上を選定する。

問3 解説

1800 m³ の盛土量は，1800 ÷ 0.9 = 2000 m³ 地山土量，1800 ÷ 0.9 × 1.2 = 2400 m³ がほぐし土量。

正解　2

問4 解説

播種工では，肥料分の少ない土質では追肥管理が必要である。

正解　2

演習問題　1-1-3

のり面保護工

問5　切土のり面に関する次の記述のうち，**不適当なもの**はどれか。
(1) 切土のり面には，高さ5～10m程度ごとに幅1.0～2.0m程度の小段を設けるのが標準である。
(2) 切土のり面が第三紀の泥岩，頁岩の場合は，乾燥湿潤の繰返しや凍結融解の繰返しに強く，安定している。
(3) 切土のり面の地山が複雑な地質構造であると，安定計算等によって適正な設計断面を決定することが困難な場合が多い。
(4) 標準のり面勾配より急な勾配で切土のり面を形成せざるを得ない場合には，擁壁や鉄筋挿入工法による切土面の補強を行う必要がある。

のり面保護工

問6　のり面保護工に関する次の記述のうち，**不適当なもの**はどれか。
(1) コンクリート吹付工は，湧水の多い風化岩や長大なのり面等で，のり面の長期にわたる安定が必要な箇所に用いる。
(2) のり面蛇籠工は，のり面に湧水があって土砂が流出するおそれのある場合，あるいは凍上によりのり面が剥離するおそれのある場合に用いる。
(3) 植生工は，のり面の深い崩壊の防止効果は期待できないが，のり面の浸食防止や周辺環境の調和を図る場合に用いる。
(4) 石張工は，のり面の風化および浸食等の防止を主目的とし，緩勾配で粘着力のない土砂，泥岩等の軟岩ならびに崩れやすい粘土等ののり面に用いる。

問5 解説
　切土のり面が，第三紀の泥岩，頁岩，固結度の低い凝灰岩，蛇紋岩等，表層から土砂化するので安定しない。　　　　　　　　　　　　　　　　　　正解　2

問6 解説
　コンクリート吹付工は，湧水のない，風化した軟岩等のり面に施工する。
　　　　　　　　　　　　　　　　　　　　　　　　　　　　　　　正解　1

演習問題　1-1-4

調査

問7　土質試験に関する次の記述のうち、**不適当なもの**はどれか。
(1) CBR試験は、路床土あるいは粒状の路盤材料の支持力指数を求め、その結果は舗装厚の決定および路盤材料の適否の判定等に用いる。
(2) 土の一軸圧縮試験は、飽和した粘性土のせん断強さを求め、その結果は盛土および構造物の安定性の検討に用いる。
(3) スウェーデン式サウンディングは、規定重量のハンマを動的貫入する際の抵抗を求め、その結果は岩盤の分布や分類を判別するのに用いる。
(4) 突固めによる土の締固め試験は、含水比と乾燥密度の関係を求め、その結果は盛土の締固め度や施工時の含水比を規定するための基準値として用いる。

建設機械

問8　建設機械に関する次の記述のうち、**不適当なもの**はどれか。
(1) 湿地ブルドーザは、普通ブルドーザに比べ急傾斜地の作業において転倒・スリップ等に対して安全性が高い。
(2) タイヤローラは、機動性に富み比較的種々の土質に適応できるため、締固め機械として多く使用されている。
(3) クローラ式トラクタショベルは、ホイール式に比べ掘削力は小さいが機動性に優れている。
(4) バックホウは、主として機械設置地盤より低い部分の掘削、切り取りのり面の掘削等の使用に適している。

問7解説
　スウェーデン式サウンディングは、規定のスクリューポイントを回転させ、1m当たり貫入するのに必要な回転数を2倍した N_{sw} から支持力を判定する。　正解　③

問8解説
　ホイール式トラクタショベルは、クローラ式トラクタショベルより、掘削力は小さいが機動性に優れている。　正解　③

演習問題　　　1-1-5

建設機械

問9　建設機械に関する次の記述のうち，**不適当なもの**はどれか。
(1) タイヤローラは，載荷重およびタイヤの空気圧によって接地圧が変化する。
(2) 油圧式バックホウは，小型でも掘削力が大きく，管理や運転が容易なため，バケット容量 0.1 〜 2.0 m^3 程度の範囲のものが使用されている。
(3) ブルドーザで掘削押土を行う場合は，同一の現場条件であれば，粘性土の作業効率は砂より高い。
(4) 振動ローラでレキの締固めを行う場合は，重量が大きく，高振動数のものが適している。

問9 解説

ブルドーザでの掘削押土は，同一条件では，粘性土より砂の地盤の方が作業効率は高い。

正解　3

第2章 道路施設

　道路舗装と一体として機能する道路施設のうち，擁壁工，排水工，防護柵等の道路構造の設計，施工の基準を理解し，道路交通を円滑にする道路標識，道路照明，道路緑化の基本的な知識を理解する。

- 2-1　擁壁工
- 2-2　排水工
- 2-3　道路標識
- 2-4　防護柵
- 2-5　道路照明
- 2-6　道路緑化
- 2-7　演習問題

2-1 擁壁工

2-1-1 擁壁の概要

擁壁は土圧を支持して，空間を確保するもので，その高さや基礎の支持力等により形式を選定する。

擁壁は，切土，盛土の土工部分において，用地の関係で，所要の安定勾配が確保できないときに設けるものである。また，盛土部に設けるものと切土部に設けるものは，受ける土圧の大きさが異なっている。ここでは，主にコンクリート擁壁について述べる。

(1) 擁壁の分類

擁壁は，下記のように，コンクリート擁壁と補強土擁壁に分類される。

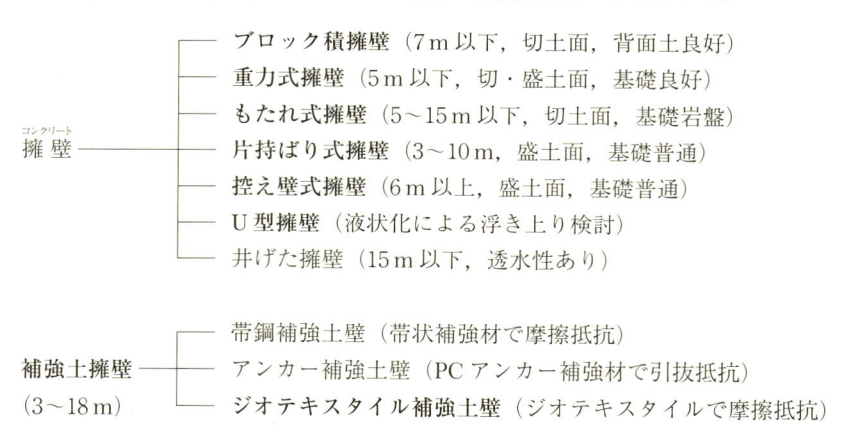

コンクリート擁壁
- ブロック積擁壁（7m以下，切土面，背面土良好）
- 重力式擁壁（5m以下，切・盛土面，基礎良好）
- もたれ式擁壁（5～15m以下，切土面，基礎岩盤）
- 片持ばり式擁壁（3～10m，盛土面，基礎普通）
- 控え壁式擁壁（6m以上，盛土面，基礎普通）
- U型擁壁（液状化による浮き上り検討）
- 井げた擁壁（15m以下，透水性あり）

補強土擁壁（3～18m）
- 帯鋼補強土壁（帯状補強材で摩擦抵抗）
- アンカー補強土壁（PCアンカー補強材で引抜抵抗）
- ジオテキスタイル補強土壁（ジオテキスタイルで摩擦抵抗）

(2) 擁壁の基礎

擁壁の基礎には,直接基礎と杭基礎がある。比較的浅い2～3mに支持層のあるときは,置換え改良して直接基礎とすることが多い。これが困難なときに杭基礎とする。

① 直接基礎の地盤支持力

直接基礎の支持力は,一般に標準貫入試験によるN値で判断する。

a 砂地盤;$N \geqq 20$のとき支持層と考えることができる。液状化等を考慮する場合には$N \geqq 30$とすることが望ましい。

b 粘性地盤;N値が10～15程度以上,あるいは土の一軸圧縮強さが100～200 kN/m^2 以上とする。

② 擁壁設計の調査

a 調査範囲;擁壁の高さH[m]とすると,土のせん断強さ(一軸圧縮強さ)を求める強さは擁壁の高さの1.5倍とする。

また,圧密沈下に関する性状を調査する範囲は,擁壁高さH[m]の3.0倍とする。

b 調査試験;標準貫入試験,一軸圧縮試験,三軸圧縮試験,圧密試験,含水比試験等により,土の性状を分析して,設計に必要な,地盤の許容支持力や,液状化の有無,沈下の有無等を判定すると同時に,設計に必要な,数値を求める。

2-1-2 擁壁に作用する荷重

擁壁に作用する荷重には，自重，載荷重（$10\,kN/m^2$），土圧，地震，水圧，浮力，雪，風，衝突の各荷重がある。

① **自重**は，擁壁自身の重量と，**かかと版**，**つま先版**に載荷される土の重量がある。一般には図 2-1 に示すつま先版は底版幅の 1/5 程度とし，つま先版の土の重量 W_1 は無視することが多い。

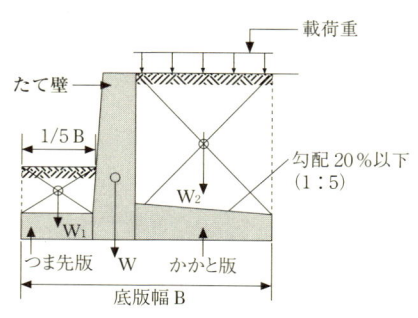

図 2-1 擁壁の各部と荷重

一般に，たて壁は等厚とし自重を計算するときの単位体積重量は，次のようである。

   鉄筋コンクリート　$24.5\,kN/m^3$
   無筋コンクリート　$23\,kN/m^3$

なお，土の単位体積重量は，高さ 8 m 以下の擁壁では，土質試験によらないで，標準の値を用いる。自然地盤では，砂 $18\,kN/m^3$，砂質土 $17\,kN/m^3$，粘性土 $14\,kN/m^3$ 等を用いる。また，盛土では，砂 $20\,kN/m^3$，砂質土 $19\,kN/m^3$，粘性土 $18\,kN/m^3$ とする。

② **載荷重**

載荷重は，擁壁背面の地盤に作用する荷重で $10\,kN/m^2$ とする。

③ 土圧

土圧は，土が擁壁に作用する圧力のことで，たて壁が前に移動したとき生じる**主働土圧**と，たて壁を押し込むときに生じる**受働土圧**があり，この他，擁壁が静止した状態において生じる**静止土圧**がある。これらの土圧は，クーロンやランキンの土圧公式によって求めるが，一般には，図2-2に示す試行くさび法によるクローン土圧公式を用いることが多い。

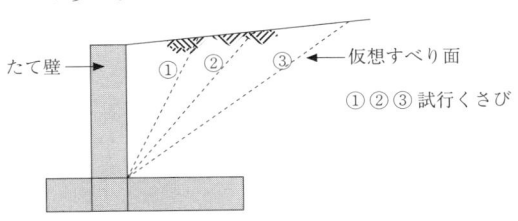

図2-2　試行くさび

④ 地震の影響

高さ8m以下の擁壁では，地震による影響は考慮しなくてよいが，重要な構造物である場合5m以上は，地震による影響を考慮することがある。高さ8m以上の擁壁は耐震検討をする。水平震度は，地域および地盤の種類により異なる。

⑤ 水圧・浮力

U型擁壁や，水位差を伴う河川の水際等の擁壁について，水圧差による影響を考慮する。また，浮力についても考慮する。

⑥ 雪荷重

十分に圧縮された雪の上を車両が通行するとき，車両荷重以外にも $1.0\,kN/m^2$ の雪荷重を考慮する。また，雪だけを荷重とする多雪地域では，$3.5\,kN/m^2$ とする。

⑦ **風荷重**

擁壁のたて壁に，遮音壁を設けるとき，片側だけに設けるときは $2\,kN/m^2$，両側に設けるときは，各片側に $1\,kN/m^2$ の風荷重を考慮する。

⑧ 衝突荷重

衝突荷重は，擁壁頭部に直接，車両用防護柵を設けるときに考慮する。擁壁端部1mの位置で45度で衝突するものと考える。衝突荷重の大きさは防護柵の種類によって異なる。

⑨ 荷重の組み合せ
　a　常時には，自重＋載荷重＋土圧について考える。
　b　地震時には，自重＋地震による影響について考える。
　c　擁壁頂部に遮音壁，防護壁を取り付けるときは，風荷重や衝突荷重を考える。
　d　風荷重と衝突荷重は，地震荷重とが同時に生じる可能性が小さいため，これらの組合せは考慮しなくてもよい。

2-1-3 擁壁の使用材料

擁壁に用いる材料の種類とその技術は次のようである。

(1) 埋込め土質材料

埋込め土の土質は，締固めが容易で強度が大きく，かつ圧縮性が小さく，透水性の高いもので，粒度の良い砂質土がよい。また，土質材料が補強材を損傷したり，劣化させないものとする。

(2) コンクリート

コンクリートは，原則として，無筋コンクリート 18 N/mm² 以上，鉄筋コンクリート 21 N/mm² 以上の設計基準強度を持たせる必要がある。

(3) コンクリート積ブロック

施工面積 1 m² 当たり質量は 350 kg 以上とし，JIS に適合するコンクリート積みブロックとする。

この他大型積みブロックは，図 2-3 のように控長は JIS に適合するよう 35 cm とし，大型化したものや，控長も 35 cm 以上としたものもある。

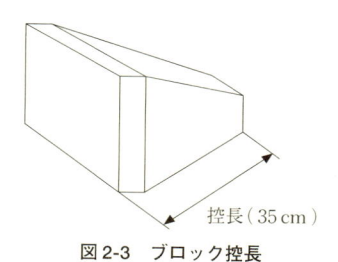

図 2-3 ブロック控長

(4) 擁壁の杭

RC 杭，PHC 杭等の既製杭を用いる。この他 JIS に適合する鋼管杭を用いる。

(5) 鋼材

鉄筋コンクリート用棒鋼 SD295 A，SD295 B，SD345 等の異形棒鋼を用いる。許容応力度は，一般に引張，圧縮に対して 180 N/mm²（SD295），200 N/mm²（SD345）とする。

(6) 補強土材料

① 鋼製補強材は，帯状鋼材やアンカープレート付鉄筋等を用いる。
② ジオテキスタイルは，不織布，織布，ジオグリッド等は用いる。これらは引張力の大きいものとし，裏込め材との摩擦抵抗があるものとする。
③ 壁面材は，コンクリート製，鋼製のパネル，プレキャストコンクリートブロック，場所打コンクリート等を用いる。

(7) 発泡スチロール（EPS）

軽量盛土材として，単位体積重量が 12～30 kg/m³ で，2 m × 1 m × 0.5 m 程度の直方体ブロックを用いるが，土に発泡スチロールを混入して用いるときもある。重油等の溶剤や火気の接触に注意する。

2-1-4　コンクリート擁壁の設計

コンクリート擁壁の設計は，断面を仮定したのち，擁壁に作用する土圧の計算，擁壁躯体の設計の順に行う。

(1)　擁壁の安定性で検討すべき4項目
① 滑動の安定性…………A
② 転倒の安定性…………B
③ 支持地盤の安定性　…C
④ 沈下・変形の安定性

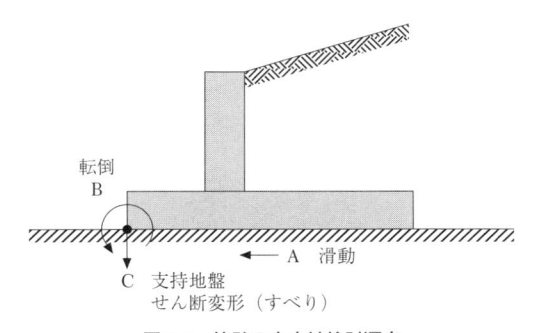

図2-4　擁壁の安定性検討順序

(2)　擁壁に作用する土圧

擁壁に作用する土圧は，壁面摩擦角を求め，主働土圧，静止土圧，受土圧，地震時土圧，を計算し，安定計算のデータを得る。

① 壁面に作用する土圧の**壁面摩擦角**δ（デルタ）は，土とコンクリートの摩擦角をϕとすると，$\delta = 2/3 \cdot \phi$とする。**背面傾斜を**βとするとき，土と土の壁面摩擦角δは，βと等しい。

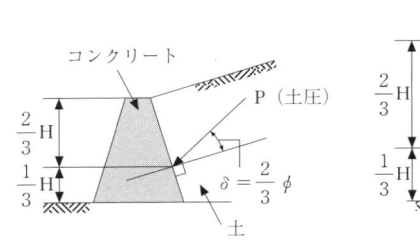

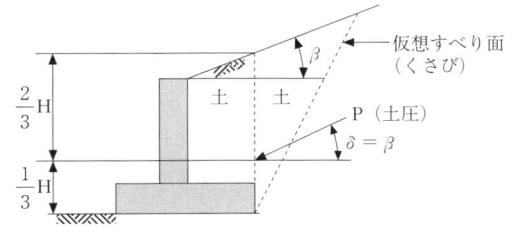

(a) コンクリートと土との土圧　　　　（b) 土と土との土圧

図2-5　擁壁に作用する土圧の壁面摩擦角

② 主働土圧
    a 盛土部擁壁に作用する土圧は，試行くさび法を用いる。この方法は，すべり面を仮定し，水平土圧係数 K_H と鉛直土圧係数 K_V は擁壁のたて壁が垂直の場合，土質によるが，$K_V = 0.1$，$K_H = 0.2 \sim 0.35$ である。

$$水平土圧 \quad P_H = \frac{1}{2} \times K_H \times r \times H^2$$

$$鉛直土圧 \quad P_V = \frac{1}{2} \times K_V \times r \times H^2$$

      の式で計算する。
      ここに，H：擁壁高さ（m）
          r　：埋込め土単位体積重量（kN/m³）
          P_V：鉛直土圧（kN/m）
          P_H：水平土圧（kN/m）
    b 切土部擁壁に作用する土圧は，切土面が安定しているときは，試行くさび法で埋込め土のみの土圧とし計算できる。

③ 静止土圧
    U型擁壁のように両側が拘束されているときは，水平方向の変位が少ないので，壁面には静止土圧 P_0〔kN/m〕が作用する。

$$P = \frac{1}{2} \times K_0 \times r \times H^2$$

    K_0：静止土圧係数　$0.4 \sim 0.7$（締固め状態と土質により異なる）
    H　：擁壁高さ〔m〕
    r　：土の単位体積重量〔kN/m³〕

④ 受働土圧
    擁壁面が，地山の方に動き土圧を作用させるときの土圧を受働土圧といい

$$P_P = \frac{1}{2} \times K_P \times r \times H^2$$

で表す。K_P は受働圧係数である。一般に擁壁前面の埋戻し土の受働土圧は無視する。

⑤ 地震時土圧
    地震時土圧は，試行くさび法を用い，水平方向の地震慣性力を作用させて求める。

(3) 擁壁の安定に対する検討
① 滑動に対する安定
滑動に対する安全率 F_S は常時 1.5,地震時 1.2 を下回らないようにする。一般に安全率 F_S は,滑動の抵抗力と滑動力の比として求める。

$$F_S = \frac{滑動に対する抵抗力}{滑動力}$$

② 転倒に対する安定
転倒は,図 2-6 に示す A 点に対する回転モーメントを考える。擁壁に作用する全合力 P が常時には底版幅 B の中央 1/3 以内にあり,地震時には,中央 2/3 以内とする。

③ 支持地盤の鉛直荷重に対する安定
地盤の支持力に対する安全率は,常時で 3.0,地震時は 2.0 を下回らないようにする。

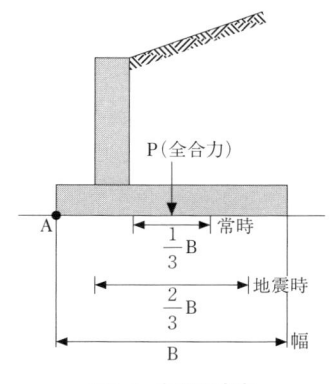

図 2-6 転倒の安定

④ 全体に対する安定
擁壁背後の盛土による地盤沈下や液状化の検討を行う。また,斜面に設ける擁壁は,のり面の安定性について検討する。

(4) 擁壁の躯体の設計
① ブロック積擁壁,石積擁壁
ブロック積擁壁,石積擁壁は,のり面勾配が 1:1 より急なもので,1:0.3 〜 1:0.6 に用いられ,ブロックの控長は 35 cm を原則とする。埋込めは良質土砂で幅 20 cm 以上,一般土で幅 30 cm を基本とする。また,埋込めコンクリートは,設計基準強度 18 N/mm² とし,基礎に 10 〜 20 cm の切込砕石を敷き均し,基礎コンクリートを打設し,天端コンクリート幅は,5 〜 10 cm とする。

さらに,大型ブロック積擁壁の控長は 50 〜 100 cm とし,原則として,高さ 8 m 以下とする。8 m 以上は,地震時の安定の検討が必要である。小段 2 m を設け,多段ブロック(石積)擁壁とすることもある。

② 重力式擁壁
重力式擁壁は,土圧と自重の合力により,躯体断面のどこにも引張応力が生じないように設計する。重力式擁壁の天端幅は 15 〜 40 cm とする。

③ もたれ式擁壁
もたれ式擁壁は,切土のり面の地山または裏込め土に支えられて,自重によって,土圧に抵抗する型式である。このため,底版の幅が狭く,地盤は岩盤等の堅固な地盤とする。高さは 5 〜 15 m とし,勾配は 1:0.3 〜 1:0.5 とする。

もたれ式擁壁は,重力式擁壁と同じ方法で,安定の検討をする。

④ 片持ばり式擁壁

片持ばり式擁壁には，逆T形，L形，逆L形がある。この型式は重力式よりもコンクリート量が少なくてすむ長所がある。

設計は，図2-7のようにたて壁と底版の支点を固定端とする片持ばりとして設計する。

l_1：たて壁設計支間，l_2：つま先版設計支間，l_3：かかと版設計支間である。

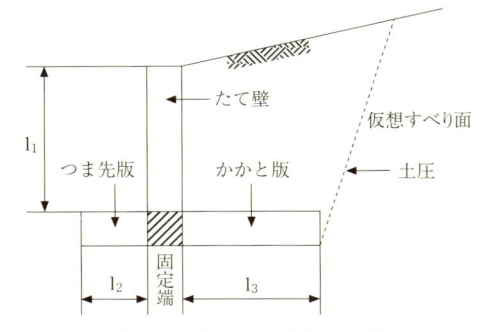

図2-7 片持ばり式擁壁の支間

片持ばり式擁壁の構造細目は次のようである。

a 鉄筋のかぶりは40mm以上。
b 鉄筋の空きは40mm以上，粗骨最大寸法の4/3以上かつ，鉄筋径の1.5倍以上とする。
c 鉄筋の重ね長さは，鉄筋径の20倍以上とし，0.8mmの焼鈍鉄線で，必要最小限で連結する。ただし，格子状ユニット製品は鉄筋の重ね長さは1.3倍以上とする。
d 鉄筋は，たて壁高さ1mあたり5cm^{2}以上を挿入し，鉄筋の中心間隔は30cm以下とする。
e 配力鉄筋，圧縮鉄筋は，主鉄筋の1/6以上の断面積を配筋する。

⑤ 控え壁式擁壁

控え壁式擁壁は，たて壁と底版は，控え壁を支点とする連続版として，設計する。控え壁式擁壁は，高さ10m以上の条件で用いられる。

⑥ U型擁壁

U型擁壁には，掘割式と中詰式とがあり，掘割式は，地下水位以下に設置する場合に用いられ，水圧で浮き上がりに対する安定性を検討しなければならない。

中詰式は，橋梁の取り付け部に用い，U型溝内に中詰め土したものである。

液状化が予想されるときは，浮上がりの安全率は，もっとも危険な状態で，1.0以上とする。液状化しないときは，擁壁との摩耗抵抗も考慮してよい。

⑦ 井げた組擁壁

井げた組擁壁は，プレキャストコンクリート部材を井げたに組んで積み上げその中に割栗石等の中詰をするもので，透水性に優れている。一般に高さ15m程度以下に用いる。

2-1-5　擁壁の施工

擁壁の基礎の処理，躯体の打継目，水抜孔の施工は次の点に留意する。

(1)　直接基礎
① 擁壁基礎の根入れ深さは，地表面から原則として，50 cm 以上とする。ブロック積擁壁では，ブロック1個分以上の根入れを確保する。この他，水路を擁壁に沿って設けるときは，水路底面より 30 cm 以上の根入れをする。
② 置換えコンクリートは，斜面上に**直接基礎**を設ける場合図 2-8 のように，つま先部底部の土を掘削し施工することで，支持力を確保し安定させる。
③ 岩盤上に直接基礎を施工するときは，均しコンクリートで埋戻し，必要によりモルタルを敷き均し，直接基礎を施工する。

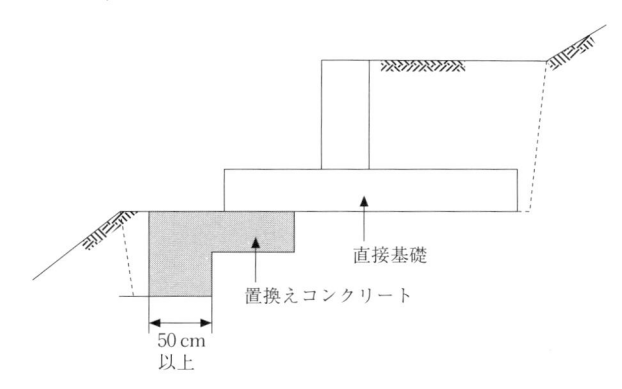

図 2-8　置換えコンクリートの配置

(2)　杭基礎

橋梁の橋脚，橋台の基礎の場合，**杭基礎**が深いとき，摩擦杭として用いるときは，その支持層は，砂，砂礫層で N 値 30 以上，粘性土層で N 値 20 以上とする。支持杭とするときの支持層は，N 値で 50 以上とする。

(3) 躯体工の留意点
① たて壁のコンクリートの打込みは，同じ高さとなるよう，打込み箇所を移動して，多数の箇所から投入する。
② 鉛直打継目は，ひび割れを抑制するため，**V型鉛直打継目**を10m以下の間隔に等間隔とし，このときは，鉄筋を切断しないで，図2-9（a）のように連続させる。

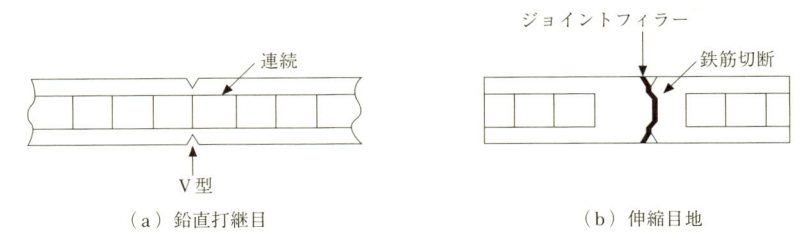

（a）鉛直打継目　　　　　　　　　　（b）伸縮目地

図2-9　打継目と目地

③ **壁の伸縮目地**は，重力式擁壁等無筋コンクリート構造物では10m以下片持ばり式擁壁，控壁式擁壁では15〜20m間隔に設け，図2-9（b）のように，鉄筋は切断しておく。目地接合部には，瀝青材等を塗布しておく。これをジョイントフィラーという。
④ 水抜孔による断面が減少するたて壁は，伸縮目地間隔Lの6％以下の場合には，とくに補強の必要はない。

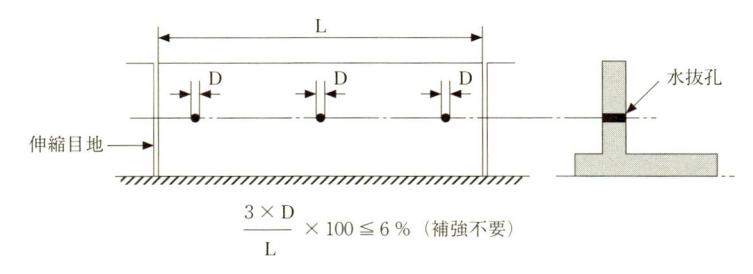

$$\frac{3 \times D}{L} \times 100 \leq 6\% \text{（補強不要）}$$

図2-10　たて壁断面減少による補強の必要性の判定

2-2 排水工

2-2-1 排水工の目的と種類

　排水工は，降雨や隣接地からの流入する表面水を排除して，表層部からの浸水により，路盤が軟化するのを防止する必要がある。このため，表面水，地下からの浸透水，およびのり面を流下する水を排水する施設を設け，道路構造を保全する目的がある。また，このことで，路面滞水を防止し，交通を円滑にしスリップ事故等を防止することも重要な目的といえる。

　このため，次のような各種排水に留意する。

① **表面排水**：路面水，隣接地からの流入水を側溝等に集水し排水する。
② **地下排水**：地下水位を低下させるため，地下排水溝に集水し排水する。
③ **のり面排水**：切土，盛土の斜面の流下水や，のり面からの湧水を安全に集水してのり尻排水溝に排水する。
④ **構造物排水**：構造物の埋込め水の排水，橋面上の路面水の排水をする。

　図 2-11 に，排水工の種類を示す。

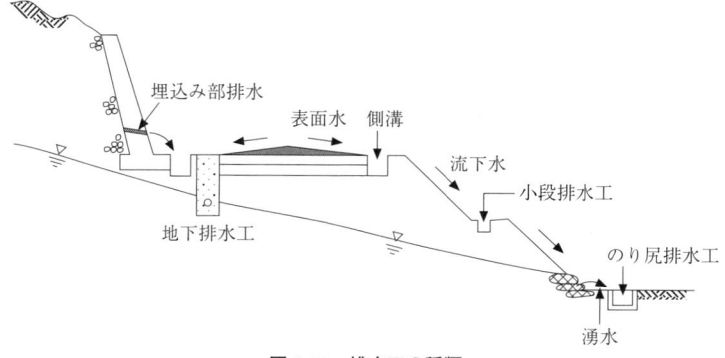

図 2-11　排水工の種類

2-2-2 表面排水工の設計

表面排水は，道路敷地内の水と，隣接するのり面等からの流入水を合わせて排水することをいう。

(1) 雨水流出量の計算

排水施設の能力を定めるために，雨水流出量 Q（m³/s）を知る必要がある。雨水流出量を求める式を**合理式**（ラショナル式）といい，次の式で表す。

$$Q = \frac{1}{3.6} \times C \times I \times A$$

ここに，Q：雨水流出量（m³/s）
C：**雨水の流出係数**（舗装面 0.7 〜 0.95，のり面 0.4 〜 0.75 等）
I：**降雨強度**（mm/h）（降雨継続時間または流達時間 t を係数 a，b で求める）
A：**集水面積**（km²）（表面排水すべき面積）

① 流出係数：流出係数 C は，地表面の種類によって異なる。芝生等では，0.05 〜 0.35 と小さく，屋根や舗装では 0.7 〜 0.95 と大きくなる。これは過去のデータに基づき，想定される数値である。

② 集水面積：集水面積 A は，表面排水施設の分担すべき区分の面積(km²)である。

③ 降雨強度：降雨強度 I は，側溝ます等の路面排水施設を設計するときは，標準降雨強度図を利用して求める。また，横断カルバートのように，重要な排水施設を設計するときは，タルボット式で計算により求める。

a 路面排水施設として側溝等を設けるときは，北海道地方 60 mm/h，東北地方 70 〜 80 mm/h，関東，中部，近畿地方 90 mm/h，三重，和歌山，徳島，高知，九州地方 100 〜 110 mm/h のような降雨強度 I を仮定している。

b 重要な横断カルバートを設けるときはタルボット式で計算する。

$$I = \frac{b}{t + a} \quad (\text{mm/h})$$

ここに，I：降雨強度（mm/h）
a，b：対象とする地域により異なる定数（たとえば a は 4 000 〜 10 000 程度，b は 45 〜 65 程度）
t：降雨継続時間または流達時間（分）

流達時間 t は，集水区域の最遠点から側溝等の排水施設に達するまでの時間 t_1（分）と，管路を流れて，カルバート排水施設にまで達する流下時間 t_2（分）と合計して求める。

(例題)

a = 4 800, b = 50 とし，流達時間 t = 12 分とするとき，タルボットの式により降雨強度 I (mm/h) を求めよ。

(解答)

降雨強度 $I = \dfrac{a}{t+b} = \dfrac{4\,800}{12+50} = 77.4\,\text{mm/h}$

c　流下時間 t_2（分）の計算

　　流下時間は，雨水が，側溝に流入し，管路長 L (m) を平均流速 v (m/s) で流れるものとして，管路長を平均流速で割って，$t_2 = L/(60\,v)$ として求める。

　平均流速 v (m/s) は，**マニング式**を用いて計算する。

$$v = \dfrac{1}{n} \times R^{\frac{2}{3}} \times i^{\frac{1}{2}}$$

ここに，n：粗度係数で，管路の内面の粗さで，コンクリート管 0.013，塩化ビニル管 0.01 等である。

　　　i：道路の勾配（%）

　　　R：径深（通水面積 A (m²) を潤辺 S (m) で割った値 $\dfrac{A}{S}$）

(例題)

図 2-12 の場合の径深 R を求めよ。

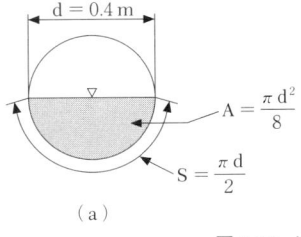

（a）　d = 0.4 m，$A = \dfrac{\pi d^2}{8}$，$S = \dfrac{\pi d}{2}$

（b）　0.8 m × 0.5 m

図 2-12　通水面積と径深

解答

(a) の場合

$$\text{径深} \quad R = \frac{A}{S} = \frac{\left(\frac{\pi d^2}{8}\right)}{\left(\frac{\pi d}{2}\right)} = \frac{d}{4} = \frac{0.4}{4} = 0.1\,\text{m}$$

(b) の場合

$$A = 0.5 \times 0.8 = 0.4\,\text{m}^2$$
$$S = 0.5 + 0.5 + 0.8 = 1.8\,\text{m}$$
$$\text{径深} \quad R = \frac{A}{S} = \frac{0.4}{1.8} = 0.22\,\text{m}$$

例題

U字溝，水深 0.2 m，幅 0.8 m を勾配 i = 1％で流れる水路を流れる平均流速を求めよ。ただし，U字溝の粗度係数 n = 0.013 とする。

解答

$$\text{径深} \quad R = \frac{A}{S} = \frac{0.2 \times 0.8}{0.5 \times 2 + 0.8} = 0.09\,\text{m}$$

$$\text{勾配} \quad i = \frac{1}{100}$$

$$n = 0.013$$

として，

$$\text{平均流速} \quad v = \frac{1}{n} \times R^{\frac{2}{3}} \times i^{\frac{1}{2}} = \frac{1}{0.013} \times 0.09^{\frac{2}{3}} \times \left(\frac{1}{100}\right)^{\frac{1}{2}}$$

$$= \frac{1}{0.013} \times 0.2 \times 0.1 = 1.5\,\text{m/s}$$

一般に，都市部において，側溝の流速は 0.5 〜 1.0 m/s，排水管の流速は 0.6 〜 2.0 m/s が目安である。

(2) 路面排水工の設計
① 横断勾配：アスファルト・コンクリート舗装および路肩の横断勾配は 1.5 〜 2.0 ％とする。また，歩道では，2 〜 3 ％を標準とする。
② 縦断勾配：縦断勾配が急になると，流達時間が短くなり，降雨強度は大きくなり排水施設は大規格となる。とくに 4 ％以上のとき，側溝の流れは射流となり，排水ぶたの形状によっては，落下率が 50 ％まで低下するおそれがある。
③ 側溝の種類：側溝の種類には，素掘側溝，芝張側溝，石張側溝・ブロック積側溝，コンクリート側溝（L 形，U 形，半円形，円形等）がある。
　図 2-13 に側溝の構造を示す。以上の他，自動車専用道路に用いる皿形（ロールドガッタ）がある。

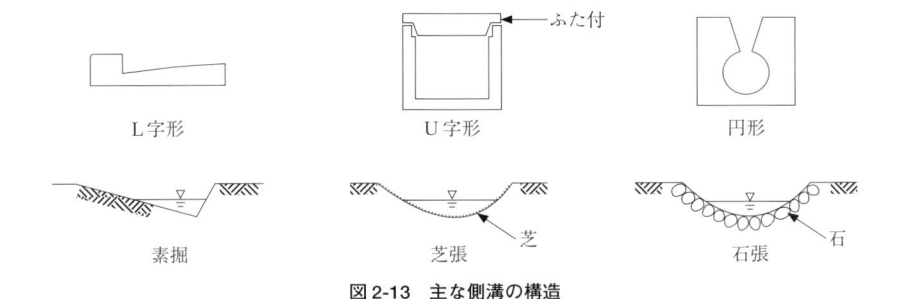

図 2-13　主な側溝の構造

④ **側溝の排水能力**：側溝の排水能力 Q（m³/s）は，通水断面積と平均流速の積で求める。次の式で求められる。

$$Q = 0.8 \times A \times v \ (m^3/s)$$

ここに，v：平均流速（m/s）

　　　　A：通水断面積（m²），ただし，一般に土砂堆積を 20 ％あるとして，20 ％の余裕をみて 0.8A とする。

(3) 排水ますの施工
① 排水ますの種類：**排水ます**は，側溝ますと，縁石ますとに大別する。

側溝ますは，ますふたの形を加減することで，あらゆる勾配の道路にも適合できるが，**縁石ます**は排水能力が小さいので，縦断勾配の大きい道路には不適当である。

側溝ますのふたは，排水能力が大きく，自動車荷重に対して安全なものとする。その形は図 2-14 のように，縦仕切り形，横仕切り形，格子形である。

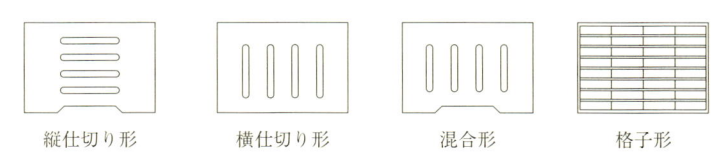

　　　縦仕切り形　　　横仕切り形　　　混合形　　　格子形
図 2-14　側溝ますのふたの種類

② 排水ますの配置：縦断勾配がゼロまたはゼロに近い道路での排水ますの間隔は，一般に 20m 程度が用いられている。

下図のように縦断勾配が谷部になる区間は，図 2-15 のように，谷部の最低部に必ず 1 箇所設置し，その前後 3～5m 離れて 1 箇所ずつ設置するとよい。

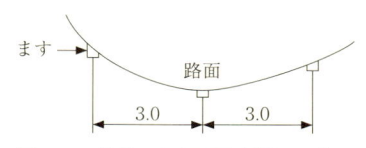

図 2-15　谷部のます配置（単位：m）

高架橋で谷部に伸縮継手のあるときは，伸縮継手から 1.5m 程度に排水ますを設ける。

③ 排水ますの施工：コンクリート打設において，まず底版を打設し，その後硬化後側壁を打設する。

歩道の切り下げ部等にますが当たる場合には位置の変更を行うが，位置の変更に伴う排水管接続・高さ・勾配・計画高の変更について十分検討しなければならない。

④ **取り付け管・排水管・マンホール**：取り付け管は，排水ますと排水管を接続する管で，直径 150mm 程度の硬質塩化ビニル管または，遠心力鉄筋コンクリート管を用いる。排水管は直角または，流下方向に 60 度の向きで取り付ける。

また，取り付け管は，泥だめを設けるため排水ます底面から 15cm 以上上方に取り付ける。

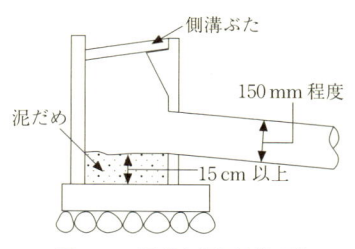

図 2-16　泥だめと取り付け管

2-2-3 地下排水

地下排水施設に流入する浸透水量と施設の構造は次のようである。

(1) 地下水調査と透水量

地下水調査には、地盤の透水係数を推定するため、室内透水試験か、現場透水試験を行う。

透水量は、浸透水量 Q（cm³/s）が、層流である範囲では、ダルシーの法則で求める。

$$Q = k \times i \times A$$

ここに、k：透水係数（cm/s）
i：動水勾配（％）地下水面の勾配
A：通過断面積（cm²）

(2) 地下排水施設の施工

地下排水施設の構造は図 2-17 のようである。

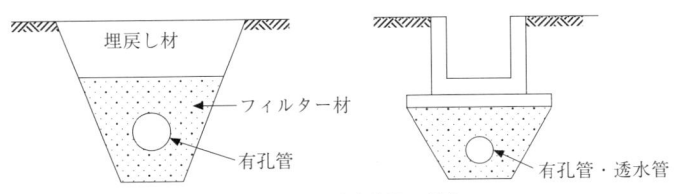

図 2-17 地下排水施設の構造

2-2-4 のり面排水

排水施設の断面は、土砂の堆積を考慮して 20％程度余裕をみて決定する。
のり面排水施設は次のものがある。

(1) のり肩排水施設
① 素掘り排水溝を設ける。
② 鉄筋コンクリートU字溝を設ける（300×300 mm の断面程度）。

(2) 縦排水施設
① 鉄筋コンクリートU字溝を設ける。
② 鉄筋コンクリート管を設ける。

(3) 小段排水施設
① コンクリート張り排水溝を設ける。
② 鉄筋コンクリートU字溝を設ける。

(4) のり尻排水施設
① U字溝を設ける。
② 湧水に対してじゃ篭を設ける。

2-2-5　道路横断排水

　道路が在来の水路あるいは渓流等を横断する場合。
　道路を横断して排水する施設は，通常，流量が多いときは，**ボックスカルバートか門型カルバートを用い，流量の少ないときには円形カルバートを用いる**。
　カルバートは，等流条件を満たさないことが多く，マニング公式は，適用できないので，次の原則に基づき設計する。

(1) カルバートの設計の原則
① カルバートの勾配，底面高さ，幅は，土砂の堆積や浸食を防止するため従来の水路と一致させる。
② 渓流に設置するカルバートに，すべりや土砂による摩耗の問題が発生するときは勾配を10％程度以内とする。
③ カルバートの最小直径60cm以上とすることが維持管理上必要である。
④ カルバートの上面に，水面が接しない。
⑤ カルバート上流の水深が，カルバートの高さの1.5倍を超えない。
⑥ カルバート上流の水深が，盛土高を超えない。

2-3 道路標識

　道路管理者は，道路の構造を保全し，または交通の安全と円滑を図るため，必要な場所に道路標識または区画線を設けなければならない。また，その仕様については，標識令により基本的な事項が定められている。

2-3-1　道路標識の設置
　道路標識の用語と，道路標識の分類は次のようである。
(1)　道路標識の用語の定義
① **道路標識**とは，道路標識，区画線等をいい，「標識令」に定めるものをいう。
② **標示板**とは，道路標識を標示した板で，本標識の標示板と，補助標識の標示板とがある。
③ 高速道路等とは，標識令に定める高速道路等で，それ以外を一般道路という。
④ 都市内高速道路とは，道路整備特別措置法に定まる，首都，阪神，指定都市の各高速道路をいう。
⑤ 都市間高速道路とは，高速道路のうち，都市内高速道路以外のものをいう。

(2)　道路標識の分類
　道路標識は，利用者に対して，案内，警戒，規制または指示の情報を伝達する機能を有している。道路標識を分類すると，図 2-18 のようである。

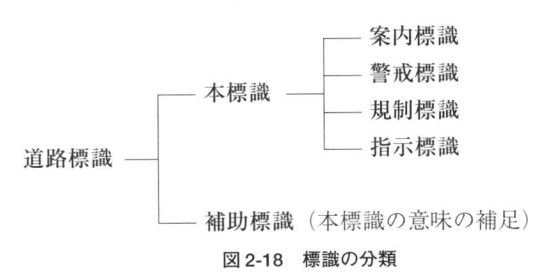

```
                    ┌── 案内標識
                    │── 警戒標識
          ┌─ 本標識 ─┤
          │         │── 規制標識
道路標識 ──┤         └── 指示標識
          │
          └─ 補助標識（本標識の意味の補足）
```

図 2-18　標識の分類

① 案内標識：道路管理者は経路案内として交差点付近の案内，地点案内として，現在位置案内，行政界表示等を行う。案内標識の設置は，路側式，片持式，門型式，添加式で効果的なものを用いる。高さは，1.8 m 以上，角度は 80°〜 90°とする。
② 警戒標識：道路管理者は運転者に対する，沿道上の危険または注意すべき情報を予告するもので，道路曲線の形状，縦断勾配の急変予告，動物の飛び出し予告等がある。警戒標識は路側式として高さ 1.8 m を標準とするが 1 m 以上，角度は 80°〜 90°とできる。

③ 規制標識：道路管理者は，規制標識として，次の3つが単独に設置できる。
  a 道路の最大幅
  b 自動車専用道路
  c 危険物積載車両通行止め
  それ以外のものは，公安委員会が設置するか，協議して設置することができる。規制標識は原則として路側式を用いる。1m以上の高さで角度45°～90°で設置する。
④ 指示標識：主に公安委員会が設置するもので，駐車可，安全地帯，優先道路等の標識がある。路側式または片持式を用いる。高さ1m以上で設置する。
⑤ 補助標識は，高さ1m以上として設置する。

(3) 標識の区分と標識設置者

表2-1は道路標識の設置者の区分である。

表2-1 道路標識の設置者の区分

区分＼種類	案内標識	警戒標識	規制標識	指示標識
道路管理者のみが設置するもの	全案内標識	全警戒標識	危険物積載車両通行止め,最大幅,自動車専用	―
公安委員のみが設置するもの	―	―	大型貨物自動車等通行止め,大型乗用自動車通行止め,二輪の自動車・原動機付自転車通行止め,自転車以外の軽車両通行止め,自転車通行止め,車両横断禁止,追越しのための右側部分はみ出し通行禁止,追越し禁止,駐停車禁止,駐車禁止,駐車余地,時間制限駐車区間,最高速度,特定の種類の車両の最高速度,最低速度,車両通行区分,専用通行帯,路線バス等優先通行帯,進行方向別通行区分,原動機付自転車の右折方法(二段階),原動機付自転車の右折方法(小回り),警笛鳴らせ,警笛区間,前方優先道路一時停止,一時停止,歩行者通行止め,歩行者横断禁止	並進可,軌道敷内通行可,駐車可,停車可,優先道路,中央線,停止線,横断歩道,自転車横断帯,安全地帯
公安委員会および道路管理者の両者が設置するもの	―	―	通行止め,車両通行止め,車両進入禁止,二輪の自動車以外の自動車通行止め,車両(組合せ)通行止め,指定方向外進行禁止,自転車専用,自転車及び歩行歩行者専用,歩行者専用,一方通行,徐行,重量制限,高さ制限(最後の二種類については,公安委員会の設置するものは道路法の道路以外の道路に限る)	規制予告

道路交通法に基づくものは，公安委員会が設置者で，標識令に基づくものは，道路管理者が設置者である。

2-3-2 道路標識の設置

道路標識に用いられる材料とその施工法は次のようである。

(1) **標示板の基板，支柱材料**
① **標示板の基板材料**
    a　アルミニウム合金板：耐食性に優れる鋼板より強度が小さく，アルカリに弱い。軽量のため，基礎は小さくてよい。
    b　鋼板：普通鋼板または防錆鋼板が用いられる。アルミニウム板より重いが強度は高い。
    c　合成樹脂板：FRP（ガラス繊維強化プラスチック）板，硬質塩化ビニル板，ABS樹脂板およびポリカーボネイト板が用いられる。耐食性が優れるが，強度と加工性に難点がある。
    d　合板（耐水ベニヤ板）は，臨時的に用いる板である。
② 支柱材料：鋼管，形鋼，片持式の支柱として**テーパーポール**（鋼材）またはアルミニウム合金柱を用いる。支柱の色彩は，白色が灰色を用いることが多い。

(2) **反射材料の使用**
道路標識は，原則として反射材料を用いるか照明装置を施す。反射材料は夜間の視認性は，照明方式に比べやや劣るが安価である。
① 標識は原則として**全面反射材料**とする。
② 警戒標識および補助標識の黒色部分は**無反射**とする。

(3) **照明方式**
① **内部照明方式**：片面または，両面に，内部に照明装置を内蔵し，半透明板を用い，夜間150mから視認できること。また，風速50m/sに耐えることが必要である。
② **外部照明方式**：光源500ルクス以上の蛍光灯を用いる。標示板を外部から照明するもので，夜間150m前方から視認できることが必要である。

(4) 標識の構造と施工
① 標識設計荷重：自重と風荷重を考慮するが，衝突荷重は考慮しない。風荷重は短期荷重として計算する。路側式40m/s以上の風荷重，その他，片持式，門型式等50m/s以上とする。
② 標識の板厚：アルミニウム合金板1.6～2.0mm，鋼板1.2～1.6mm，合成樹脂板3.0～4.0mm，合板15mm以上とする。
③ 融雪処理：材料表面を滑性させ，フードを取り付ける。
④ 標識の表示面の更新：標識の表示面を更新するときは既存の標示板上に標示板を重ね貼りとする。固定はリベットとする。
⑤ 支柱の施工：固定構造の標識は，柱取り付け金具または腕木金具を用いて支柱に固定するもので信頼性も高く，大型標識はこの型式である。
　　また，ピン構造のものは，風速30m/s以上で固定構造から，ヒンジ構造に変われるようにシャーピンが切断される。
⑥ 支柱の基礎：基礎周辺地盤はN値が10程度以上の砂地盤とする。地盤応力係数（平板載荷試値でのK値）は，深さに応じて大きくなるものとする。

2-4 防護柵

2-4-1 防護柵の種類

防護柵は主として進行方向を誤った車両が路外,対向車線,歩道等に逸脱するのを防ぎ,乗員,車両等の損害を最小限にとどめ,正常方向に復元させる目的がある。この他,運転者の視線誘導の役目もある。

さらに,歩行者および自転車の転落やみだらな横断を抑制する目的がある。

このため,防護柵には,次の種類がある。

① 車両用防護柵
② 歩行者・自転車用柵

2-4-2 車両用防護柵

車両用防護柵の分類とその性能は次のようである。

(1) 車両用防護柵の種別

車両用防護柵は,**路側用,分離帯用**および**歩車道境界用**に分類され,車両重量25トンで衝突角度15度,および**衝突速度**は,**表2-2**のように,種別により7段階に設定されている。

表2-2　種別の設定(防護柵設置基準)

種別			車両質量 (トン)	衝突速度 (km/h)	衝突角度 (度)	強度(衝撃度) (kJ)
路側用	分離帯用	歩車道境界用				
C	Cm	Cp	25	26以上	15	45以上
B	Bm	Bp		30以上		60以上
A	Am	Ap		45以上		130以上
SC	SCm	SCp		50以上		160以上
SB	SBm	SBp		65以上		280以上
SA	SAm	—		80以上		420以上
SS	SSm	—		100以上		650以上

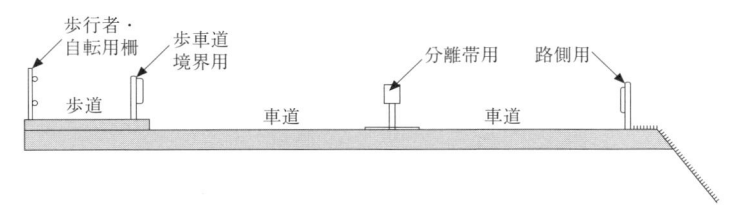

図2-19　防護柵の種別

① 種別 C，B，A，SC，SB，SA，SS の区分は，一般区間，設計速度，重大な被害が発生するおそれのある区間，および，新幹線等と交差または近接する区間によって，表 2-3 のようになっている。

表2-3 種別の適用（防護柵設置基準）

道路の区分	設計速度	一般区間	重大な被害が発生するおそれのある区間	新幹線等と交差または近接する区間
高速自動車国道	80km/h以上	A, Am	SB, SBm	SS
自動車専用道路	60km/h以下		SC, SCm,	SA
その他の道路	60km/h以上	B, Bm, Bp,	A, Am, Ap	SB, SBp
	50km/h以下	C, Cm, Cp	B, Bm, Bp	

② 路側用防護柵の種類，C，B，A，SC，SB，SA，SS の7種類
③ 中央分離用防護柵の種類，Cm，Bm，Am，SCm，SBm，SAm，SSm の7種類
④ 歩車道境界用防護柵の種類，Cp，Bp，Ap，SCp，SBp の5種類

(2) **車両用防護柵の性能**

車両用防護柵の有する性能には，車両の逸脱防止性能，乗員の安全確保性能，車両の誘導性能および，構成部材の飛散防止性能の4つの性能がある。

① **車両の逸脱防止性能**：車両の逸脱防止のため，防護柵は，衝突条件 A による衝突に対して，防護柵が突破されない強度を有する必要がある。

衝突条件 A：車両総重量（25トン）時において路面から重心までに高さが 1.4 m の大型貨物車が，表 2-2 にあげた種別（C，B，A，SC，SB，SA，SS）に応じた衝突速度で，衝突角度は 15 度とする。

この他，防護柵の構成材料により，**たわみ性防護柵**と**剛性防護柵**があり，たわみ性防護柵（ガードレール等）は，主たる部材の弾性および塑性変形を見込んで設計し，剛性防護柵（コンクリート製等）は，主たる部材の弾性限界内の変形を見込んで設計する。

② **乗員の安全確保性能**：乗員の安全確保性能は，衝突条件Bに対して，車両の受ける加速度が，種別に応じた値以下となるようにする。

衝突条件B：質量1トンの乗用車による衝突とし，そのときの衝突速度をC，Cm，Cp，B，Bm，Bpは60 km/h，その他を100 km/hとし，そのときの衝突角度を20度とする。

一般に，たわみ性防護柵では，車両の受ける加速度が90～200 m/s^2/10 ms未満，剛性防護柵では，車両の受ける加速度が120～200 m/s^2/10 ms未満とする。

③ **車両の誘導性**：衝突条件Aまたは衝突条件Bにおいて，次の条件を満足するように，防護柵を設計する。
 a 車両は，衝突後に横転しない。
 b 車両は，衝突後の離脱速度は，衝突速度の6割以上
 c 車両は，衝突後の離脱角度は，衝突角度の6割以下

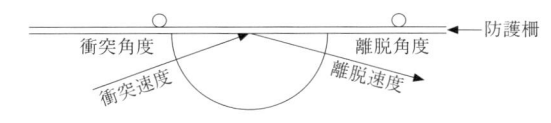

図2-20 離脱速度 離脱角度

④ **構成部材の飛散防止性能**：衝突条件Aまたは衝突条件Bにおいても，防護柵部材が大きく飛散しないこと。
⑤ **防護柵の性能確認**：防護柵は，衝突試験により（条件A，条件B），得られた結果から，
 a 防護柵の強度性能，変形性能等で，車両の逸脱防止性能を判断する。
 b 車両重心加速度で，乗員の安全性能を判断する。
 c 車両の挙動，離脱速度，離脱角度で，車両の誘導性を判断する。
 d 部材の飛散状況を目視により記録して，構成部材の飛散防止性能を判断する。

(3) 車両用防護柵の構造材料
　① **車両用防護柵の高さ**：路面から，防護柵上端までの高さは，原則として，60 cm 以上 100 cm 以下とする。100 cm を超えると，乗員頭部の安全性が確保できないためである。
　② **歩車道境界用車両用防護柵の形状**：種類 Cp，Bp，Ap，SCp，SBp には，ボルト等の突起物，部材の継ぎ目で，歩行者に危害を及ぼさない構造とする。
　③ **材料**：防護柵材料は，耐久性に優れ，維持管理の容易なものとする。一般に次のような材料が用いられる。
　　a　鋼材；構造用鋼材，ワイヤロープ，六角ボルト等
　　b　アルミニウム合金材；アルミニウム合金押出形材等
　　c　ステンレス鋼材；ステンレス鋼材等
　　d　鉄筋コンクリート材；セメント，骨材，鉄筋，PC 鋼棒，レディーミクストコンクリート
　④ **防錆・防食処理**
　　a　鋼材；溶融亜鉛めっき，または，熱硬化性アクリル樹脂系塗料，熱硬化性ポリエステル樹脂系塗料を用い，厚さ 20 μ m を確保する。
　　b　アルミニウム合金材；防錆力はあるが，美観の観点から陽極酸化塗装複合被膜，または 20 μ m 以上の塗装をする。
　　c　ステンレス鋼材；表面処理は，とくに必要としない。
　　また，とくに厳しい環境として，重工業地帯，海岸で飛沫を受ける場所，温泉地帯等では，塗膜を 30 μ m 以上にする等必要である。

(4) 車両用防護柵の施工
① 車両用防護柵は，原則として，たわみ性防護柵を選定する。ただし，橋梁高架や，幅員の狭い分離帯等には，コンクリート製等の剛性防護柵を用いる。
② 車両用防護柵の形式の選定：形式の選定は，性能，経済性，走行性の安全感，視線誘導，展望快適性，環境の調和，施工条件等により，その形式を選定する。
　表 2-4 に各形式の防護柵の特徴を示す。また，その設置場所は，表 2-5 のようである。

表2-4　各形式の防護柵の特徴

形式	長所	短所
ガードレール	適度の剛性とじん性を有する 破損箇所の取換えが容易 視線誘導性がある 曲線半径の小さい区間に使用できる	汚れが目立ちやすい
ガードパイプ	曲線半径の小さい区間に使用できる 展望快適性に優れている 積雪地方に有利である	継手の施工に手間がかかる
ボックスビーム	狭い分離帯に使用できる 展望快適性に優れている 積雪地方に有利である	曲線半径の小さい区間に使用できない
ガードケーブル	ロープの再使用が可能で補修容易 展望快適性が最も優れている 積雪地方に有利である 支柱間隔が自由にとれる 不等沈下の影響が小さい	曲線半径の小さい区間に使用できない 短区間では不経済である 端末の補修が困難である

表2-5　各形式の設置に適した場所

形式 \ 設置場所	小さな曲線区間	視線誘導の必要な場所	展望快適性の必要な場所	積雪地方	設置幅のとれない場所（分離帯）	大きな不等沈下の予想される場所	耐食性の必要な場所	長い直線区間
ガードレール	◎	◎		○			○	○
ガードパイプ	○		○	○			○	○
ボックスビーム			○	○	◎		○	○
ガードケーブル			◎	◎	○	◎	○	◎

◎：よく適している　　○：適している

　防護柵の設置にあたっては，道路の状況を十分調査して防護柵の機能を十分発揮できるように設置しなければならない。

(5) 車両用防護柵の設置
① 道路および交通の状況が同一である区間が2以上ある場合において，当該区間が接近しているときは，当該2区間に設置する防護柵は，原則として形式種別等を同一のものとする。
② 道路および交通の状況が同一である区間内に設置する防護柵は，やむを得ない場合を除き連続して設置するものとする。
③ 土工区間に短い橋梁等の構造物がある場合においては，土工区間の防護柵と同一のものを構造物にも連続して設置するものとする。
④ 防護柵は少なくともおのおの20m程度延長して設置するものとする。
⑤ 防護柵の支柱は，原則として鉛直に設置するものとする。
⑥ 防護柵は，柵面から路外方向に，原則として，車両の最大進入工程をとって設置するものとする。
⑦ 防護柵の車両の進入側端部は，できるだけ路外方向に曲げて設置するものとする。
⑧ 防護柵の端部は，分離帯開口部，取り付け道路との交差部等の道路構造との関連を考慮して設置するものとする。
⑨ 分離帯に防護柵を設置する場合においては，原則として分離帯の中央に設置するものとする。
⑩ ガードケーブルの最大張りの長さは500mとする。
⑪ **車両用防護柵の色彩**は原則白色を標準とする。視線誘導を確保することのできる場合は適切な色彩としてよい。

図2-21に車両用防護柵の種類を示す。

ガードレール　　ガードパイプ　　ガードケーブル

ボックスビーム　　橋梁用ビーム　　剛性防護柵

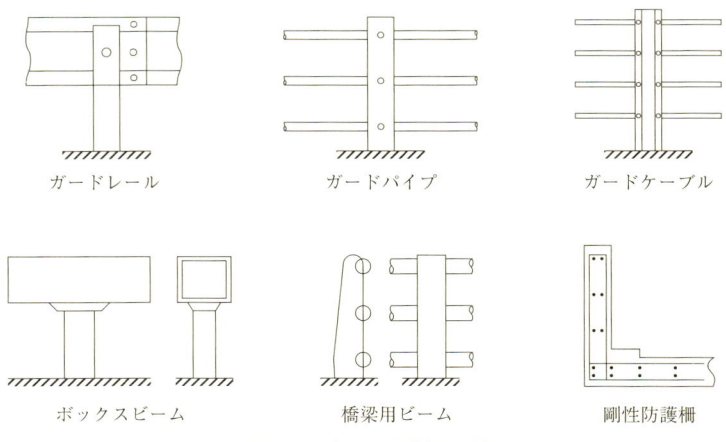

図2-21　車両用防護柵の種類

2-4-3 歩行者自転車用柵

歩行者自転車用柵の種類と施工の留意点は次のようである。

(1) 歩行者自転車用柵の種別
① P種：人が腰掛ける場合や自転車が衝突することを考慮して，**垂直荷重** 590 N/m，**水平荷重** 390 N/m に対して安全な強度とし，転落防止，横断防止を目的に設置する。P種は材料の耐力を許容限度とできる。
② SP種：主として橋梁，高架に設置されるもので，許容応力度を割増しないで許容耐力を求め，垂直荷重 980 N/m，水平荷重 2 500 N/m に対して安全であるように設計する。

(2) 歩行者自転車用柵の設置区間
① 歩行者等の転落防止を目的として，路側または歩車道境界に設置する。
② 歩行者等の横断防止を目的として，歩車道境界に設置する。
③ 都市内の道路で，走行速度が低く，単に歩道と車道とを区別することで歩行者等の安全が期待できる区間に設置する。

(3) 歩行者自転車用柵の構造材料
① 歩行者自転車用の防護柵の高さ
　a 転落防止を目的として設置する柵は，路面から柵面上端までの高さを，110 cm を標準とする。
　b 横断防止を目的として設置する柵は，路面から柵面上端までの高さを，70〜80 cm を標準とする。
② 歩行者自転車用の防護柵の形状：転落防止を目的とする**柵の桟間隔**が，容易にすり抜けられないように，桟の間隔は 15 cm 以下とすることが望ましい。
③ 歩行者自転車用の防護柵の材料：耐久性に優れ，維持管理が容易なものとする。車両用防護柵の材料と同じ材質のものを用いる。
④ 車両用防護柵は，歩行者自転車用防護柵の基準を満たすものは，これを兼用できる。

(4) 歩行者自転車用防護柵の施工
① 転落防止用 110 cm，桟間隔 15 cm 以下を標準とし，横断防止用は 70 ～ 80 cm を標準として設置する。
② 合流部に設置するときは，運転者が交通の状況を適切に確認できるよう，視線の妨げとならないように設置する。
③ 歩行者自転車用防護柵の色彩は，景観形成を考慮して定めるため，白とは限定しない。
④ 積雪地域では，積雪による荷重も考慮して設置する。
⑤ 橋梁，高架に設置する歩行者自転車用防護柵（SP）の基礎は，水平荷重 2 500 N/m に耐えるため，20 cm 以上埋込み補助筋を配置する。このときの地覆幅は 40 cm 以上とする。

2-5 道路照明

2-5-1 道路照明
道路照明の用語の定義と設置場所は次のようである。
(1) 照明の定義
① **連続照明**：トンネル，橋梁を除く単路部のある区間において，一定間隔に配置し，その全区間を連続して照明すること。
② **局部照明**：交差点，橋梁，休憩施設，インターチェンジ等，局部的に照明する。
③ **光　束**：単位時間当たりの放射エネルギーを視覚により評価するもので，単位はルーメン〔lm〕で表す。
④ **光　度**：点光源からある方向への光束密度のことで，単位はカンデラ〔cd〕で表す。
⑤ **照　度**：単位面積当たりに入射する光束で，面の反射光量を表し，その単位はルクス〔lx〕で表す。
⑥ **輝　度**：白光面からある方向の光度をその方向への正射影面積で割った値で，単位は〔cd/m^2〕とする。
⑦ **演色性**：光源による物体色の見え方が自然光に近い効果をいう。
⑧ **照明率**：光源の光束のうち車道面に入射する光束の割合をいう。
⑨ **グレア**：見え方の低下や不快感や疲労を生じる原因となる光のまぶしさ。
⑩ **調　光**：光源の明るさを減ずること。

(2) 道路照明の設置場所
① 連続照明すべき場所
　a　一般国道等では 25 000 台/日以上の市街部。
　b　高速自動車国道等では，建物等の光が道路交通に影響を与える区間。
② 局部照明すべき場所
　a　一般国道等では，信号機のある交差点，長大橋梁，夜間に危険な場所。
　b　高速自動車国道等では，インターチェンジ，料金徴収所，休憩施設。
　c　トンネル内部の照明は，交通量に応じた道路照明を設置する。

2-5-2 道路照明の選定

道路照明の設計要件と照明方式は次のようである。

(1) 連続照明

照明の設計にあたっては，照明の次の要件を考慮する。
① 路面の平均輝度が適切であること。
② 路面の輝度分布が適切で均斉度を有すること。
③ グレア（運転者に不快感を与えるもの）が十分に制限されていること。
④ 適切な誘導性を有すること。

(2) 照明方式
① 連続照明は原則として図 2-22 に示すテーパーポール照明方式とする。
② 道路の構造，交通の状況に応じて，構造物取り付照明方式，高らん照明方式，ハイマスト照明方式，カテナリ照明方式がある。

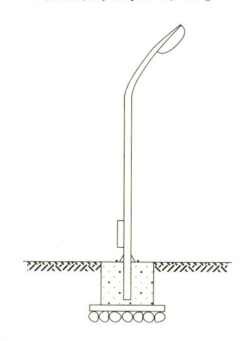

図 2-22　テーパーポール照明

(3) 光源の選定

道路照明に使用する光源には、次のものがある。

① けい光水銀ランプ
   （平均寿命 12 000 時間）
② 高圧ナトリウムランプ
   （平均寿命 12 000 時間）
③ 低圧ナトリウムランプ
   （平均寿命 9 000 時間）
④ けい光ランプ
   （平均寿命 7 500 ～ 10 000 時間）

以上のうち、もっとも演色性（太陽光に近い）の優れているのがけい光ランプで、次いでけい光水銀ランプである。低ナトリウムランプは、単色光（橙黄色）のため、照明された物体の識別が困難である。しかし、光化学スモッグや霧に対する光源は、橙黄色が視線誘導効果が高く、適している。各種光源の特徴は表2-6のようである。

表2-6 各種光源の特徴

項　目	光源の種類	けい光水銀ランプ	高圧ナトリウムランプ	低圧ナトリウムランプ	けい光ランプ
平均寿命		長い	長い	普通	普通
総合効率		普通	高い	高い	普通
光　色		白色	橙白色	橙黄色	白色
演色性		良い	普通	悪い	良い
周囲温度の影響	効率	ない	ない	ない	ある
	始動	低温で始動しにくくなる	ない	ない	低温で始動しにくくなる
減光の可否		可能	可能	困難	可能

(4) 灯具配光の選定
① 灯具は，原則としてハイウェイ形道路照明器具とし，配光は，**カットオフ形**または**セミカットオフ形**とする。標準は，道路の分類に応じて**表2-7**のようである。外部条件は，道路周辺の明るさにより，A，B，Cに分類する。

表2-7　灯具配光の選定（道路照明施設設置基準）

道路分類	外部条件	A	B	C
高速自動車国道等		セミカットオフ形	カットオフ形	カットオフ形
		―	セミカットオフ形	セミカットオフ形
一般国道等	主要幹線道路	セミカットオフ形	カットオフ形	カットオフ形
		―	セミカットオフ形	セミカットオフ形
	幹線・補助幹線道路	セミカットオフ形	セミカットオフ形	カットオフ形
		―	―	セミカットオフ形

② 各配光形式の特徴は，**表2-8**のようである。
③ グレアマーク（G）の感覚尺度は，**表2-9**のような値である。

表2-8　各配光形式の特徴

配光形式	特徴
カットオフ形	グレアをきびしく制限したもので，グレアを少なくする必要のある重要な道路に適する
セミカットオフ形	グレアをある程度制限したもので，比較的周辺の明るい道路に適する

表2-9　グレアマークと感覚尺度（道路照明設置基準）

グレアマークの値	感覚尺度
1	耐えられない
3	じゃまになる
5	許容できる限界
7	十分制限されている
9	気にならない

2-5-3　道路照明の設置

交差点やトンネル内部などは，一般部照明に加えて特別な照明を設ける。これには次のものがある。

(1) 局部照明
① 交差点の照明は，道路照明の一般的効果に加えて，これに接近してくる自動車の運転者に対してその存在を示し，交差点付近の状況がわかるようにする。
② 横断歩道の照明は，一般部で連続照明のない場合は，35m以上の路面を明るくする照明が必要であり，一般部の連続照明施設に適用されるものを用いる。

(2) トンネル照明の構成
① トンネル照明は，一般部の照明施設のほか，次の特殊性を考慮する。
 a 排気ガスがあること。
 b 昼間時に高レベルの照明が必要なこと。
② 照明用光源の選定にあたり，次の点に留意する。
 a 効率がよく寿命の長い光源を用いる。
 b 保温性のよい照明器具を用いる。
 c 橙黄系の光色で，光の透過率を上げたものを用いる。
 d 演色性の悪い低圧ナトリウムランプは，消火栓，区画線，道路標識等が見えにくくなるので注意する。
③ トンネルと照明の構成は次のとおりである。
 a **基本照明**：トンネル内を一定間隔で照らす照明。
 b **入口部照明**：目の順応時間の遅れを防止するため，入口には高いレベルの照明施設を用いるので，入口照明を付加する。
 c **出口部照明**：基本照明に出口照明を加えて，目をなれさせる。
 d **接続道路の照明**：夜間，入口部において，幅員の変化を明示するため，あるいは出口に続く道路の状況を把握させるために設置する。

図 2-23 にトンネル照明の構成を示す。

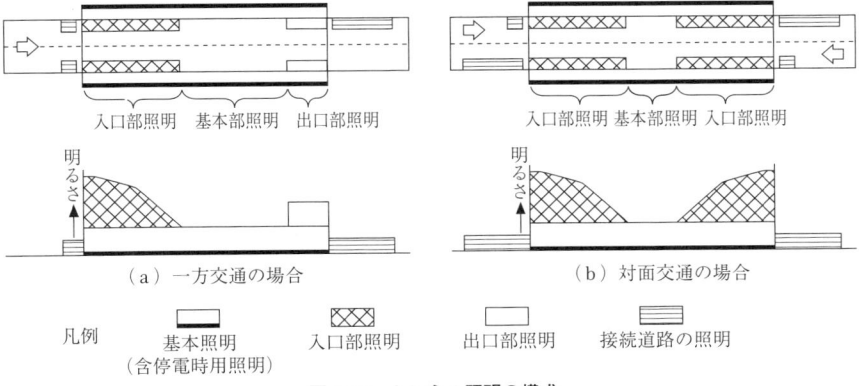

図 2-23 トンネル照明の構成

2-6 道路緑化

2-6-1 道路緑化用語

道路緑化の用語の意味は次のようである。
① 道路緑化とは，道路機能の向上と環境保全を目的として，道路区域内に既存の樹木を保全し，または新たに植栽し，これを管理することをいう。
② 道路植栽とは図 2-24 のように，道路緑化により，道路用地の中に取り入れた樹木等をいう。

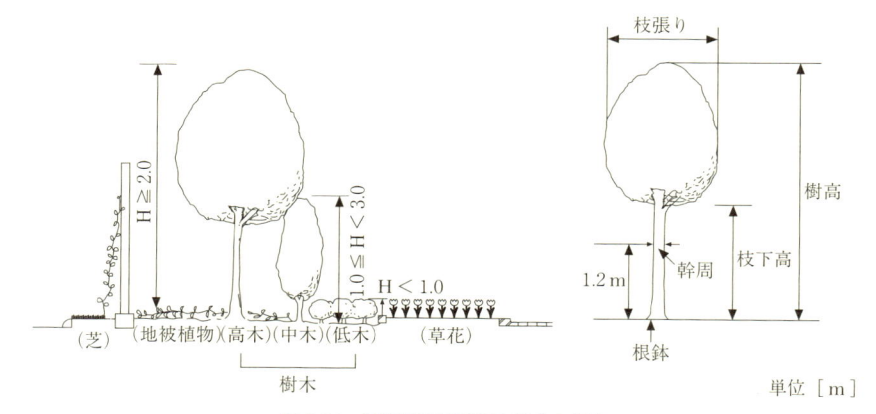

図 2-24 道路植栽の種類と樹木の規格

③ 街路樹とは並木ともいい，道路用地の中に列状に植栽される高木をいう。
④ 高木とは樹高 3m 以上の樹木をいう。
⑤ 中木とは樹高 1m 以上 3m 未満の樹木をいう。
⑥ 低木とは樹高 1m 未満の樹木をいう。
⑦ 幹周とは，根鉢の上端から 1.2m の位置で測定する。
⑧ 芝とは，芝生を造成する目的で植栽されるイネ科の草本植物をいう。
⑨ 地被植物とは，地表面および壁面等を被覆する目的で植栽される植物をいう。

⑩ 植栽地とは，既存の樹木を保全し，新たに植栽する場所をいう。草花の花壇も植栽地である（図 2-25）。

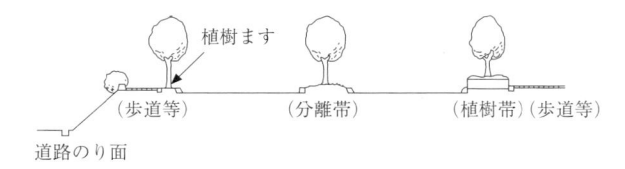

図 2-25　植栽地

⑪ 植樹帯とは，沿道の良好な道路交通環境を確保するため，縁石線または柵その他これに類する工作物により，区画して設けられる帯状の道路の部分をいう。
⑫ 環境施設帯とは，幹線道路における沿道の生活環境を保全するための道路の部分をいい，植樹帯，路肩，歩道，副道等で構成される。

2-6-2　道路緑化機能と計画

道路緑化機能の分類と道路緑化計画は次の点に留意する。

(1)　道路緑化機能の分類

道路緑化の機能の分類は，下記のようである。

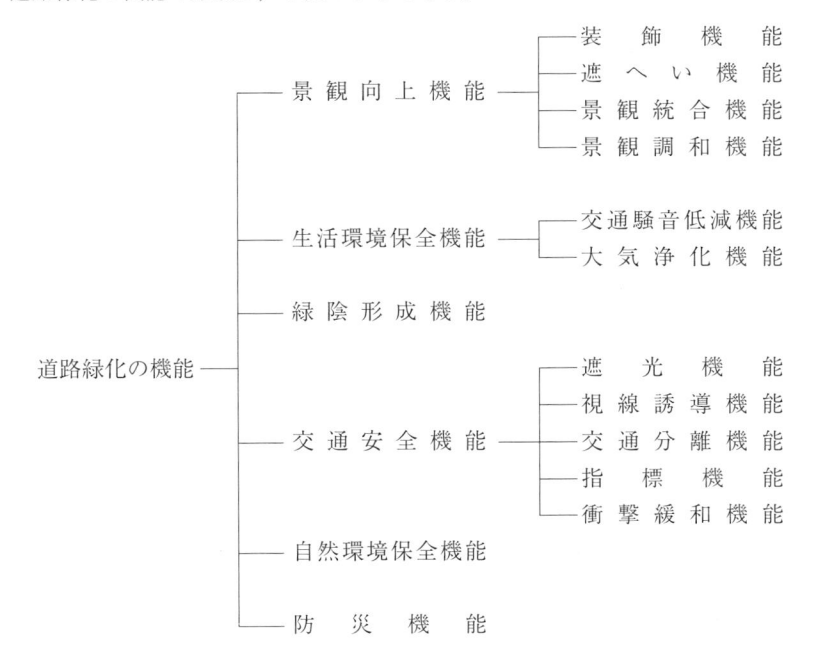

```
道路緑化の機能 ─┬─ 景観向上機能 ─┬─ 装　飾　機　能
                │                  ├─ 遮　へ　い　機　能
                │                  ├─ 景観統合機能
                │                  └─ 景観調和機能
                │
                ├─ 生活環境保全機能 ─┬─ 交通騒音低減機能
                │                    └─ 大気浄化機能
                │
                ├─ 緑陰形成機能
                │
                ├─ 交通安全機能 ─┬─ 遮　光　機　能
                │                ├─ 視線誘導機能
                │                ├─ 交通分離機能
                │                ├─ 指　標　機　能
                │                └─ 衝撃緩和機能
                │
                ├─ 自然環境保全機能
                │
                └─ 防　災　機　能
```

(2) 道路緑化計画
① 道路緑化と機能

道路の緑化計画は，道路の規格，構造，交通に係る事項，気象条件，歴史，文化，地域性等の事項を把握しておくことが大切である。

道路の緑化計画に求められる主要な機能は，表2-10のようである。

表2-10 道路緑化に求められる主要な機能（道路緑化技術基準）

道路緑化に求められる主要な機能	道路計画											地域特性	
	機能分類				道路交通特性			地域区分					歴史・文化	自然
	主要幹線	幹線	補助幹線	その他	交通量多	大型車多	歩行者多	住居系	非住居系商業	非住居系工業	地方集落	地方一般		
景観向上	◎	◎	○		○	○	◎	○	◎	○	○	○	◎	◎
生活環境保全	◎	○			○	◎	◎	◎			○			
緑陰形成	◎	◎	○		○	○	◎	○	○	○	○	○		
交通安全	◎	◎	○		◎	◎	○		○	○				
自然環境保全	◎	○				○						○		◎
防災														○

◎：優先的に考慮すべき機能　　○：考慮すべき機能　　無印：状況に応じて考慮すべき機能

② 植栽地の基本配置

a **植栽帯**を設ける場合，その幅員は1.5mを標準とする。

b 歩道等には街路樹を植栽するための植樹ますを設置するが，原則として幅員に1.5mを加えた値を確保する。

c **中央分離帯**または交通島が，幅員1.5m以上あるとき，また交通視距のあるときは，図2-26のような植栽を設置する。ただし，花壇の場合には1.5m未満でも設置してよい。

d 道路のり面には，その安定を阻害しない範囲で植栽地を設置することができる。

e 環境施設帯には，植栽地として植樹帯を確保する。その場合の植樹帯の幅は，環境施設帯の幅員が10mの場合では3m以上，20mの場合では7m以上とすることが望ましい。

f インターチェンジには，交通視距の確保に障害とならない範囲で植栽地を設置することができる。

g サービスエリアおよびパーキングエリアには，**交通視距**の確保に障害とならない範囲で植栽地を設置することができる。

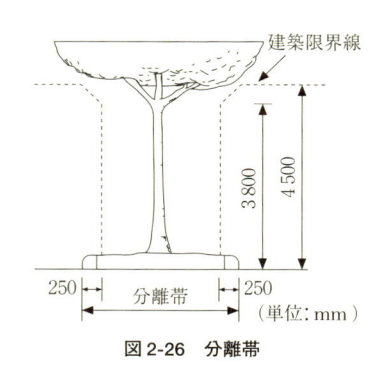

図2-26 分離帯

③ 緑化の管理
a **高木の剪定**は夏季には主枝を軽度に行い，冬季に強度に行う。
b 常緑広葉樹の刈込み剪定は，新芽が一旦停止する6月頃および土用芽の伸長が停止する9月頃とする。
c **花木の剪定**は，落花直後に行う。
d 芝の刈込みは年3回は必要である。
e 土壌の乾燥対策として，灌水，**マルチング**（砂利等を3～5cm散布して土壌の水分蒸発を防止）を行う。
f 植栽を活着させるため，支柱を添える。支柱には，鳥居形，布掛形，八ッ掛形，地中支柱形，ブレース形がある。

④ 緑化の目標
緑化目標は，道路を一般道路，自動車専用道路および自転車専用道路等・歩行者専用道路に分類して設定する。
a 一般道路の緑化目標の立案に際し，一般道路を**表2-11**のように各A～Dの地域に分類し，それぞれの目標を「道路の標準幅員に関する基準」にならって計画を立てる。このとき，構造物の景観，遮音等も考慮する。

表2-11 一般道路の区分（道路緑化基準）

区　分	道路の標準幅員に関する基準（案）の地域区分
都市部の住居系地域の道路	A地域
都市部の非住居系地域の道路	B地域
地方部の集落地域の道路	C地域
地方部の一般地域の道路	D地域
都市を代表する道路・景勝地の道路	A～D地域

（一般道路）

b 自転車専用道路の配植例は，**図2-27**のようである。

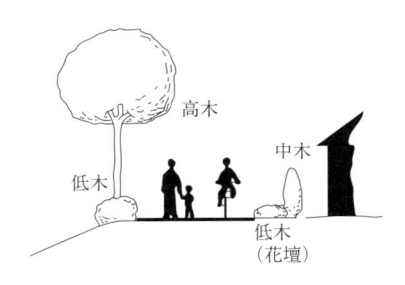

図2-27　自転車専用道路等の配植例

2-7 演習問題　　　　　　　　　　　　　　1-2-1

擁壁工

問1　擁壁の設計に関する次の記述のうち，**不適当なもの**はどれか。
(1) 直接基礎の根入れ深さは，地表面から支持地盤までとし，原則として50 cm以上は確保する。
(2) 重力式擁壁は，土圧と自重の合力により躯体の断面に圧縮応力が生じないよう設計する。
(3) 擁壁の滑動に対する安全率は，常時で1.5，地震時には1.2を下回ってはならない。
(4) 擁壁の安定に関しては，一般に滑動，転倒，支持地盤の支持力に対するそれぞれの安定について検討する。

擁壁工

問2　擁壁に関する次の記述のうち，**不適当なもの**はどれか。
(1) コンクリートの設計基準強度は，原則として無筋コンクリート部材では18 N/mm^2 以上，鉄筋コンクリート部材では21 N/mm^2 以上のものを用いる。
(2) ブロック積擁壁に用いるコンクリート積みブロックの施工面積1 m^2 当たりの質量は，350 kg以上とする。
(3) 高さが8 m以下の通常の擁壁では，地震時の安定検討を省略してもよい。
(4) コンクリート擁壁の鉛直打継目の間隔はなるべく10 m以下の等間隔とし，その位置で鉄筋を切断する。

問1 解説
　　重力擁壁は，土圧と自重の合力に生じる躯体断面に引張応力が生じないように，底面幅を定める。　　　　　　　　　　　　　　　　　　　　　　　　　正解　②

問2 解説
　　コンクリート擁壁の鉛直打継目の間隔はなるべく10 m以下の等間隔とする。鉄筋は切断をしてはならない。伸縮目地では鉄筋は切断する。　　　　　正解　④

演習問題　1-2-2

擁壁工

問3　擁壁工の使用材料に関する次の記述のうち，**不適当なもの**はどれか。

(1) 擁壁の裏込め土に用いる材料は，圧縮性が大きく，雨水等の浸透に対して透水性が小さい材料とする。
(2) 擁壁に用いるコンクリートの設計基準強度は，鉄筋コンクリート部材の場合，原則として 21 MPa（N/mm²）以上とする。
(3) ブロック積擁壁に用いるコンクリート積みブロックは，JIS に適合するものを基本として施工面積 1 m² 当たりの質量は 350 kg 以上とする。
(4) 擁壁の裏込め材として用いる発泡スチロールの単位体積質量は，通常 12 ～ 30 kg/m³ である。

コンクリート工

問4　コンクリート型枠および支保工に関する次の記述のうち，**不適当なもの**はどれか。

(1) 型枠の取り外し順序は，鉛直部材の型枠より，水平部材の型枠を先に取り外すことを原則とする。
(2) 型枠の締め付けには，ボルトまたは棒鋼を用いるのを標準とする。
(3) コンクリートを打ち込む前および打込み中に，型枠等の不具合の有無を管理する。
(4) 支保工は，十分な強度と安全性をもつよう施工しなければならない。

問3解説
　擁壁の裏込め土に用いる材料は，圧縮性が小さく，透水性の大きい材料を用いる。　　　　　　　　　　　　　　　　　　　　　　　　　正解　[1]

問4解説
　型枠は，鉛直部 5 N/mm² 以上，水平部 14 N/mm² 以上の圧縮強度を有して後とする。　　　　　　　　　　　　　　　　　　　　　　　　　正解　[1]

演習問題　　　　　　　　　　　　　　　　　　　　　1-2-3

排水施設

問5　側溝や排水ますに関する次の記述のうち，**不適当な**ものはどれか。
(1) コンクリート側溝の断面形状には，L形，U形，半円形等が用いられている。
(2) 側溝の通水断面積は，排水量と平均流速によって定められるが，少なくとも20％の余裕を見込むものとする。
(3) コンクリート側溝は，舗装施工時に高さの基準となるもので，入念な施工を行う。
(4) 現場打ち排水ますのコンクリート打設においては，側壁を最初に打設し，硬化後底版を打設する。

排水施設

問6　道路排水施設に関する次の記述のうち，**不適当な**ものはどれか。
(1) 横断勾配がゼロに近い道路における排水ますの間隔は，一般に20m程度である。
(2) ボックスカルバート，門形カルバートは，流量が大きい場合に用いるのが経済的である。
(3) 側溝の排水能力は，通水断面積に平均流速を乗じて定める。
(4) 縁石ますは，側溝に面する縁石を通して水流の落下口を有するもので，横断勾配の大きな道路に適している。

問5解説
　　現場打ち排水ますのコンクリートは，底版を打設してのち，側壁の鉄筋を組立て，型枠を施工してのち打込む。　　　　　　　　　　　　　　　　　　正解　4

問6解説
　　横断勾配の大きな道路では，降水が下流部に滞留するため，側溝ますを用いて，早期に排水する。　　　　　　　　　　　　　　　　　　　　　　　正解　4

演習問題　1-2-4

道路標識

問7　道路標識に関する次の記述のうち，**不適当な**ものはどれか。
(1) 道路標識は原則として全面反射とするが，警戒標識および補助標識の黒色部分は無反射とする。
(2) 道路標識の設計外力としては，自重と風荷重および車両の衝突荷重を考慮する。
(3) 道路標識の表示面を更新するときは，既存の標示板の上に新しい標示板を重ね貼りするのが経済的である。
(4) 道路標識の本標識には，案内標識，警戒標識，規則標識，指示標識がある。

防護柵

問8　歩行者自転車専用柵に関する次の記述のうち，**不適当な**ものはどれか。
(1) 柵の設計強度は，種別によらず垂直荷重 980 N/m 以上，水平荷重 2 500 N/m 以上を標準とする。
(2) 歩行者等の転落防止を目的として設置する柵の路面から柵面の上端までの高さは，110 cm を標準とする。
(3) 歩行者等の横断防止等を目的として設置する柵の路面から柵面の上端までの高さは，70〜80 cm を標準とする。
(4) 桟間隔および部材と路面との間隔は，幼児がすり抜けて転落するおそれも考慮して，15 cm 以下とする。

問7 解説
道路標識の設計外力として，風荷重と自重を考慮し，車両の衝突荷重は考慮しない。　　　　　　　　　　　　　　　　　　　　　　　　　　正解　②

問8 解説
歩行者自転車用柵の種別 P の鉛直荷重 590 N/m 以上，SP の鉛直荷重 980 N/m 以上とする。　　　　　　　　　　　　　　　　　　　　　　　　　正解　①

演習問題　1-2-5

緑化基準

問9　公共用緑化樹木の寸法規格に関する次の記述のうち，**不適当な**ものはどれか。

(1) 枝下高とは，根鉢の上端から樹冠を構成している枝群の最下枝までの垂直高さをいい，枝下長，枝下とも呼ばれる。
(2) 樹高とは，根鉢の上端から樹冠の頂端までの垂直高さをいい，一部の突出した枝は含まない。
(3) 幹周とは，樹木の幹の周長をいい，根鉢の上端から2.0mの位置を測定する。
(4) 枝張とは，樹木の四方向に伸張した枝（葉）の幅をいい，測定方向により幅に長短がある場合は最長と最短の平均値とする。

問9解説

幹周は，樹木の幹の周長で，樹木の品質規格を表すもので根鉢（地盤面）から1.2mの位置で測定する。　　　　　　　　　　　　　　　　　　　正解　3

第3章 設計図書，測量

設計図書の一つとして公共工事標準請負契約約款の各条項が出題されるので各条項の内容を理解する。また，測量では，主に，水準測量について理解する。

    3-1   設計図書
    3-2   測量
    3-3   演習問題

3-1 設計図書

3-1-1 公共工事標準請負契約約款

公共工事標準請負契約約款(約款)は,発注者と請負者が対等の立場で契約を履行することを目標として定めたもので,法律的に拘束力を有する設計図書の一部である。全54条よりなっていて,発注者,請負者の権利と義務が定められており,建設工事における円滑な施工に必要なものとされている。

公共工事標準請負契約約款は大きく分けると次の部分から構成されている。

(1) 契約(契約書類と契約関係書類の区別)
(2) 施工管理規定(技術者,材料の取扱い,検査)
(3) 契約変更規定(工期,請負代金)
(4) 損害規定(不可抗力,第三者損害,かし担保)
(5) 請負代金支払い(検査引渡し,前払金,部分使用)

3-1-2　設計図書

　設計図書は，発注者と請負者とが相互に厳守しなければならない，法的拘束力を有する書類である。この他，法的拘束力を有さない書類であるが，発注者への提出が義務づけられるものもある。

(1)　**法的拘束力を有する設計図書の種類**
① **契約書**：所定の工期，請負代金額，目的構造物の3つの事項が記載される。
② **仕様書**（数量内訳書含む）：仕様書は工事の詳細な基準で，一般的部分の仕上げの材質，形状，寸法を示した標準仕様書と，とくに指定した特定部の仕上げの仕様を示した**特記仕様書**がある。したがって，特記のある場合，特記仕様書を標準仕様書に優先させて施工する。
③ **設計図**（基礎設計図および概略設計図含む）：設計図は一定の技術指針に基づいて図示されたもので，図面は目的構造物の設計図のこと。施工図や原寸図といった，製作，施工に関連する施工図面は設計図書に含まれない。
④ **現場説明書**：契約書や仕様書で表現できない，現場固有の説明を書類にまとめたもの。実務においては，もっとも管理に注意を払う必要のある書類である。
⑤ **現場説明書に対する質問回答書**：現場説明書では詳細が不明な部分で，請負者が発注者に対して行った質問に書面で回答したものである。たとえば，掘削残土の処理方法等が問題となり，請負代金に直接影響するような問題に対する具体的な解決方法が示される。また，入札者の質問に対する発注者の回答書は，入札参加者全員に対する回答である。

　請負契約には，一度結ばれると変更することが困難になることが多いので，十分に事前調査し，疑問のないように質問し，回答を得ておくことが大切である。

(2)　**法的拘束力を有さない書類**
　請負代金内訳書，実施工程表のいずれも発注者に提出して承認を受けるが，請負者および発注者は相互に法的な拘束力を受けない。法的に拘束力を受けないが提出の必要な書類は，内容を変更することができる。その書類には，次のものがある。

① 請負代金内訳書
② 実施工程表・工事打合せ書
③ 施工図・原寸図
④ 施工計画書
⑤ 安全管理計画書・建設機械使用実績報告書
⑥ 実行予算書

3-1-3 施工管理の規定

施工管理の規定は，発注者および請負者側の責任者を定め，材料，施工，検査についての義務と責任範囲を示したものである。

(1) 監督員

発注者は監督員を置き，請負者の指示，立会い，検査等の監督員権限を請負者に通知する。請負者は，請求，通知，報告，承諾については監督員を通じて書面にて行う。

(2) 現場代理人と主任技術者との兼任

請負者は，現場代理人と主任技術者，監理技術者等を置き，その氏名を発注者に通知する。現場代理人と主任技術者または管理技術者とは兼任することができる。主任技術者は工事の施工上の技術上の管理を行う。

(3) 現場代理人の権限

現場代理人は現場に常駐し，工事現場の運営，取締りを行うほか，請負代金の変更，請求および受領，ならびに契約解除に係るものを除き，この契約に関する請負人の一切の権限を行使することができる。

(4) 施工方法等の決定

請負者は，仮設，施工方法その他工事目的物を完成するために必要な一切の手段について，契約書および設計図書に特別の定め（指定仮設，指定工法）がある場合を除き，請負者自らの責任で実施することができる。

(5) 請負者の報告

請負者は，設計図書の定めにより，契約の履行計画および履行状況を発注者に報告しなければならない。このため，仮設，工程，工法等を施工計画書等の形で報告する。

(6) 工事材料の品質

工事材料は，設計図書に定める品質とするが，設計図書に定められていない場合，工事材料は中等の品質（JIS 等）を用いる。

貸与品，支給材料の使用法が明示されていないときは監督員の指示に従う。

(7) 材料検査

工事材料は現場で監督員の検査を受けて使用するが，一度検査を受け合格した工事材料は現場外へ搬出できない。しかし，合格しなかった工事材料は，早急に工事現場外に搬出しなければならない。また，不要となった工事材料は勝手に処分せず発注者に返還する。

(8) 見本検査

見本検査に必要な工事写真記録の整備は，請負者の負担とする。

(9) 破壊検査の費用負担

監督員の検査要求にもかかわらず工事を施工した場合，あるいは必要があると監督員が認めた場合，監督員は最小限度破壊して検査することができる。破壊検査に伴う費用は請負者が負担する。

(10) 不適格な支給材料

発注者の支給材料や貸与品が使用に不適当な場合で，工期もしくは請負代金の変更が生じたときは，必要な検査等の費用は発注者が負担する。

(11) 不適格な施工

設計図書に対して不適合の構造物について，監督員の改造請求があった場合，発注者は損害金を徴収して工期を延長できる。

(12) 一括下請の原則禁止

請負者は，あらかじめ発注者の書面による承諾のない限り，請負った工事を一括して下請負させてはならない（ただし，公共工事の入札および契約の適正化の促進に関する法律では一括下請は全面禁止）。したがって，公共工事では一括下請は全面禁止となっている。

(13) 特許権

特許権は，発注者の指定の場合は発注者が，請負者が自ら使用するときは請負者の責任において使用する。発注者，請負者共に知らずに第三者の特許を無断で使用したときは，発注者の責任となる。

3-1-4　契約変更の規定

　請負契約書と異なる条件が生じたとき，発注者と請負者は協議により請負契約を変更できる。

(1)　設計図書と現場の不一致

　設計図書と現場が不一致の状態にあるとき，請負者は発注者監督員に書面により通知し，その確認の請求をする。発注者は請負者の立会いの上調査し，必要のあるときは発注者が費用を負担して設計図書を変更する。設計図書と現場の不一致には，次の4つの場合がある。

① 仕様書，図面，現場説明書，質問回答書と現場が一致しないとき。
② 設計図書に誤謬または脱漏（間違っていたり，または重要なことが抜けている）があったとき。
③ 設計図書の表示が明確でなかったり，予測できない状態が生じたとき。
④ 現場の地形，湧水，施工条件が設計図書と一致しないとき。

(2)　請負代金の変更

　物価の激変に伴う請負代金の変更は発注者と請負者が協議して行われるが，一定期間内に調整できないときは，発注者が決定し請負者に通知する。

(3)　天災・不可抗力による損害

　天災・不可抗力により工事を中止するとき，その費用は発注者が負担する。また，天候不良，関連工事の調整等請負者の責に帰せない工事遅延が生じた場合，請負者は工期の延長を発注者に無償で請求できる。

(4)　発注者による工期短縮

　発注者の特別な理由で工期を短縮するときは，その短縮に要する費用は発注者の負担とする。

3-1-5 損害に関する規定

工事中に発生した損害については，損害発生の状況に応じて，その負担が次のように規定されている。

(1) 臨機の措置

臨機の措置とは，災害防止のため請負者が行う，緊急を要する措置のことで，通常の管理に必要な経費の範囲を超える費用のかかったときは，発注者の負担とする。

(2) 一般的損害

一般的損害が工事中に発生したときは，請負者が負担する。ただし，支給材料の欠陥や指定工法の誤りのあるとき等，発注者の責に帰するときは発注者の負担とする。

(3) 通常避けることのできない損害

図 3-1 (b) に示すように工事に伴い通常避けることのできない騒音，振動，電波障害，地盤沈下，井戸水の涸渇等の損害については発注者の負担とする。

(a) 第三者の損害は請負者の負担

(b) 通常避けることのできない損害は発注者の負担

図 3-1　第三者に及ぼした損害

(4)　天災・不可抗力による損害負担

　天災・不可抗力による損害について，暴風，洪水，地震等による，工事目的物，仮設物，搬入材料，器具，取片付け等の損害合計額のうち，請負代金の 1/100 を超える部分のすべてについて発注者が負担する。また，請負者は請負代金の 1/100 の額以下を負担する。

(5)　かし担保

　まじめに工事をしても，構造物に思わぬひび割れが発生して漏水が発生すること等がある。こうした工事上の欠陥を「かし」といい，請負者は木造で 1 年，鉄筋コンクリート造等で 2 年の期間，かしについて補修等の義務を有している。これを「担保」という。

　しかし，このかしが故意による場合や，請負人があらかじめ知っていたときは，1 年が 10 年，2 年が 10 年にまで延長される。

(6)　設計図書に定められていない保険

　請負者は，工事材料等について，設計図書に定められていない保険を付したときは，遅滞なくその旨を発注者に通知しなければならない。

3-1-6　請負代金の支払いの規定

　発注者からの請負代金の支払いについては，工事目的物の完成検査に合格した後，請負者からの請求に基づいて行われる。

(1)　完成検査
　工事目的物の完成検査は，請負者が工事完成を発注者に通知してから 14 日以内に行い，結果を通知しなければならない。発注者は検査に合格した工事目的物の引渡しを受ける。

(2)　請負代金の請求
　完成検査に合格後，請負者は請負代金の請求が可能となり，発注者は請求を受けた日から 40 日以内に支払いをする。

(3)　部分使用
　発注者の都合により，工事目的物の全部，または一部について完成前に使用することができる。発注者は使用に係る部分について，善良に管理する義務があり，使用により損害を及ぼしたときは請負者に賠償しなければならない。

(4)　前払金
　請負者は，保証事業会社と保証契約を締結して，発注者に請負代金の前払金を請求できる。発注者は請求を受けた日から 14 日以内に前払金を支払う。ただし，前払金の使途制限があり，受領した前払金の使途は，工事を行うのに直接必要な経費に限られる。
　前払金の不払いに対して，請負者は相当の期間をおいて工事の中止をすることができる。その際，請負者は発注者に，中止に伴う必要経費の負担を請求できる。

3-2 測量

測量には、角度と距離を測定して、基準点の座標位置を定める測量と、基準点相互の高低差を求める水準測量がある。

3-2-1 角度の測量

「測量」とは、平面座標の位置と高さを測定し、これを図上に表すことである。この位置を定めるために、図3-2のように角度を測定するセオドライト（トランシット）が用いられる。セオドライトの精度を確保するために、年1回の検定が必要である。セオドライトの点検は、作業開始前、作業中も必要により行う。セオドライトによる観測方法の留意点は次の通りである。

(1) 水平角と鉛直角の観測時間帯

かげろうは、地面が太陽で温められると地表近くの大気が揺れる現象である。観測線もそれにつれて揺れるため、水平角の観測値に大きな誤差を与える。このため、水平角はかげろうの少ない朝・夕に観測する。鉛直角は、空気の上下の温度が安定する正午前後に観測する。また、セオドライトは長時間直射日光を当てないよう素早く観測する。

(2) 正位・反位の観測

図3-3のように、正位・反位の観測は、セオドライトに含まれる機械誤差等を消去するために行われる観測方法である。正位と反位の観測に時間的な間隔があると大気の観測状態が変化するので、正位・反位の観測は素早く行う。

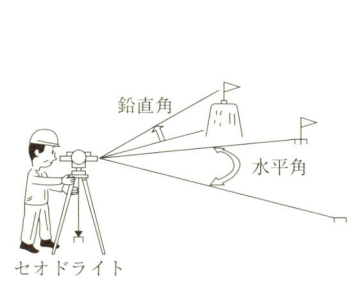

図3-2　セオドライト

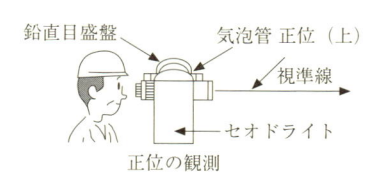

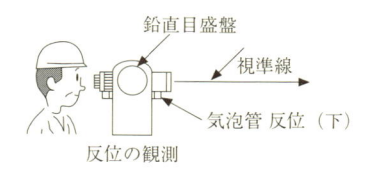

図3-3　正位・反位の観測

(3) 十字線の明視と目標の視準

　望遠鏡内の十字線は，図 3-4 のように，望遠鏡内に張られた十字の糸で，視度環を回してピントを自分の目に合わせる。これを十字線の明視という。セオドライトの像は，この十字線上に結ばせる。次に，目標とする最初の点に，合焦環を回してピントを合わせる。

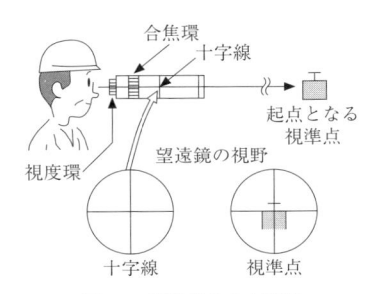

図3-4　望遠鏡内の十字線

(4) 誤差の分類

　下記のように，誤差には，定誤差と不定誤差があり，定誤差は計算や機械の調整により取り除ける。不定誤差は，原因が明確でないので測定を複数回行い，平均値を求めることで誤差を軽減する。特に定誤差を消去する観測方法を理解しておくことが大切である。

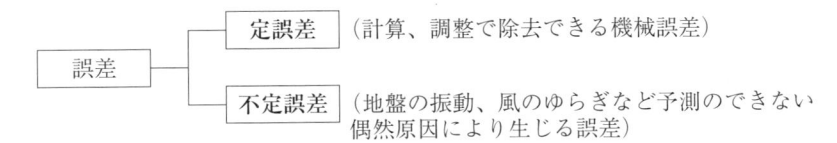

誤差 ┬ 定誤差（計算、調整で除去できる機械誤差）
　　 └ 不定誤差（地盤の振動、風のゆらぎなど予測のできない偶然原因により生じる誤差）

3-2-2　セオドライトの誤差

　セオドライト（トランシット）に生じる観測誤差は，鉛直軸誤差を除いて正反の観測結果を平均することで取り除けることが多い。このため，気泡管の気泡が中央にあることを点検して観測する。

(1)　鉛直軸誤差

　鉛直軸誤差は，セオドライトに取付けられている気泡管（平盤気泡管）が正しく水平を示さないときに生じる器械誤差のことである。図 3-5 に示す鉛直軸は，この気泡管と鉛直となるようにつくられている。したがって，まず気泡管が正しい水平を示すように器械を調整する。

　この鉛直軸誤差は，正位・反位による観測結果を平均しても消去されない。また，セオドライトの鉛直軸誤差は傾斜する方向と関係なく，どの方向で観測しても一定の大きさの誤差が累加される。

　このため，鉛直軸は正しい水平な気泡管軸と鉛直となるように，観測中でも必要があれば点検・調整する。

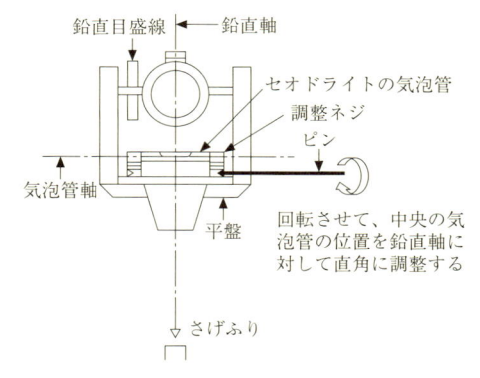

図 3-5　鉛直軸誤差

(2)　セオドライトの器械誤差と観測法

　どんなに厳密に点検調整されたセオドライトでも，必ず器械的な誤差は含まれる。このため，この器械的な誤差を軽減したり消去するため次の**表 3-1** のような観測方法を用いる。

表 3-1　セオドライトの誤差

器械的誤差	誤差発生原因	消去または軽減の観測法
視準軸誤差	十字線の交点が，望遠鏡の規準軸とずれた状態	正，反での読みを平均して消去
水平軸誤差	水平軸が鉛直軸と直交していない状態	正，反での読みを平均して消去
鉛直軸誤差	鉛直軸が気泡管軸と直交していない状態	誤差消去不可なので，必ず精度よく調整する
偏心誤差	目盛盤の回転中心が鉛直軸から偏心した状態	正，反での読みを平均して消去
目盛不均一誤差	目盛が等間隔に刻まれていない状態	複数の対回観測により誤差は軽減

3-2-3 光波測距儀とGPS測量

　現在の測量は，光波を利用して2点の距離を直接測量できる。光波の発信・受信の際に生じる誤差について理解する。

(1)　光波測距儀による距離測定

　光波測距儀での測定は，測距儀内部の光源に電圧をかけて高周波変調光を発振させ，この光波をレンズで集めて，目標とするプリズム（反射鏡）に投光する。図3-6のようにプリズムで反射した光波を内部の受振器で受けて，往復に要した光波の数と，その端数（位相差）を求め，2点間の斜距離を測定する。斜距離は傾斜補正をして水平距離とする。

　以上のほかにも，器械誤差の補正および気象補正を行うが，気象補正のうち気温の補正量がもっとも大きくなる。光波測距儀の検定は1年以内に1回以上とする。

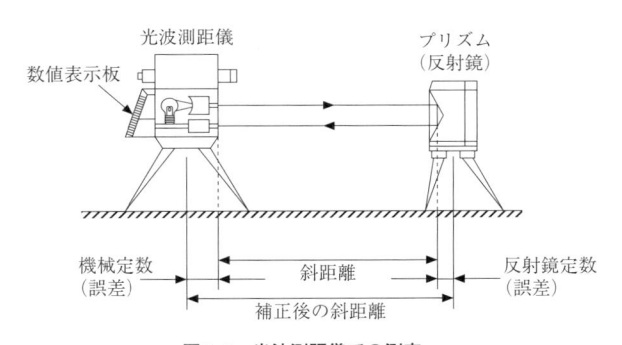

図3-6　光波測距儀での測定

① 光波測距儀の定誤差で，測定距離に比例するのは次のものである。
　a　気温，湿度，気圧により生じる大気の屈折率の誤差。
　b　光波測距儀の変調周波数の変化により生じる誤差。
② 光波測距儀の測量の誤差で，測定距離は比例しない一定の誤差は，次のものである。
　a　光波測距儀の中心軸のずれによる機械定数誤差。
　b　反射鏡の中心のずれによる反射鏡定数誤差。
　　この機械定数誤差と反射鏡定数誤差の和を機械誤差として，測量の前にあらかじめ測定しておくことができるので，完全に除去できる定誤差である。

(2) GPS による距離測定

GPS（汎地球測位システム）は，図 3-7 のように，地球を回る 24 個の人工衛星からの電波のうち，4 つ以上の衛星からの電波を同時に受けて，座標位置 X, Y, Z および時間 T の 4 つの要素をコンピュータで解析して地球上での位置と高さを確定する。カーナビゲータのように 1 個のアンテナで受信するときは，空気の粗密による影響であまり正確な位置を確定できないが，自動車の走行程度には十分な性能がある。測量で 2 点間の距離を測るためには，2 個のアンテナで，同じ 4 つ以上の人工衛星からの電波を受けて，到着時間差（電波の位相差）から，2 点の斜距離を精度よく確定する。

GPS の観測は，夜間でも雨天でも，A, B の両点に見通しがなくても行える。原理的には光波測距儀の観測と同様，電波を用いて行う。

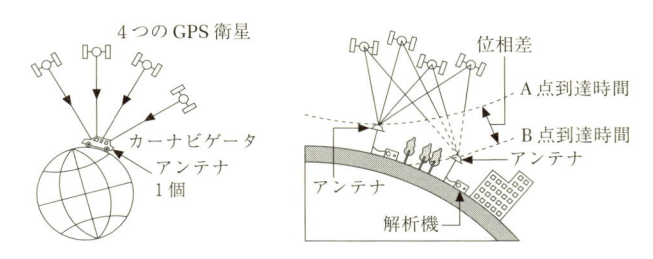

図 3-7 GPS（汎地球測位システム）

3-2-4　トータルステーション（TS）

　トータルステーション（TS）は，先に学んだセオドライトと光波測距儀を1つの測量機械としたもので，角度の測定と距離の測定を同時に行うことができる。

　図3-8に示す整準ネジを用いて，気泡管の気泡が中央にくるように調整して，TSを鉛直にする。

　測定するときは，まず視度環を回して十字線を自分の目に合わせ，その後目標に合せるため合焦環を用いる。このとき，必要な距離，水平角，鉛直角は同時に測定され，図3-9のような表示窓で確認できる。また，測定結果はコンピュータと連動して処理するデータコレクタに記録する。

　図3-10はTSによる測定例を示したものである。

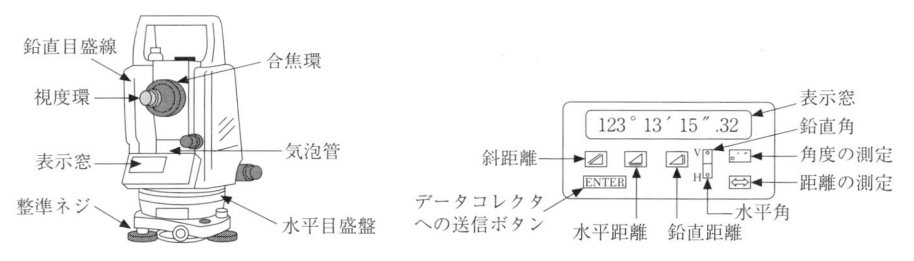

図3-8　トータルステーション

図3-9　TS表示窓と操作スイッチの例

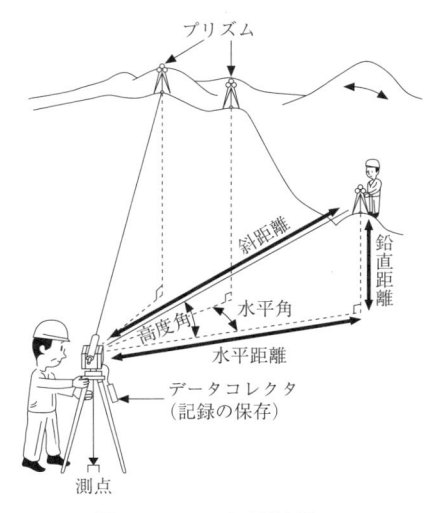

図3-10　TSによる測定例

3-2-5 基準点の平面位置を定める測量

　構造物の位置を定めるためには，まず，基準点を定める必要がある。基準点は，平面上の位置を示す座標位置により表す。公共工事を行うためには，**公共測量作業規程**に準拠して，必要により，1～4級の精度で基準点測量をする。

(1)　平面上の位置を表す基準点

　平面上の位置を求めるための測量を基準点測量といい，これらの基準点の測量は，国土交通省（国土地理院）が公共測量作業規程に定める方法と精度を有することが必要である。構造物の重要性等により1～4級の基準点測量があり，仕様書に示された構造物の精度に応じて，測量の級を定める。測量作業機関（測量会社）は主任技術者として測量士の資格を有する者を選任しなければならない。

(2)　測量方式

　基準点測量には図3-11のように，次の2つの測量方式がある。
　①　既知点を起点として，新点を経由して他の既知点に1本の路線で結ぶ方式を単路線方式という。
　②　既知点と新点が多角網をつくる方式を結合多角方式という。
　これらの両方式を合わせて多角測量方式という。
　橋，道路，ダム等の公共測量では，構造物の位置の決定のために，基準点測量で新点の位置を定める。このとき，新点は基準点となり，この点を基準に構造物の位置を定める。

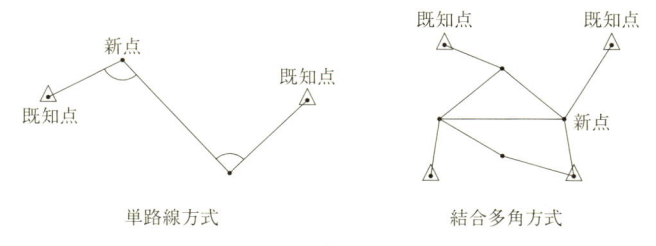

図3-11　多角測量方式

3-2-6　レベルの誤差の消去・軽減

　レベルは，セオドライトやトータルステーション（TS）よりもさらに高い精度の望遠鏡を内蔵している。レベルにより2点間の高低差を測定する方法を直接水準測量といい，セオドライトやTSにより角度と距離を測定して，計算によって高低差を求める方法を間接水準測量という。直接水準測量の方が間接水準測量より精度の高い高低測量ができる。このため，公共工事では，高さの基準点（BM）はレベルによる直接水準測量で行うことになっている。普通，水準測量といえば直接水準測量のことである。レベルは精度の高い気泡管を有するもので，作業の開始前のほか，作業中でも必要により点検する。レベルはセオドライトと基本的には同じ構造をしている。

　レベルでの観測は，鉛直角の観測のように，空気の密度が一定となる正午前後に行わなければならない。

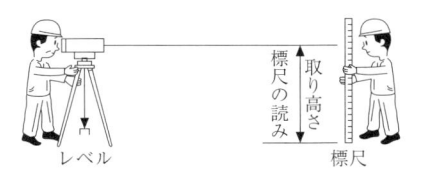

図 3-12　直接水準測量用具

（1）　視準軸誤差，球差，気差

　レベルを両標尺間の中央に据付けたとき視準間距離は等しくなり，視準軸誤差，球差，気差の3つの誤差が同時に消去される。

① 視準軸誤差：図 3-13 のように視準軸と気泡管軸が平行でないために生じる誤差。
　　標尺1を既知点としての基準点（BM）に設置したとき，標尺1の読みを後視，未知点の標尺2の読みを前視という。視準間距離 $a = b$ のとき，視準軸誤差（$h_2 - h_1$）＝0 は打消し合って消去されるが，$a \neq b$ のとき，視準軸誤差（$h_2 - h_1$）が含まれる。視準間距離は，長すぎると読取り誤差が大きくなるので，最大50m程度以下とするのが一般的である。観測は必ず後視をしてのち前視を行う。

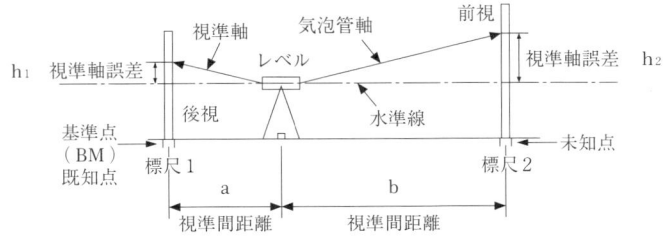

図 3-13　視準軸誤差

② 球差：地球の丸みによる誤差（基準点測量等では無視できない）。
　球差は図 3-14 のように，視準間距離 a＝b が等しいときには発生しないが，図 3-14 のように視準間距離が異なるとき，誤差として含まれて測定されるので，球差は ⊕ として補正する。

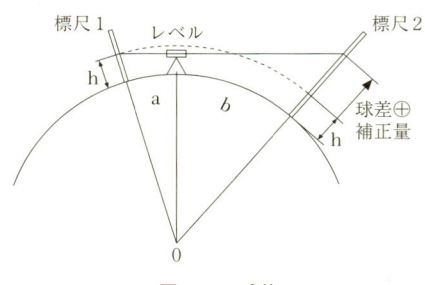

図 3-14　球差

③ 気差：地球の大気の密度差による誤差。
　気差は図 3-15 のように，視準間距離が等しいと発生しないが，視準間距離が等しくないとき，視準間距離の長いほど大気の屈折率の影響を受けて，誤差として含まれて測定されるので，気差は ⊖ として補正する。なお，球差は気差よりも絶対値は大きくなる。

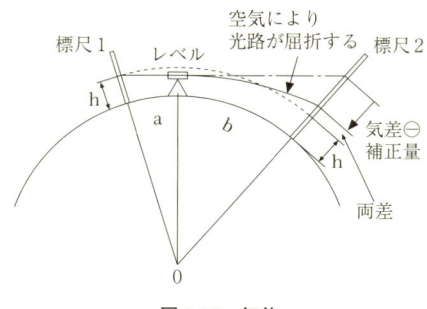

図 3-15　気差

(2) 標尺の零点目盛誤差

　標尺の零点目盛誤差は，図3-16に示すように，標尺の高さの基準となる突起が摩耗していることによる誤差である。この誤差の影響を除くために，始点に立てた標尺を終点に立てることで誤差を消去できる。このようにするには，図3-17のように，レベルを偶数回据付けるとよい。または，最初に立てた標尺を終点に立てることで消去できる。

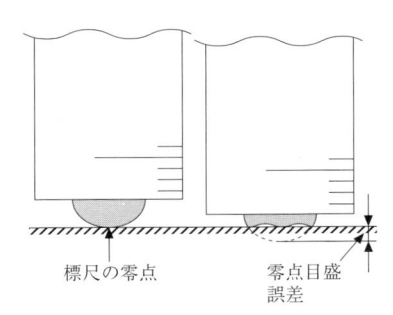

図3-16　標尺の零点

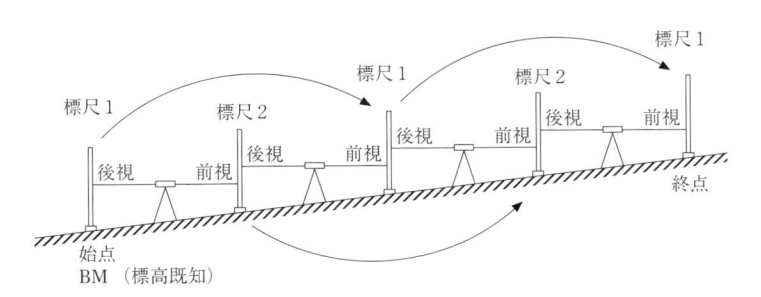

図3-17　標尺の零点目盛誤差の消去

（3） 標尺の傾斜誤差

標尺の傾斜誤差は，図 3-18 のように標尺を鉛直に立てないことによる誤差である。標尺が鉛直でないときは，前後どちらに傾いても実際より大きく測定される。標尺の水準器を用い，鉛直に標尺を立てて誤差をなくす。

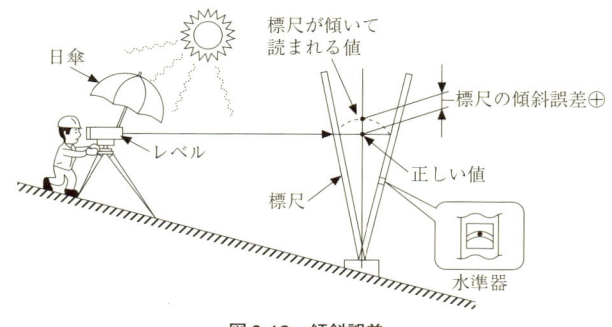

図 3-18　傾斜誤差

（4） 標尺の目盛誤差

標尺の目盛誤差は，往と復の値を平均してみても，またいかなる観測方法によっても消去できないので，標尺検定を行い，求めた高低誤差に応じて比例配分して誤差を調整する。一般には，標尺の目盛の正しいものを確認して用いる。

（5） 標尺の読定位置

図 3-19 のように，標尺の上下端の読みは誤差が含まれやすいので，レベルの据付けは標尺の上下端を読まないように行う。

（6） かげろう対策

かげろうの著しいときは，視準間距離を短くする。

（7） 温度の影響の除去

温度により生じる誤差は，直射日光を日傘でさえぎることによりレベルに照射しないようにして除去できる。

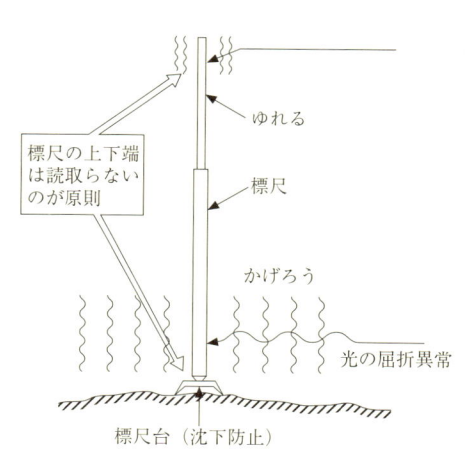

図 3-19　標尺の目盛誤差

3-2-7　昇降式野帳による高低差の計算

水準測量では，構造物をつくる前に構造物の近くの水準点から水準測量で既知点として始点（BM）を定め，これを基準に各位置の高さを定める。

つまり，始点を基準に，未知点の標高を水準測量によって求める。このとき，レベルで既知点を視準して標尺を読むことを後視，未知点上の標尺を読むことを前視といい，必ず後視から始めてすばやく前視を読み取る。図3-20のように，標高が既知のBMからNo.1の点の未知の標高を求めたいとき，一度の据付けでは測定できないことがある。このときは，BM点とNo.1点の間に，標尺を途中に立てる移器点（TP）を設ける。次に，図3-20を例に，No.1点の標高を求める計算をする。

（例題）

図3-20のように，BMを始点として移器点TP1を経てNo.1までの水準測量をしたところ，前視と後視の読みが求められた。下記の表のようにまとめたとき，No.1の標高は下左の（1）〜（4）のうちどの値になるか。

(1) 11.203
(2) 12.103
(3) 12.223
(4) 13.202

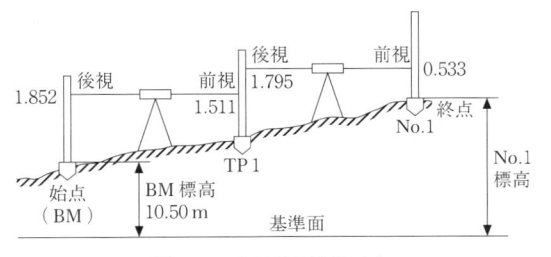

図3-20　高低差の計算（1）

表3-2　昇降式野帳での高低差の計算（2）

測点	後視(m)	前視(m)	標高(m)
BM	1.852	—	10.500
TP1	1.795	1.511	—
No.1	—	0.533	No.1の標高
合計	①	②	—

昇降式野帳の計算は（a），（b）を計算して求める。
(a)（始点と終点の標高差）＝（後視の合計①）－（前視の合計②）
(b) No.1 の標高＝ BM の標高＋（始点と終点の標高差）として計算する。

解答

(a) 後視の合計＝ 1.852 ＋ 1.795 ＝ 3.647（m）
　　前視の合計＝ 1.511 ＋ 0.533 ＝ 2.044（m）
　　終点と始点の標高差＝ 3.647 － 2.044 ＝ ＋ 1.603（m）
(b) No.1 の標高＝ BM の標高＋（始点と終点の標高差）
　　　　　　　　＝ 10.500 ＋（＋ 1.603）
　　　　　　　　＝ 10.500 ＋ 1.603 ＝ 12.103（m）

よって，（2）が正解。

3-2-8　器高式野帳による高低差の計算

器高式野帳の記入の方法と，中間点の地盤高を求める方法を具体例に基づいて計算する。路線は水準点 A，新点（1），水準点 B となっている。水準点 A と新点（1）の中間に，3 個の中間点 No.1，No.2，No.3 がある場合について，器高式野帳への記入を行ってみる。

例題

器高式水準測量の概念図を図 3-21 に示す。この図について器高式野帳に記入してみよ。

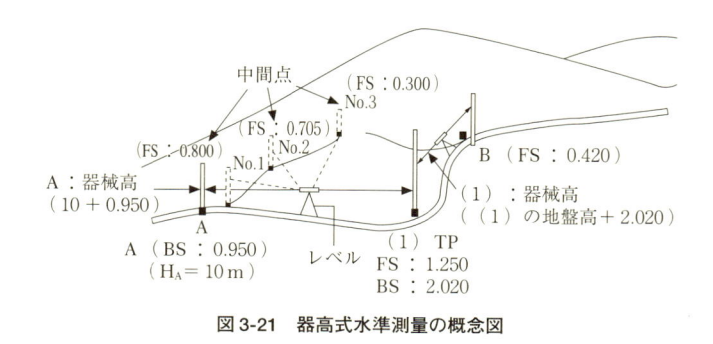

図 3-21　器高式水準測量の概念図

(解答)

この図の測定値を器高式野帳に記入すると**表 3-3** のようになる。

表 3-3　器高式野帳の記入例

測点	距離	後視 BS	器械高 IH	前視 FS 移器点 TP	前視 FS 中間点 IP	地盤高 GH (m)	
A		0.950	①10.950			（計算部分）	10.000
No.1					0.800	10.950 − 0.800 =	②10.150
No.2					0.705	10.950 − 0.705 =	③10.245
No.3					0.300	10.950 − 0.300 =	④10.650
（1）		2.020	⑥11.720	1.250		10.950 − 1.250 =	⑤ 9.700
B				0.420		11.720 − 0.420 =	⑦11.300
合計		Σ BS = 2.970		Σ FS = 1.670		10.000 +（2.970 − 1.670）	11.300

計算手順を①，②，…，⑦の順に示すと次のようになる。

(1)　測量された測定値を記入し，水準点 A の地盤高を 10.000 m と記入する。

(2)　水準点 A の**器械高**（器高）の計算から始める。
① A 点を見ているレベルの器械高は 10.000 + 0.950 = 10.950 m
② 中間点 No.1 の地盤高は，器械高から前視を引けば求められる。
　 10.950 − 0.800 = 10.150 m
③ 中間点 No.2 の地盤高，10.950 − 0.705 = 10.245 m
④ 中間点 No.3 の地盤高，10.950 − 0.300 = 10.650 m
⑤ 新点（1）の地盤高，10.950 − 1.250 = 9.700 m

(3)　移器点 TP（1）の器械高（器高）は，移器点 TP（1）の地盤高 9.700 m と移器点（1）の後視 2.020 m との合計として求める。
⑥ 9.700 + 2.020 = 11.720 m
⑦ 水準点 B の地盤高，11.720 − 0.420 = 11.300 m

(4)　検算として，水準点 B 点の地盤高を点検する。
　 Σ BS = 0.950 + 2.020 = 2.970 m，Σ FS = 1.250 + 0.420 = 1.670 m
　 水準点 B の地盤高 = 10.000 +（2.970 − 1.670）= 11.300
　 以上より，⑦の結果と一致したので正しい。

3-2-9　標高の最確値の計算

　ある点の標高を求めるため，2箇所から測定したときの測定値が一致すればよいが，一致しないのが一般的である。このとき，測定結果の精度が等しいときは単純に平均値を求める。しかし，2箇所から異なった精度で求めたときは精度の高いデータはより重く取扱い，精度の低いデータはより軽く取扱うというように，データを公正に取扱う必要がある。精度の高いデータは「重量が大きい」，精度の低いデータは「重量が小さい」という表現をする。この重量は，測点間距離に反比例する。測点間距離が長いと何回も読み取り，その都度誤差が含まれるからである。したがって測定精度が同じとき，10 km かけて測定して求めたデータ A と，5 km かけて測定して求めたデータ B の重量比は

$$A : B = \frac{1}{10} : \frac{1}{5} = 1 : 2$$

ということになり，この重量を考えた平均を重量平均といい，その値を最確値という。

(例題)

　重量の定め方：ある山の山頂 T 点の標高を求めるために A 君は 10 km の道のりで測量し，B 君は 5 km の道のりで求めた。A 君と B 君の測定値の重量比を求めよ。

(解答)

　このときの A 君の求めた標高の重量は 1，B 君の標高の重量は 2 となる。すなわち，測点間距離に反比例するので，

$$A 君の重量 : B 君の重量 = \frac{1}{10} : \frac{1}{5} = \frac{1}{10} : \frac{2}{10} = 1 : 2$$

となる。

例題

　ある山の標高を，A君は標高 12.00 m の A 点から 10 km の道のりで測量して，T 点との高低差（観測比高）を ＋20.20 m と求め，B 君は山頂 T 点から 5 km の道のりで標高 5.00 m の B 点までの高低差（観測比高）を －27.50 m と求めた。このとき，重量平均して，ある山の標高の最確値を求めよ。ただし，A，B の観測精度は等しい。

解答

① 重量比　A君：B君 $= \dfrac{1}{10} : \dfrac{1}{5} = 1 : 2$

② A 君の求めた T 点の標高　$12.00 + 20.20 = 32.20$ （m）
　　B 君の求めた T 点の標高　$5.00 - (-27.50) = 32.50$ （m）

③ 重量平均による T 点の標高の最確値 $= \dfrac{1 \times 32.20 + 2 \times 32.50}{1 + 2} = 32.40$ （m）

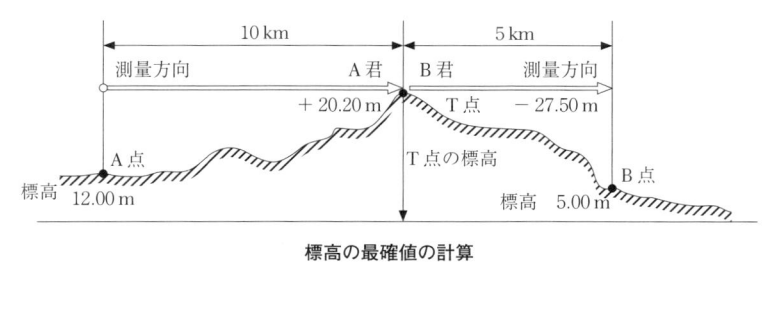

標高の最確値の計算

3-2-10　路線測量

道路，鉄道等の路線をつくるために行う測量を路線測量という。路線測量は，一般に水準測量とセオドライトを用いた角度の測量を組合せて下記のような測量手順で行う。

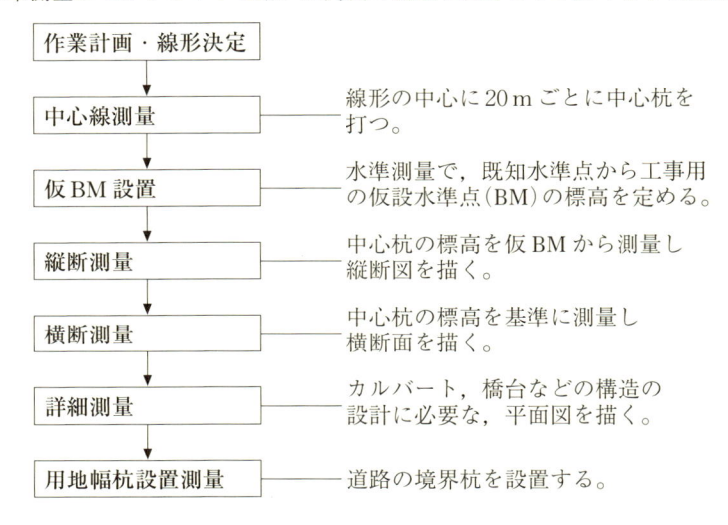

```
作業計画・線形決定
       ↓
   中心線測量 ────── 線形の中心に20mごとに中心杭を
       ↓              打つ。
   仮BM設置 ────── 水準測量で，既知水準点から工事用
       ↓              の仮設水準点(BM)の標高を定める。
   縦断測量 ────── 中心杭の標高を仮BMから測量し
       ↓              縦断図を描く。
   横断測量 ────── 中心杭の標高を基準に測量し
       ↓              横断面を描く。
   詳細測量 ────── カルバート，橋台などの構造の
       ↓              設計に必要な，平面図を描く。
 用地幅杭設置測量 ── 道路の境界杭を設置する。
```

(1) 中心線測量

線形位置の決定では図 3-22 に示す交点 IP 点および主要点（BC，EC）は 4 級以上の基準点等に基づき，放射法等により定める。中心杭の位置は，IP，主要点または，4 級以上の基準点から放射法等により定める。

中心杭は，起点を No.0 として，20 m 間隔に No.1，No.2，……と設置する。主要点の杭と中心杭の設置の様子は図 3-22 のようになる。

① 最寄りの基準点より放射法により，トータルステーションで主要点 IP，BC，EC の方向角と距離を測定して，IP 点，主要点（BC，EC）に杭を設置する。

② 主要点または基準点を基準にトータルステーションで中心杭の位置を求め，図 3-23 のように，中心杭を 20 m 間隔に設置する。このとき，断面の変化点は，中心杭から何 m 先にあるかを ⊕ プラスで示す。このような点の杭をプラス杭という。

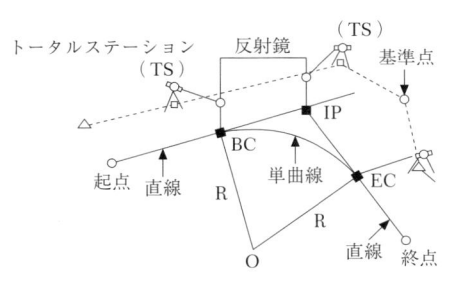

図 3-22 主要点の設置

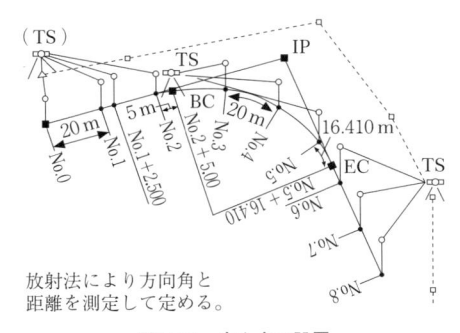

図 3-23 中心点の設置

(2)　仮 BM 設置測量

　仮 BM は，縦断測量と横断測量の水準点として用いる基準となる標高を定める点で，河川等の距離標があるときは，これを利用することができる。

　仮 BM は，始点と終点および，0.5 km 以内ごとに 1 箇所を標準として設置される標高点で，平地にあっては 3 級水準測量，山地にあっては 4 級水準測量により定める。

(3)　縦断測量・横断測量

　中心線測量と仮 BM 設置測量で標杭を設置したのち，図 3-24 のように，縦横断測量を実施し，縦断面図と横断面図を描く。縦横断図面の描き方は次のようになる。

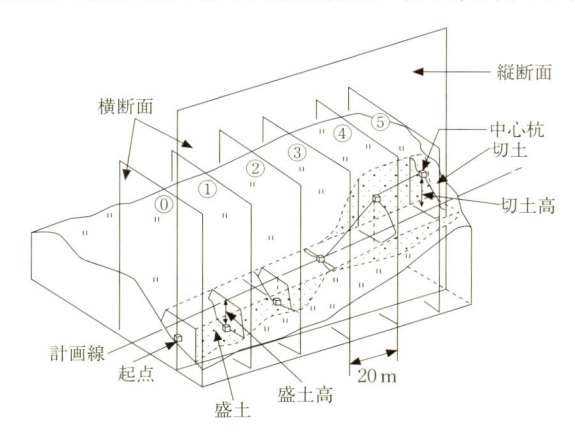

図 3-24　縦横断面のとり方（道路の路線計画図）

　縦断面と，横断面の ⓪〜⑤ について図 3-25 に表すと次のようになる。縦断面図の縦軸の高さの縮尺は，距離を示す横軸の縮尺の 5〜10 倍に拡大して表示し，図の左を起点 No.0 として終点 No.5 を図の右になるように描く。

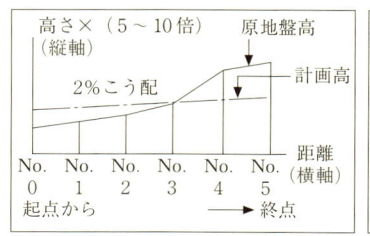

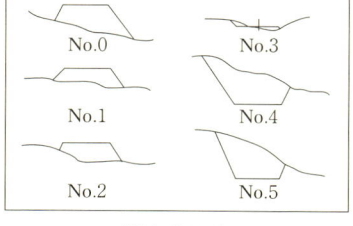

縦断面図の例　　　横断面図の例

図 3-25　路線測量断面図

(4) 詳細測量

　路線測量では，線状構造物の主要な交差点およびカルバート，橋台などの重要な構造物設置場所等において，縮尺 1/250 の大縮尺の平面図，縦横断面図を作成する。
　この縮尺の地形図をつくる測量を詳細測量といい，描かれた図面を詳細図という。

(5) 用地幅杭設置測量

　用地幅は，実測された横断面図に計画断面を記入し，原地盤との交点に余裕幅を加えて定め，定められた点に用地幅杭（杭頭黄色 $6 \times 6 \times 60$ cm）を設置する。

3-3　演習問題　　　　　　　　　　　　　　1-3-1

請負契約約款

問1　公共工事標準請負契約約款に関する次の記述のうち，**不適当なもの**はどれか。
(1) 現場代理人は，契約の履行に関し，工事現場に常駐し，その運営，取締りを行う。
(2) 請負者は，支給材料または貸与品の使用方法が設計図書に明示されていないときは，監督員の指示に従わなければならない。
(3) 現場代理人，主任技術者（監理技術者）および専門技術者は，これを兼ねることができる。
(4) 請負者は，工事の施工に伴い通常避けることのできない地盤沈下等の理由により第三者に損害をおよぼしたときは，原則としてその損害を賠償しなければならない。

請負契約約款

問2　工事請負契約書に関する次の記述のうち，**不適当なもの**はどれか。
(1) 請負者は，工事の施工にあたり，設計図書に誤謬または脱漏があることを発見したときは，その旨をただちに監督職員に通知し，その確認を請求しなければならない。
(2) 発注者は，必要があると認めるときは，設計図書の変更内容を請負者に通知して，設計図書を変更することができる。
(3) 発注者は，特別の理由により工期を短縮する必要があるときは，工期の短縮変更を請負者に請求することができる。
(4) 監督職員は，支給材料または貸与品の引渡しにあたっては，請負者立会いのもと，請負者の負担において，当該支給材料または貸与品を検査しなければならない。

問1 解説
　施工に伴い，通常避けることのできない地盤沈下等の理由により第三者に損害を及ぼしたときは，発注者が賠償する。　　　　　　　　　　　　　　正解　4

問2 解説
　支給材料または貸与品の引渡しにあたっては，請負者の立会で発注者の負担において，検査する。　　　　　　　　　　　　　　　　　　　　　正解　4

演習問題　1-3-2

請負契約約款

問3　公共工事請負契約書に定める設計図書に関する次の記述のうち，**誤っているもの**はどれか。
(1) 現場説明書とは，現場の状況の説明，図面および仕様書に表示し難い見積条件を書面で示したものである。
(2) 仕様書とは，技術的な要件を示すもので，工事を施工するために必要な規準の概略を示したものである。
(3) 図面とは，通常，設計図と呼ばれているもので，基本設計図や概略設計図もここにいう図面に含まれる。
(4) 設計図書とは，工事目的物の形状等を示す図面，仕様書，現場説明書および現場説明に対する質問回答書である。

路線測量

問4　路線測量に関する次の記述のうち，**不適当なもの**はどれか。
(1) 詳細測量とは，中心点等から中心線に対して直角方向の用地幅杭点座標値を求める作業をいう。
(2) 線形決定とは，路線選定の結果に基づき，地形図上のIPの位置を座標として定め，線形図を作成する作業をいう。
(3) 仮BM設置測量とは，縦断測量および横断測量に必要な水準点を現地に設置し，標高を求める作業をいう。
(4) 中心線測量とは，主要点および中心点を現地に設置し，線形地形図を作成する作業をいう。

問3解説
　仕様書は，製品の品質規格，出来形寸法，品質性能指数等規準を具体的詳細に示したものである。　　　　　　　　　　　　　　　　　　　　　正解　2

問4解説
　詳細測量とは，道路を横断するカルバート・橋梁などの構造物の詳細平面図等をつくり，道路の路線と構造物の位置関係を明確にすることである。　正解　1

演習問題　　1-3-3

水準測量

問5　下表は，水準測量の器高式による野帳記入例である。①C点の器械高および②D点の標高の組み合わせのうち，正しいものは次のうちどれか。

（単位：m）

測　点	後　視	器械高	前　視	標　高
A点	1.555	31.555		30.000
B点			1.754	
C点	1.434	①	1.562	
D点			1.328	②

(1)　①　31.427　　②　30.099
(2)　①　31.235　　②　30.227
(3)　①　31.427　　③　30.027
(4)　①　31.235　　②　30.099

水準測量

問6　水準測量作業に関する次の記述のうち，**不適当な**ものはどれか。
(1)　標尺の零点誤差を消去するためには，往と復の測点数は奇数とするのがよい。
(2)　標尺の読み取り誤差を少なくするためには，標尺の下端付近の視準はできるだけ避けるようにする。
(3)　視準線誤差を少なくするためには，両標尺までの視準距離を等しく，レベルは両標尺を結ぶ直線上に整置する。
(4)　レベルの温度誤差を少なくするためには，観測中レベルに直射日光があたらぬように傘をさす等する。

問5解説

　C点の標高 = 30.000 + 1.555 − 1.562 = 29.993 m，①の器械高 = 29.993 + 1.434 = 31.427 m，②の標高 31.427 − 1.328 = 30.099 m　　　正解　1

問6解説

　水準測量での零点誤差を消去するためには，往と復の観測する位点を偶数回とする。　　　正解　1

難関突破　一般試験

第2編
アスファルト舗装

第1章　アスファルト舗装の計画と設計
第2章　アスファルト舗装の材料
第3章　アスファルト混合物の配合設計
第4章　アスファルト舗装の施工
第5章　特殊アスファルト舗装

第1章 アスファルト舗装の計画と設計

舗装の計画・設計は，本来発注者やコンサルタントの業務であるが，施工管理するうえでの知識が求められている。ここでは，舗装工学の中心となるアスファルト舗装の計画，設計の体系を理解する。

1-1 アスファルト舗装の計画
1-2 アスファルト舗装の構造
1-3 舗装の技術基準
1-4 アスファルト舗装の設計
1-5 演習問題

1-1 アスファルト舗装の計画

1-1-1 性能規定発注方式

発注方式には，発注者が仕様を仕様書で規定する**仕様規定発注方式**と，性能のみ規定する**性能規定発注方式**がある。再生資源の活用や受注者の選択範囲を広げるために性能規定発注方式化が進められている。検査方法として，施工直後の状態で行うものや，再生資源の活用等に伴い，供用開始後，一定期間内に性能を確認する場合も認められた。

性能規定発注方式は，性能指標とその値を規定するだけで，工法，材料を規定しないため，工法の開発や再生資源の利用が促進される技術開発型の発注方式である。とりわけ，他産業の再生資源も安全性を検討して広く活用することが求められている。

なお，**仕様規定発注方式**は，従来通り出来形検査と品質検査を組合わせて品質を確認する。

1-1-2 ライフサイクルコスト

ライフサイクルコストは，舗装の建設から供用後再度建設するまでにかかる総費用で，ライフサイクルコストを最小とする設計・施工が望まれる。

(1) ライフサイクル

舗装は，建設され，その後検査の完了後，供用される。その後一定期間経つと，何回かの補修のあと供用の限界（ひび割れや，流動等）に達し，打換え等の建設を行う。こうした一連の繰返しを舗装の**ライフサイクル**という。このサイクルの期間を舗装構造の**設計期間**という。

(2) ライフサイクルコスト

一つのライフサイクルにかかる費用のことをいい，次のものが含まれている。
① **道路管理者費用**：建設費，維持・修繕費
② **利用者便益費用**：車両走行費軽減，時間効果費
③ **沿道・地域社会費用**：環境保全費
④ 残存資産価値

ライフサイクルコストは，舗装の設計期間により異なり，一般には10年間ではなく20年間を1サイクルとするよう舗装構造を強化することが経済的であるといわれている。

図1-1のように，ライフサイクルが短いと，1サイクルでの建設費は安価であるが，補修回数，建設回数が多くなり，サイクルコスト自体が高くなるばかりでなく，工事中供用することのできない経済的な損失が大きく，環境保全上も望ましくない。ライフサイクルは，費用便益分析や費用効果分析により，ライフサイクルコストを計算し，年平均の費用を求め，この年平均費用が最小となるように定めることが望ましい。

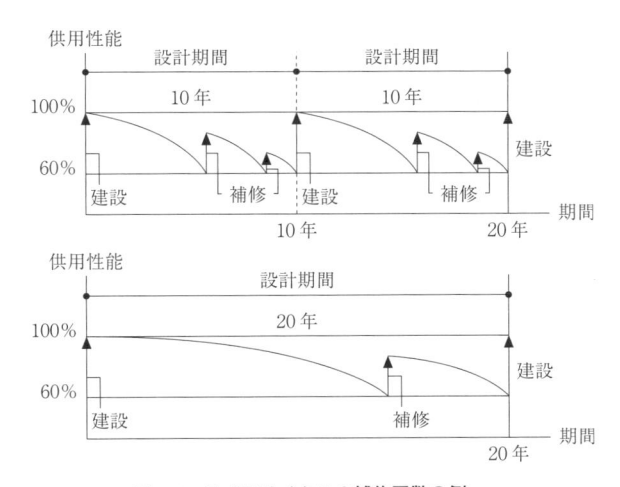

図1-1 ライフサイクルの補修回数の例

1-2 アスファルト舗装の構造

1-2-1　アスファルト舗装の構造の名称

アスファルト舗装の構造は一般に，図1-2のように，路体，路床，下層路盤，上層路盤，プライムコート，基層，タックコート，表層の順に構成される。

このうち，路床は，道路の基盤で，舗装は，①路床の支持力のCBR値，②道路交通量（舗装計画交通量）の2要素によって，舗装構造寸法が設計される。一般に舗装は路床より上部に構築される部分をいう。

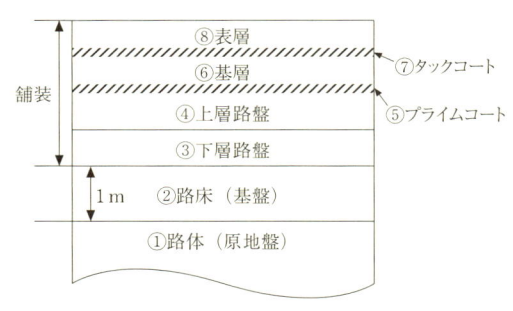

図1-2　アスファルト舗装構成例

1-2-2　アスファルト舗装の構造各部の役割

アスファルト舗装を構成する各部の役割は次のようである

(1)　路体（原地盤）

路体は，切土，盛土により施工される道路の原地盤となる部分で，路床からの交通荷重を支持する。

(2)　路床（基盤）

路床は舗装の基盤となるもので，舗装の下約1mの部分の層をいう。また，道路橋における床版も基盤といわれる。路床は，一般に盛土または切土でつくられる。切土が支持力（設計CBR3以上）を持つとき，この原地盤をそのまま路床として用いることができる。路床となる切土の支持力が小さいときは，支持力を確保するため，セメント・石灰等により路床を安定処理するか，支持力のある良質土で置換する。これを路床の構築という。盛土による路床は，所要の修正CBRを有する盛土材料を用いて最適含水比付近で締固めて施工する。また，路床は，下層路盤からの交通荷重を円滑に路体に伝達する役割を有する。

(3)　下層路盤

下層路盤は，上層路盤からの交通荷重を円滑に路床に伝達する役目を有する。下層路盤は路床土の軟化に伴う噴泥（ポンピング）により生じる路床の空洞（エロージョン）を防止するため，所要の強度を有する材料を用いて施工する。

(4) 上層路盤

上層路盤は，基層に均一な支持地盤を与え，平坦性を確保するため，所要の強度を有する材料を用いて施工し，円滑に下層路盤に交通荷重を伝達する役割を有する。

(5) プライムコート

降雨により基層に浸透した雨水を遮断し，側溝に導き，路盤の軟化を防止するため，プライムコートを施工する。また，プライムコートには，路盤に含まれる最適含水量を確保するため，路盤からの水分の蒸発を防止する効果がある。

このため，浸透性の高いアスファルト乳剤（PK-3）を上層路盤上に散布し，基層との一体化を図る。

(6) 基層

基層は，路盤の不陸を整正し，表層からの交通荷重を路盤に均一に円滑に伝達する役割を有する。このため，とくに，耐久性が要求される。

(7) タックコート

基層と表層を密着し一体化させるため，接着性の高いアスファルト乳剤（PK-4）を基層上に散布する。

(8) 表層

表層は舗装最表部にあって，直接交通荷重と接触する部分であり，安全性（強度），快適性（平坦，すべり抵抗），塑性変形抵抗等の舗装の性能指標の値を一定水準に確保することが求められる。

1-2-3 舗装の設計構成

舗装の設計構成では，舗装に作用する荷重と，それに耐える安全な性能を持つ材料と断面形状になるようにする。

(1) 交通荷重の伝達

図 1-3 に示すように，交通荷重は，45°で荷重が分散するため，上の層ほど荷重が大きく作用し，強度の高い材料を用いて構成する必要がある。

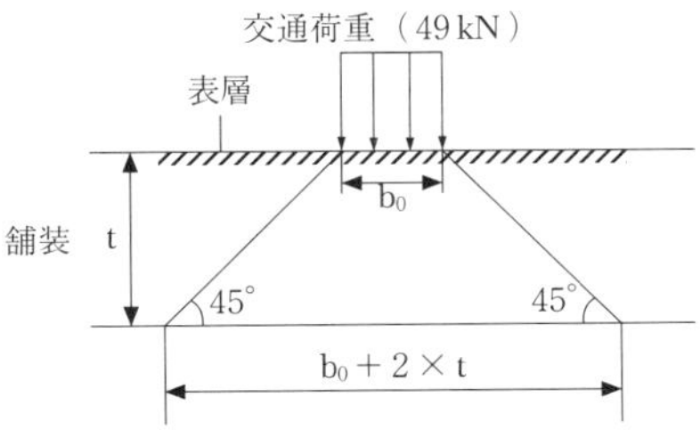

(2) 舗装の設計の構成

舗装の設計は，安全性を確保できる舗装構造の断面形，寸法を設計する，構造設計と，快適性を確保するため，平坦性，すべり抵抗性等の性能を有する舗装とするため路面設計の2つから構成される。

図1-3 荷重の分布図

1-3 舗装の技術基準

1-3-1 道路構造令

　道路構造令では，道路を1種，2種，3種，4種に区分し，高速自動車国道，自動車専用の地方部を1種，都市部を2種とし，その他県道，市道等の地方部を3種，都市部を4種に区分する，道路の舗装計画交通量（台/日）により，各種の道路を1級～5級までに区分する。こうした，種と級は**道路管理者**により定められ，道路の設計速度の他，道路横断面の構成要素が定められる。

　また，第2種道路の交差はすべて立体交差とし，第4種1級，2級には，幅1.5m以上の植樹帯を設ける等の他，道路施設として，照明，標識，信号機，防護柵の設置を規制する建築限界等が道路構造令で定められている。

　なお，一般には，種や級の番号の若いほど高い舗装性能が要求される。

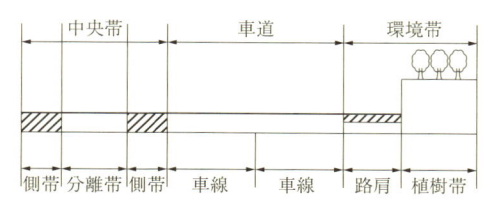

図1-4　第4種の道路構造の例

1-3-2 舗装の構造に関する技術基準

　舗装は安全かつ円滑な交通を確保できる構造と，道路の存する状況，交通状況等を勘案し，環境への負荷を軽減するため他産業再生資源をリサイクルする等の工夫が必要である。また，積雪寒冷地域では路床上の凍結融解を防止するため凍上抑制層を路床に設ける等の工夫をする。舗装の構造に関する用語の定義は次のようである。

(1)　疲労破壊輪数

　舗装面に49 kN（キロニュートン）の**輪荷重**を繰返し加えたとき，舗装が下面から発達したひび割れが上面に達したときの輪荷重の繰返し回数を表す。舗装が供用できなくなるまでの輪数ではない。疲労破壊輪数は，**表 1-1**のように，舗装の設計期間を10年とし，舗装計画交通量の区分に応じて，必要な性能指数を有するように定められている。疲労破壊輪数は，舗装構造の耐久強度を表す指標である。

たとえば，1日3 000台以上の舗装計画交通量で，舗装の設計期間を15年とするときは，比例計算して，35 000 000 ×（15/10）＝ 52 500 000回の疲労破壊輪数とする性能指数を確保する舗装断面となるように設計する。普通，アスファルト舗装の設計期間10年，コンクリート舗装の設計期間は20年である。

表1-1 疲労破壊輪数（道路構造令）

舗装計画交通量 （1日につき台）	疲労破壊輪数 （10年につき回）※
3 000 以上	35 000 000
1 000 以上 3 000 未満	7 000 000
250 以上 1 000 未満	1 000 000
100 以上 250 未満	150 000
100 未満	30 000

※ 道路構造令に示された通りに10年につき回とするか計算のとき回／10年とする

(2) 塑性変形輪数

アスファルト舗装の表面温度が60℃とし，舗装面に49 kNの輪荷重を繰返し加え，舗装表面が1 mmだけ下方に変位するときの輪荷重の繰返し回数を塑性変形輪数といい，道路構造令に定める道路区分に応じて表1-2のように定められている。塑性変形輪数は，舗装の耐流動性を表す指標で高温時におけるわだち掘れに対する抵抗性を表す。

これは，アスファルト舗装に適用するもので，コンクリート舗装は，塑性変形をほとんど生じないので考慮しない。

表1-2 塑性変形輪数（道路構造令）

区　分	舗装計画交通量 （1日につき台）	塑性変形輪数 （1ミリメートルにつき回）
第1種，第2種，第3種第1級および第2級ならびに第4種第1級	3 000 以上	3 000
	3 000 未満	1 500
その他		500

(3) 平坦性

舗装の車道において，走行方向の車線の中心線から1m離れた地点を結ぶ，中心線に平行な2本の線のいずれか一方の線上に，図1-5のように，延長1.5mにつき1箇所以上の割合で想定平坦舗装面との高低差を3mのプロフィルメータで測定し，その高低差の平均値に対する**標準偏差**で表す。

車道および**側帯**の舗装面の施工直後の平坦性の性能指数は2.4mm以下とする。

(a) 平坦性測定位置　　　　(b) 3mのプロフィルメータ

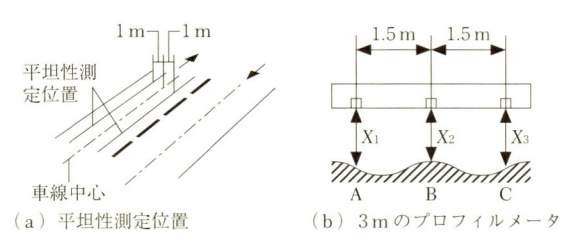

図1-5　平坦性の測定方法

(4) 道路舗装の必須の性能指標

舗装構造は，道路の区分，舗装計画交通量により定まり，①疲労破壊輪数，②塑性変形輪数，③平坦性の3つの性能は，いかなる場合も満足させなければならない必須の性能である。ただし，コンクリート舗装では②の条件は満たされるため検討の必要はない。

(5) 浸透水量

舗装面1000m²につき1箇所の割合で，直径15cmの円筒形をした試験装置を置き，路面から高さ600mmまで水を満たし，路面下に400ml浸透する時間を測り，15秒間当たりの浸透水量に換算し，これを浸透水量の性能指数とする。

$$\text{浸透水量}\left(\frac{ml}{15\text{秒}}\right) = \frac{400\,ml \times 15}{\text{測定秒数}}$$

浸透水量の性能指数は，表1-3のように定められている。この性能は，主に，排水性舗装，透水性舗装等に適用されるが，一般のアスファルト舗装に用いない。

表1-3　浸透水量（道路構造令）

区　分	浸透水量 (15秒につきml)
第1種，第2種，第3種第1級および第2級ならびに第4種第1級	1000
その他（歩道）	300

(6) 舗装の設計期間

輪荷重を繰返し受けることにより舗装にひび割れを生じる。道路管理者が交通や沿道条件を考慮して定めるひび割れを生じるまでの期間を舗装の設計期間（サイクルライフ）という。

(7) 舗装計画交通量

道路計画において，道路の区分・級等を定めるとき，自動車の通行量を予測して計画交通量を定め，これに基づき道路構造を計画する。次に，舗装断面を具体的に設計するときは，舗装の設計期間内の平均的な大型自動車だけの交通量を予測し，これを舗装計画交通量T（台/日一方向）として道路構造令により区分し，設計の基本とする。

一方向1車線，2車線道路では舗装計画交通量が通行し，3車線以上では各車線に舗装計画交通量の70％以上が通行するものとする。

舗装計画交通量 (1日につき台)
3 000 以上
1 000 以上 3 000 未満
250 以上 1 000 未満
100 以上　250 未満
100 未満

(8) 舗装の性能指標

舗装の性能指標には，必須の性能指標と道路の構造により必ずしも設定をしなくてよい性能指標がある。排水性舗装，透水性舗装の性能指標としては，浸透水量が必須として加えられる。施工後において性能指標の値を試験により求め基準値で確認する。表1-4に，基準値とその確認の方法を示す。

表1-4　性能指標確認試験

性能指標	性能指標の基準値	試験名
疲労破壊輪数	30 000 ～ 35 000 000 回	促進載荷装置による試験
塑性変形輪数	500 ～ 3 000 回	ホイールトラッキング試験
平坦性	2.4 mm 以下	平坦性試験
浸透水量	300，1 000 ml/15 秒	現場透水量試験

1-4 アスファルト舗装の設計

1-4-1 アスファルト舗装の設計

アスファルト舗装を設計するとき,路面設計と構造設計の2つを対象に行う。路面設計では,快適性,安全性を確保するため,平坦性能,塑性変形抵抗性,透水性能,すべり抵抗性等の路面性能を確保する必要がある。また,構造設計では,疲労破壊抵抗性を確保するための舗装構成を決定する。

構造設計法には,一般的に用いられる経験的な T_A 法の他,理論的設計法,試験により確認する方法等がある。構造設計は路床の評価と舗装計画交通量の2要素から行う。

(1) アスファルト舗装の設計出力

舗装の設計の区分と舗装の性能,設計時の出力する内容は,**表 1-5** のようである。

表 1-5 舗装の設計出力

設計法	性能区分	舗装性能	設計の出力
路面設計	路面性能 (表層性能)	塑性変形輪数 平坦性能 透水性能 低騒音性能 すべり抵抗性能	表層材料 表層厚さ
構造設計	構造性能	疲労破壊抵抗性 透水性	各層材料 各層厚さ

1-4-2　路床の評価の手順

舗装構造設計の基本となる路床の評価は①，②，③の手順で求めた設計 CBR で行う。

① 1区間 200 m 以上，室内 CBR 試験により，5～10点で各点の CBR_m を計算
② 区間の CBR ＝ CBR_m の平均値－ CBR_m の標準偏差
③ 区間の CBR に対応する設計 CBR を**表 1-6** から求める。

(1)　室内 CBR 試験

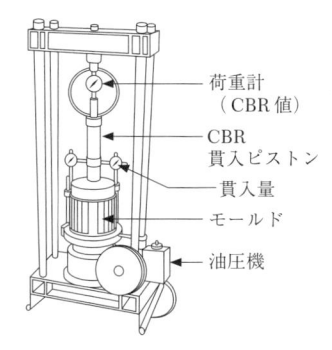

路床の支持力を求めるため，室内 CBR 試験を行う。室内 CBR 試験は，路床面下約 50 cm より深い位置で乱した状態または乱さない状態で土試料を採取し，ビニル袋等に入れ，含水比を変えないようにして試験室に送る。切土部において，路床面下 1 m くらいの間で土質が変化しているときは，各層の土を採取する。

土試料は，舗装の1区間（200 m 以上）を一定間隔に 5～10 箇所（最低でも 3 箇所）に区分し，各点から採取する。採取する時期は，凍結期や融解期が終了した頃とする。

土試料を直径 15 cm，深さ 13 cm の円筒形のモールドに入れ突固め，水槽に 4 日間水浸させる。次に，**図 1-6** に示す室内 CBR 試験にモールドをセットし，直径 50 mm の貫入ピストンを圧入し，貫入量 2.5 mm のときの貫入抵抗 Q（kN）を読み，基準抵抗力 $Q_0 = 13.44$（kN）との百分率を求め，これを，CBR 値とする。

たとえば，Q ＝ 1.3 kN とすると，その点の路床の CBR_m は次のようになる。

$$CBR_m = \frac{Q}{Q_0} \times 100 = \frac{1.3}{13.44} \times 100 \fallingdotseq 10\ \%$$

図 1-6　室内CBR試験機

(2)　区間の CBR

1区間における各点の CBR_m が求まると，これより，CBR_m のデータの平均値から，データの標準偏差を差引いた値を，区間の CBR とする。

$$区間の CBR = CBR_m の平均値 - CBR_m の標準偏差 \quad \cdots\cdots\cdots 式 1.1$$

【例題】

CBR$_m$ として 7.4,7.8,8.4,7.4,6.5,5.9,6.3,1.5 のデータが得られ標準偏差を 0.9 とするとき,区間の CBR を求めよ。

【解答】

① まず,データの極端に大きいもの,極端に小さなものは**棄却**する(データとみなさない)。この場合,1.5 は棄却し,7 個のデータで求める。

$$\text{平均値} = \frac{7.4 + 7.8 + 8.4 + 7.4 + 6.5 + 5.9 + 6.3}{7} = 7.1$$

区間の CBR = CBR$_m$ の平均値 − CBR$_m$ の標準偏差
    = 7.1 − 0.9 = 6.2 %

② 標準偏差の計算(参考)

標準偏差は,試験では与えられることが多いが,ここでは,念のため前の例のデータを用いて標準偏差の計算方法を示す。

a 残差平方和 S の計算

n	データ(x)	平均値($\bar{x}$)	残差($x - \bar{x}$)	残差平方$(x - \bar{x})^2$
1	7.4	7.1	0.3	0.09
2	7.8	7.1	0.7	0.49
3	8.4	7.1	1.3	1.69
4	7.4	7.1	0.3	0.09
5	6.5	7.1	− 0.6	0.36
6	5.9	7.1	− 1.2	1.44
7	6.3	7.1	− 0.8	0.64

S = 4.80

b データ数 n と確率定数 C

確率定数 C の値

n−1	5	6	7	8	9	10
C	0.94	0.95	0.96	0.97	0.97	0.97

n = 7 とすると n − 1 = 6 となり,C = 0.95 となる。

c 標準偏差の推定値(これを,ここでは標準偏差といっている)

$$\sigma_{n-1} = \sqrt{\frac{S}{n-1}} \div C = \sqrt{\frac{4.8}{7-1}} \div 0.95 = 0.9$$

この 0.9 を標準偏差としている。(標準偏差の値を計算させる出題はない)

(3) 設計 CBR の決定

区間の CBR から，設計 CBR を次の表 1-6 により定める。

たとえば，区間の CBR が 6.2 % のときは，表 1-6 より 6 以上 8 未満だから設計 CBR6 となる。

アスファルト舗装するとき，設計 CBR が 3 未満の場合には路床を安定処理するか，良質土で置換えて路床を構築し，設計 CBR を 3 以上とする。また，路床は設計上舗装厚さを薄くする必要があるとき，設計 CBR が 3 以上のときでも，設計 CBR を大きくするため路床を構築することがある。

表 1-6 　区間の CBR と設計 CBR の関係（舗装設計施工指針）

区間の CBR （CBR_m）	設計 CBR
（2以上3未満）	（2）
3以上　4未満	3
4以上　6未満	4
6以上　8未満	6
8以上　12未満	8
12以上　20未満	12
20以上	20

注）（　）は，打換え工事等で既存の路床の設計 CBR が 2 であるものの，構築路床を設けることが困難な場合に適用する。

(4) 路床が 2 層以上あるときの各点の路床の評価 CBR_m の計算

路床が 2 層以上ある場合，各層から土を採取したときの m 点における CBR_m 値の求め方は以下の例題のようである。

> **例題**
>
> 図 1-7 のように $h_1 = 60\,\text{cm}$，$CBR_1 = 10$，$h_2 = 40\,\text{cm}$，$CBR_2 = 8$ のとき，この路床の m 点の CBR は，次の式 1.2 で求める。ただし，20 cm 未満の層のあるときは，CBR の小さい層に含めて計算し CBR_m を求めよ。
>
> 図 1-7　置換土による構築
>
> $$CBR_m = \left[\frac{h_1 \times CBR_1^{\frac{1}{3}} + h_2 \times CBR_2^{\frac{1}{3}}}{h_1 + h_2}\right]^3, \quad h_1 + h_2 = 100\,\text{cm} \quad \cdots\cdots\cdots\cdots\text{式 1.2}$$

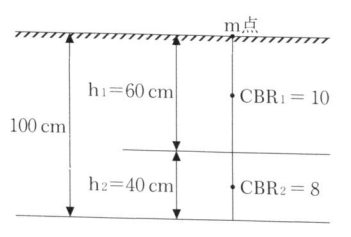

(解答)

図 1-7 の路床の場合（電卓を利用して）次のようになる。

$$CBR_m = \left[\frac{60 \times 10^{\frac{1}{3}} + 40 \times 8^{\frac{1}{3}}}{60 + 40}\right]^3 = (2.09)^3 = 9$$

また，3 層あるときは式 1.2 に準じて式 1.3 のようになる。

$$CBR_m = \left[\frac{h_1 \times CBR_1^{\frac{1}{3}} + h_2 \times CBR_2^{\frac{1}{3}} + h_3 \times CBR_3^{\frac{1}{3}}}{h_1 + h_2 + h_3}\right]^3,$$

$$h_1 + h_2 + h_3 = 100 \text{ cm}$$
············· 式 1.3

このとき，自然地盤の CBR 値は，上限を定めないので CBR 値が 20 以上の場合もある。構築した路床の CBR 値は最大 20 とする。

(5) **置換土による構築路床の評価 CBR_m の計算**

設計 CBR が 3 未満のときや路床の設計 CBR を向上させる必要のあるとき，良質の砂質土で，深さ 50 〜 100 cm を置換えて改良する。このとき，置換層の下 20 cm の部分は，軟弱路床の影響を受けるため，改良前の路床の CBR として評価する。改良層の CBR は最大を 20 とする。

(例題)

図 1-8 のように設計 CBR が 2 の路床を深さ 80 cm を良質土で置換えたとき，置換え層の CBR を 10 とするときの路床の CBR_m を求めよ。

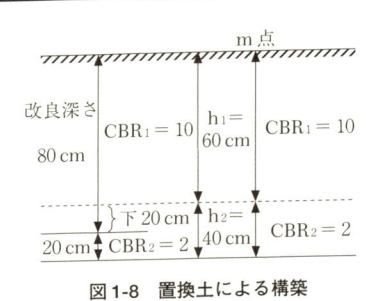

図 1-8 置換土による構築

(解答)

改良層 80 cm の，下 20 cm は在来地盤と同じ CBR = 2 と評価される。

したがって，計算上改良層の厚さは 80 cm − 20 cm = 60 cm となり，在来地盤は 20 cm + 20 cm = 40 cm となる。したがって，図 1-8 の場合，次のように，2 層とみなされ，式 1.2 により計算する。

$h_1 = 60$ cm, $CBR_1 = 10$, $h_2 = 40$ cm, $CBR_2 = 2$

$$CBR_m = \left[\frac{h_1 \times CBR_1^{\frac{1}{3}} + h_2 \times CBR_2^{\frac{1}{3}}}{h_1 + h_2}\right]^3 = \left[\frac{60 \times 10^{\frac{1}{3}} + 40 \times 2^{\frac{1}{3}}}{60 + 40}\right]^3 = 5.8$$

(6) 安定処理による構築路床の評価 CBR_m の計算

設計 CBR が 3 未満の路床や構築を必要とする路床において，セメントや石灰で，30 ～ 100 cm を安定処理するとき，構築路床の評価は，改良層の下 20 cm は，在来地盤の CBR と改良層の CBR の値の平均値として評価する。このため，一般に，安定処理による構築路床は 3 層から構成されるため，**式 1.3** を用いて計算する。

(例題)

設計 CBR_3 が 2 の路床について，深さ 60 cm を $CBR_1 = 10$ でセメント安定処理したときの構築路床の評価 CBR_m を求めよ。

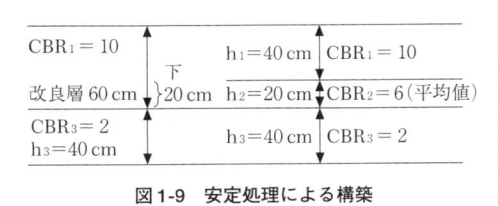

$CBR_1 = 10$　　$h_1 = 40$ cm　$CBR_1 = 10$
改良層 60 cm 　下 20 cm　$h_2 = 20$ cm　$CBR_2 = 6$（平均値）
$CBR_3 = 2$　　$h_3 = 40$ cm　$CBR_3 = 2$
$h_3 = 40$ cm

図 1-9　安定処理による構築

(解答)

図 1-9 から，$CBR_1 = 10$, $h_1 = 60 − 20 = 40$ cm, $h_2 = 20$ cm, $CBR_2 = (CBR_1 + CBR_3)/2 = (10 + 2)/2 = 6$, $h_3 = 20$ cm, $CBR_3 = 2$

$$CBR_m = \left[\frac{h_1 \times CBR_1^{\frac{1}{3}} + h_2 \times CBR_2^{\frac{1}{3}} + h_3 \times CBR_3^{\frac{1}{3}}}{h_1 + h_2 + h_3}\right]^3$$

$$= \left[\frac{40 \times 10^{\frac{1}{3}} + 20 \times 6^{\frac{1}{3}} + 40 \times 2^{\frac{1}{3}}}{40 + 20 + 40}\right]^3 = 5.2$$

1-4-3　経験に基づく T_A 法による舗装の設計の手順

舗装構造設計における路床の評価として，路床の設計 CBR が求まると，次は舗装各層の厚さとその使用材料を設計する。

(1) アスファルト混合物として必要な厚さ（T_A）の計算

アスファルト舗装の構造は，舗装計画交通量 T（台/日）と，路床の設計 CBR とを与え，舗装計画交通量から，10 年間のアスファルト舗装の疲労破壊輪数 N〔回/10 年〕を表 1-1 から求め，次の式 1.4 でアスファルト混合物の必要な厚さ T_A〔cm〕を求める。

$$T_A = \frac{3.84 \times N^{0.16}}{CBR^{0.3}} \quad \text{………………………………………………………… 式 1.4}$$

T_A 法では，路盤はすべて，表層，基層と同様にアスファルト混合物と同じ安定性（強度）を持つものとして取扱うため，等値換算係数を用いる。たとえば，下層路盤の粒状路盤の**等値換算係数**は 0.25 で，アスファルト混合物層 1 cm に対して，0.25 cm の厚さに相当すると評価する。こうして，路盤をアスファルト混合物に相当する厚さへ換算する。したがって，T_A はすべて，路盤はアスファルト混合物に換算して，求める。

（例題）

舗装計画交通量 $T \geq 3\,000$ 台/日，路床の設計 CBR = 6 とするときアスファルト混合物として必要な厚さ T_A（cm）を求めよ。

（解答）

表 1-1 より，疲労破壊輪数 N = 3500 万回，CBR = 6 を式 1.4 に代入する。

$$T_A = \frac{3.84 \times N^{0.16}}{CBR^{0.3}} = \frac{3.84 \times 35\,000\,000^{0.16}}{6^{0.3}}$$

$$= \frac{3.84 \times 16.1}{1.71} = 37\,cm\text{（切り上げ）}$$

以上のように，アスファルト混合物の必要な厚さ T_A（cm）は，舗装計画交通量に対する疲労破壊輪数 N と路床の設計 CBR に応じて，式 1.4 を適用すると，表 1-7 のように求められる。表 1-7 のアミの 37 cm は $T \geq 3\,000$ 台/日，設計 CBR が 6 の場合のアスファルト混合物の等値換算し上の計算で求めた厚さである。

表 1-7　アスファルト混合物の必要な厚さ T_A（cm）

舗装計画交通量(台/日)	設計 CBR 3	4	6	8	12	20
$3\,000 \leq T$	45	41	37	34	30	26
$1\,000 \leq T < 3\,000$	45	32	28	26	23	20
$250 \leq T < 1\,000$	26	24	21	19	17	15
$100 \leq T < 250$	19	18	16	14	13	11
$T < 100$	15	14	12	11	10	9

(2) 信頼性を考慮した舗装構造の設計

 式 1.4 の T_A の式は，信頼性 90 % に相当する設計で，舗装計画交通量 $T \geq 3\,000$ 台/日が通行し，設計期間の 10 年を経過しても，その設計区間の 90 % 以上が十分に供用に耐えられるように確率的に求められたものである。一般には，信頼性 90 % 相当の式により設計することが多いが，道路管理者は道路の重要性等の状況を考慮して，信頼性を，75 % また 50 % として舗装断面を小さく設計することができる。式 1.5，式 1.6 にその関係式を示す。

$$\text{信頼性 75 \%}\quad T_A = \frac{3.43 \times N^{0.16}}{CBR^{0.3}} \quad\cdots\cdots\text{式 1.5}$$

$$\text{信頼性 50 \%}\quad T_A = \frac{3.07 \times N^{0.16}}{CBR^{0.3}} \quad\cdots\cdots\text{式 1.6}$$

舗装計画交通量と信頼性の式は信頼性 50 % の交通量 1 として，**表 1-7** の関係がある。

 信頼性 90 %　$T_A = 3.84 \times N^{0.16}/CBR^{0.3}$　**交通量換算比 4**
 信頼性 75 %　$T_A = 3.43 \times N^{0.16}/CBR^{0.3}$　**交通量換算比 2**
 信頼性 50 %　$T_A = 3.07 \times N^{0.16}/CBR^{0.3}$　**交通量換算比 1**

 信頼性 50 % の道路は設計条件の通りであれば設計期間を通して疲労破壊を生じない。

 信頼性 75 % の道路は設計条件に若干の変動があっても設計期間を通して疲労破壊を生じない。

 信頼性 90 % の道路は設計条件に大幅な変動があっても設計期間を通して疲労破壊を生じない。

(3) T_A 法の等値換算係数

式 1.4 により必要なアスファルト混合物の厚さ T_A (cm) が求まると，これをもとに，下層路盤，上層路盤，基層，表層の各層の厚さ t (cm) を設計する。

基層と表層はアスファルト混合物で，下層路盤と上層路盤は一般にセメントや石灰の安定処理層であったり，砕石層でつくられるため，基層・表層の等値換算係数を a = 1 としたとき，路盤の等値換算係数は，工法により a = 0.20 〜 0.8 の範囲に換算される。この等値換算係数 a は材料や工法で**表 1-8** のように定められている。

表 1-8 舗装各層に用いる材料・工法の等値換算係数（舗装の構造に関する技術基準）

使用する層	材料・工法	品質規格	等値換算係数 a
表層基層	加熱アスファルト混合物	ストレートアスファルト等を使用	1.00
上層路盤	瀝青安定処理	加熱混合：安定度 3.43 kN 以上 常温混合：安定度 2.45 kN 以上	0.80 0.55
	セメント・瀝青安定処理	一軸圧縮さ　1.5〜2.9 MPa 一次変位量　5 〜 30（1 / 100 cm） 残留強度率　65 ％ 以上	0.65
	セメント安定処理	一軸圧縮さ ［7 日］2.9 MPa	0.55
	石灰安定処理	一軸圧縮さ ［10 日］0.98 MPa	0.45
	粒度調整砕石・ 粒度調整鉄鋼スラグ	修正CBR 80 以上	0.35
	水硬性粒度調整鉄鋼スラグ	修正CBR 80 以上 一軸圧縮強さ ［14 日］1.2 MPa	0.55
下層路盤	クラッシャラン， 鉄鋼スラグ，砂等	修正CBR 30 以上 修正CBR 20 以上 30 未満	0.25 0.20
	セメント安定処理	一軸圧縮強さ ［7 日］0.98 MPa	0.25
	石灰安定処理	一軸圧縮さ ［10 日］0.7 MPa	0.25

たとえば，下層路盤のセメント安定処理層は等値換算係数が 0.25 であるから，下層路盤のセメント安定処理層の 1 cm は表層，アスファルト混合物の厚さの 0.25 cm に相当する。すなわち，0.25 × 4 = 1 cm なので，下層路盤のセメント安定処理層の 4 cm が表層，基層の 1 cm に相当する。

なお，上層路盤材料を下層路盤材料として使用したとき，安定性の高い材料であっても，下層路盤材料として評価する。たとえば，下層路盤材料として，上層路盤材料の石灰安定処理材料を用いるときの等値換算係数は 0.45 でなく，0.25 である。

(4) アスファルト舗装の最小断面

アスファルト舗装の構造細目には,各層の最小寸法(厚さ)が定められている。**表1-9**には表層と基層を加えた最小厚さを,**表1-10**(舗装の構造に関する技術基準)に,路盤各層の最小厚さを示す。

表1-9 表層と基層を加えた最小厚さ(舗装の構造に関する技術基準)

舗装計画交通量T(台/日)	表層と基層を加えた最小厚さ(cm)
T < 250	5
250 ≦ T < 1 000	10 (5)
1 000 ≦ T < 3 000	15 (10)
3 000 ≦ T	20 (15)

〔注〕1. 舗装計画交通量がとくに少ない場合は,3cmまで低減することができる。
2. 上層路盤に瀝青安定処理工法を用いる場合は,( )内の厚さまで低減することができる。

表1-10 路盤各層の最小厚さ(舗装の構造に関する技術基準)

工法・材料	1層の最小厚さ
瀝青安定処理	最大粒径の2倍かつ5cm
その他の路盤材	最大粒径の3倍かつ10cm

(5) アスファルト舗装断面設計

いま,舗装計画交通量 $1\,000 ≦ T < 3\,000$ 台/日とし,必要等値換算厚さ $T_A = 37$ cm とするアスファルト舗装の断面を求めるとき,最初に,最小厚さを基準に,表層と基層を加えた厚さを仮定し,次に上層路盤,下層路盤の厚さを仮定する。このとき,路盤の施工法を定めておく必要がある。ここでは上層路盤はセメント安定処理路盤とし等値換算係数 $a_3 = 0.55$,下層路盤もセメント安定処理路盤とすると,等値換算係数 $a_4 = 0.25$ である。

表1-9の $1\,000 ≦ T < 3\,000$ から表層と基層を加えて最小厚さ15cmだから表層 $t_1 = 5$ cm,基層 $t_2 = 10$ cm とすると表層,基層の等値換算係数は $a_1 = a_2 = 1$ なので,路盤が分担する等値換算厚さは,$T_A - (t_1 + t_2) = T_A - 15 = 37 - 15 = 22$ cm となり,22 cm を上層路盤で12 cm,下層路盤で10 cm の等値換算厚さ分担すると仮定すると,各路盤の厚さは,次のようになる。

$$上層路盤厚さ\ t_3 ≧ \frac{上層路盤分担等値換算厚さ}{上層路盤等値換算係数} = \frac{12}{0.55} = 22\,\text{cm}(切り上げ)$$

$$下層路盤厚さ\ t_4 ≧ \frac{下層路盤分担等値換算厚さ}{下層路盤等値換算係数} = \frac{10}{0.25} = 40\,\text{cm}$$

以上から,上層路盤厚さは $t_3 ≧ 22$ cm,下層路盤厚さは $t_4 ≧ 40$ cm となる。

【例題】

仮定断面として，図 1-10 に示すこの断面について，式 1.7 $T_A' \geqq T_A$ により，安定性を確認せよ。

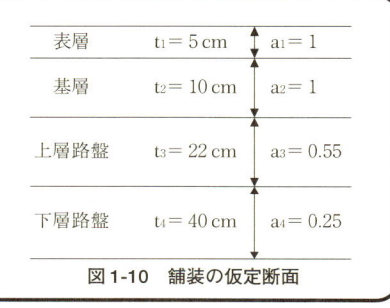

表層	$t_1 = 5$ cm	$a_1 = 1$
基層	$t_2 = 10$ cm	$a_2 = 1$
上層路盤	$t_3 = 22$ cm	$a_3 = 0.55$
下層路盤	$t_4 = 40$ cm	$a_4 = 0.25$

図 1-10　舗装の仮定断面

【解答】

設計断面等値換算厚さ T_A'（cm），必要等値換算厚さ T_A（cm）とすると，式 1.7 の関係があり，T_A' は T_A を下回らないように設計する。

$$T_A' = a_1 \times t_1 + a_2 \times t_2 + a_3 \times t_3 + a_4 \times t_4$$
$$T_A' \geqq T_A \quad \cdots\cdots\cdots 式 1.7$$

式 1.7 より安全性を確認すると，

$$T_A' = a_1 \times t_1 + a_2 \times t_2 + a_3 \times t_3 + a_4 \times t_4$$
$$= 1 \times 5 + 1 \times 10 + 0.55 \times 22 + 0.25 \times 40$$
$$= 37.1 \text{ cm}$$
$$T_A' \geqq 37 \;(T_A)$$

$T_A' \geqq T_A$ を満足し，最小厚さも満足しているので，これを設計断面とする。

1-4-4　多層弾性理論設計法

多層弾性理論は，T_A 法が経験法に基づく設計法に対し理論設計法で図 1-11 のように，舗装の仮定断面（厚さと材料）を定め，舗装の各層を弾性体とみなし，各層の弾性係数 E を求め弾性体として抵抗できる疲労破壊輪数を求める。表 1-1 に定めた疲労破壊輪数を下回らないことを確認して，断面を設計するものである（詳しくは専門書を参照のこと）。

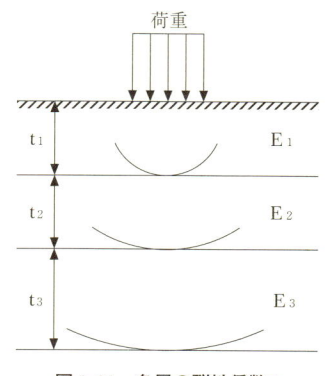

図 1-11　各層の弾性係数E

1-5 演習問題　　　　　　　　　2-1-1

舗装の設計

問1　舗装の設計に関する次の記述のうち，**不適当なもの**はどれか。
(1) 舗装の設計期間は，道路管理者が定めるもので，一律ではなく，交通や沿道の状況等で変えるべきものである。
(2) 舗装のライフサイクルコストには，道路管理者費用，道路利用者費用，沿道および地域社会の費用が含まれる。
(3) 舗装計画交通量は，舗装の設計期間内の平均的な大型自動車の交通量であり，道路構造令で定める計画交通量とは異なる。
(4) 舗装の設計期間は，疲労破壊によるひび割れが生じるまでの期間であり，供用できなくなるまでの期間と同一である。

舗装の施工基盤

問2　舗装の施工の基盤に関する次の記述のうち，**不適当なもの**はどれか。
(1) 鋼床版の研掃方法は，架設からの経過期間により床版の状況が変化するため，施工直前に調査を行い決定する。
(2) アスファルト舗装の表層や基層の施工基盤は路盤，橋面舗装の施工基盤は床版である。
(3) 土工区間において，施工途中で雨水等の滞留が想定される場合には，施工方法について十分な検討を行い，適切な対策を講じる。
(4) 要求された性能を確保するために施工の基盤を事前に確認し，出来形，品質等の担保が難しい場合は基盤の整備（路床の構築）を行う。

問1解説
　舗装の設計期間は，疲労破壊により舗装下面から，ひび割れが表層部に発生するまでである。　　　　　　　　　　　　　　　　　　　　　　正解　[4]

問2解説
　基盤である鋼床版の研掃方法は，事前に施工計画を立案し，施工直前に調査確認する。なお，表層や基層の施工基盤は路盤で，舗装の施工基盤は路床である。
　　　　　　　　　　　　　　　　　　　　　　　　　　　　　　正解　[1]

演習問題　2-1-2

舗装構造基準

問3　「舗装の構造に関する技術基準」に定める舗装の構造の原則に関する次の記述のうち，**不適当なもの**はどれか。
(1) 他産業の再生資材は，舗装の品質や性能に悪影響を与えるため，使用しないように心掛ける。
(2) 舗装は通常の衝撃に対して安全であるとともに，安全かつ円滑な交通を確保することができる構造とする。
(3) 積雪寒冷地域における道路の車道および側帯の舗装は，路床土の凍結融解による舗装の破損を防止する対策を行う。
(4) 車道および側帯の舗装は，自動車の安全かつ円滑な交通を確保するため，必要がある場合には，雨水を道路の路面下に円滑に浸透させることができる構造とする。

舗装構造基準

問4　「舗装の構造に関する技術基準」に定める舗装の性能指標に関する次の記述のうち，**不適当なもの**はどれか。
(1) 舗装の性能指標の値は，施工直後の値だけでなく，必要に応じ供用後一定期間を経た時点の値を定めることができる。
(2) 舗装の設計後に，道路や交通の状況を勘案して，当該舗装の性能指標およびその値を定める。
(3) 車道および側帯の舗装の必須の性能指標は，疲労破壊輪数，塑性変形輪数および平坦性である。
(4) 必要に応じ，すべり抵抗，耐骨材飛散，耐摩耗，騒音の発生の減少の観点から舗装の性能指標を追加する。

問3解説
　他産業の再生資源（高炉スラグ等）は，十分に調査して，安全を確認して積極的に利用する。

正解　[1]

問4解説
　性能指標と性能指数は，舗装設計前に決定し，これに基づき設計する。

正解　[2]

演習問題 　　　　　　　　　　　　　　　　　　　　　2-1-3

舗装構造設計法

問5 アスファルト舗装の構造設計に関する次の記述のうち，**不適当なもの**はどれか。
(1) 重交通道路の上層路盤には，平坦性を得やすいこと，ひび割れ発生後の急速な破損を防ぐことができる等の観点から，瀝青安定処理工法を使用することが多い。
(2) T_A法では，上層路盤に用いる粒度調整砕石を下層路盤に使用する場合でも，上層路盤の等値換算係数を用いる。
(3) ライフサイクルコストとは，舗装の新設時の工事費用と供用後のライフサイクルを経過する際の補修費用のほか，道路利用者費用等を合わせたものである。
(4) 凍上抑制層とは，路盤の下に凍上の生じにくい材料で設けた層をいい，路床の一部と考える。

T_A法による構造設計

問6 アスファルト舗装の設計において，T_A法に用いる次式に関する次の記述のうち，**不適当なもの**はどれか。

$$T_A = \frac{3.84\,N^{0.16}}{CBR^{0.3}}$$

(1) T_Aは，舗装全層を加熱アスファルト混合物（表層および基層用）で設計したと仮定した場合の必要な等値換算厚さ（cm）である。
(2) Nは，設計期間における疲労破壊輪数（回/10年）である。
(3) CBRは，路床の設計CBRである。
(4) 舗装の各層の厚さを決定する場合には，構成する断面の等値換算厚さの合計がT_Aを上回らないように決定する。

問5 解説
　T_A法では，上層路盤材料を下層路盤に使用したときは，等値換算係数は，下層路盤の値を用いる。　　　　　　　　　　　　　　　　　　　　　正解　2

問6 解説
　設計計算により求めた設計断面等値換算厚さの合計T_A'は，$T_A' \geqq T_A$の関係から必要な等値換算厚さT_Aより下回らないように決定する。　　　　　　正解　4

演習問題 2-1-4

舗装構造の設計法

問7　舗装の設計方法に関する次の記述のうち，**不適当なもの**はどれか。
(1) T_A 法による設計の場合，疲労破壊輪数の最大値は，設計期間 20 年で 3 500 万回である。
(2) 上層路盤のセメント安定処理工法では，舗装計画交通量が 1 000 台未満の場合，リフレクションクラック防止のため，一軸圧縮強さが低い材料を用いることがある。
(3) 疲労破壊抵抗性に着目した構造設計の方法には，経験に基づく設計方法および理論的設計方法がある。
(4) コンポジット舗装構造の排水性舗装では，試験舗装等で確認すれば，T_A 法によらない構造設計法を採用できる。

CBR 試験法

問8　路床の CBR 試験に関する次の記述のうち，**不適当なもの**はどれか。
(1) 路床に多量のレキ等が含まれ，これらを除いて試験することが現場を代表しない場合等には，K 値や経験等を参考にして CBR の値を推定する。
(2) 盛土路床の場合には，土取り場の露出面より 50 cm 以上深い箇所から乱した状態で，路床土となる土を採取して試験を行う。
(3) 切土部において，路床面下 1 m 位の間で土質が変わる場合は，各層の土を採取して試験を行う。
(4) 乱さない試料の CBR を測定するには，路床面から深さ 10 cm までの土を採取し，含水比を変化させないようにして試験室に送る。

問7 解説

　　T_A 法による設計では，10 年の設計期間で 3 500 万回の疲労破壊輪数としている。

　　　　　　　　　　　　　　　　　　　　　　　　　　　　　　　　　正解　1

　　注　リフレクションクラック：下層の変形で上層のアスファルト混合物がひび割れること。
　　　　コンポジット舗装：コンクリート版上にアスファルト混合物を施工する高級舗装で T_A 法によらないで試験舗装等で断面を決定する。

問8 解説

　　CBR 試験の土試料は，乱さない状態の場合でも 50 cm 以上の深さから採取し，含水比を変化させないように試験室に送る。

　　　　　　　　　　　　　　　　　　　　　　　　　　　　　　　　　正解　4

演習問題　2-1-5

路床設計・評価

問9　路床に関する次の記述のうち，**不適当なもの**はどれか．
(1) 地点の CBR（CBR_m）を求める場合・改良した路床の層や自然地盤の層については，CBR の上限は 20 として評価する．
(2) 深さ方向にいくつかの層をなす路床において，厚さ 20 cm 未満の層がある場合は，CBR の小さい方の層に含めて，地点の CBR（CBR_m）を求める．
(3) CBR 試験用の試料の採取は，雨期や凍結融解期を避け，寒冷地域では融解期が終了したと思われる時期（5〜6月頃）に行う．
(4) CBR が 3 未満の路床を改良する場合の厚さは，一般的な作業ができる路床での安定処理の場合，30〜100 cm の間で設定する．

路床評価

問10　路床の支持力評価に関する次の記述のうち，**不適当なもの**はどれか．
(1) 設計 CBR は，各地点の CBR の平均値から各地点の CBR の標準偏差を差し引いた値である．
(2) 置換材料に良質な盛土材料や砕石等の粒状材料を使用する場合，その材料の評価は修正 CBR によって行うこともできる．
(3) CBR が 3 未満の路床を安定処理で改良した場合，改良した層の下から 20 cm の層は安定処理した層の CBR と現状路床土の CBR との平均値をその層の CBR とする．
(4) 改良した層の CBR の上限は 20 とするが，自然地盤の層については CBR の上限は設けない．

問9解説
　路床を改良したとき，最大 CBR は 20 とするが，自然地盤層の CBR の最大は制限しない．　　　　　　　　　　　　　　　　　　　　　　　　　正解　1

問10解説
　設計 CBR は区間の CBR から求める．なお，区間の CBR は，各点の CBR の平均値から，各地点の CBR の標準偏差を差し引いて求める．　　　正解　1

第2章 アスファルト舗装の材料

アスファルト舗装で用いる各種材料の名称とその役割・特徴を理解する。

2-1　アスファルト舗装素材の分類
2-2　表層・基層等素材
2-3　アスファルト等混合物
2-4　構築路床用材料
2-5　路盤用材料
2-6　演習問題

2-1 アスファルト舗装素材の分類

2-1-1 アスファルト舗装素材の分類

アスファルト舗装に使用する素材は構造区分上，表2-1のように分類できる。

表2-1 アスファルト舗装材料の分類

区　分	主な舗装材料	主な舗装用の素材
構築路床	①安定処理材料 ②置換材料 ③凍上抑制層用材料	セメント，石灰，固化材，骨材 良質土，ジオテキスタイル 砂，切込砂利，クラッシャラン
路盤	①安定処理路盤材料 ②粒状路盤材料	瀝青材料，セメント，石灰，固化材，骨材 骨材，再生材
表層・基層	①アスファルト混合物 ②樹脂系混合物 ③表面処理材料 ④剥離防止剤 ⑤繊維質補強材	瀝青材，再生材，骨材，フィラー 樹脂結合材料，骨材，フィラー，顔料 瀝青材料，樹脂結合材料，骨材，顔料 消石灰，セメント，アミン系カチオン系界面活性剤 植物性繊維，ポリビニルアルコール

2-1-2 アスファルト舗装材料の素材の概要

アスファルト舗装に用いる素材の特徴は次のようである。

(1) 瀝青材料

瀝青材料（ビチューメント：ピッチやタールの総称）は，アスファルト舗装の基層，表層および瀝青安定処理路盤材料として用いられ，舗装用石油アスファルト，天然アスファルトおよび石油アスファルト乳剤がある。結合材料（バインダー）の一種である。

(2) セメント

セメントは，路床の安定処理材料，路盤の安定処理路盤材料とし用いられる他，セメント系安定材（固化材）として用いられる。セメントは，普通ポルトランドセメント，高炉セメントが主に用いられる。主に砂系地盤の安定処理材料として用いる。

(3) セメント系安定材（セメント系固化材）

セメント系安定材は，セメント，石膏，水砕スラグ，フライアッシュ等を添加混合し，有機土や高含水の粘性土の安定材料として用いる。

（4） 石灰

石灰は，路床，路盤の安定処理材料として用い，一般に工業用石灰，生石灰，消石灰を用いる。また，石灰系安定材の材料として石灰を用いる。石灰は主に粘性土の安定処理材料として用いる。石灰には，粒状石灰と粉状石灰がある。

（5） 石灰系安定材（石灰系固化材）

石灰系安定材は，石灰，石膏，セメント，スラグ粉末，フライアッシュ等のポゾラン物質を加えたもので，有機土，粘性土，ヘドロ等の固化に有効である。

（6） 骨材

骨材には，**砕石，玉砕，砂利，鉄鋼スラグ，砂，再生骨材，硬質骨材**がある。
① 砕石は，原石を破砕し粒度ごとに分級したものをいう。
② 玉砕は，玉石または砂利を砕いたものをいう。
③ 砂利は，川砂利，海砂利，山砂利に分かれ，砂と砂利を分けずに採取したものを切込砂利という。
④ 鉄鋼スラグは，鉄鋼の生産過程で廃出されるスラグを破砕したもので，高炉から出るスラグを破砕した鉄鋼スラグと，製鋼の生産過程で廃出される製鋼スラグを破砕した**製鋼スラグ**がある。
⑤ フライアッシュは，電力会社から廃出される石炭の灰のこと。
⑥ アスファルト混合物に用いる砂は直径2.36 mm以下の粒状物質で，天然砂，人工砂，スクリーニングスおよび特殊な砂がある。
 a 天然砂は，山砂，海砂，川砂がある。海砂は，アスファルト混合物にとって無害である。
 b 人工砂は，岩石，玉石を破砕したものである。
 c **スクリーニングス**は，砕石，玉砕を製造する過程で廃出する粒径2.36 mm以下の細かい砂のこと。
 d 特殊な砂には，硬質なシリカサンド，高炉水砕スラグ，クリンカーアッシュ（石炭灰で石炭の灰の下層部から取り出したもの）がある。
⑦ 再生骨材は，アスファルト舗装の塊から再生するアスファルトコンクリート再生骨材と，コンクリート舗装の塊から再生するセメントコンクリート再生骨材がある。
⑧ 硬質骨材は，天然産の**シリカサンド，エメリー，けい石**があり人工物には**カルサインドボーキサイト**，硬質スラグ，**溶融アルミナ**等がある。

(7) フィラー

フィラーは600 μm以下の粒状物質で石灰岩やその他の岩石を粉砕した石粉，消石灰，セメント，回収ダストおよびフライアッシュ等がある。

回収ダストは，アスファルトプラントで加熱アスファルト混合物を製造するとき，ドライヤで加熱した骨材から発生した微粉末を回収したものである。

(8) 樹脂結合材料

樹脂結合材料には，石油樹脂，エポキシ樹脂，アクリル樹脂，ウレタン樹脂がある。これは，結合材料（バインダー）の一種として，主にアスファルトに添加して用い改質アスファルトの原料となる。

(9) 剥離防止剤

剥離防止材料は，アスファルト混合物の骨材とアスファルトの剥離を防止するもので，一般に，フィラーの一部として消石灰やセメントを用いるが，剥離防止剤として，有機系のアミン系カチオン系界面活性剤を用いる。

(10) 繊維質補強材

主に排水性舗装のアスファルト混合物のダレ防止のために入れる補強材で植物性繊維や化学製品のポリビニルアルコール等を適当な長さに切断して混入して用いる。

(11) その他の材料

(1)〜(10)以外にも以下のものを利用することがある。

① **吸油性材料**は，耐流動性を高めるため，アスファルトの油性分を吸着するものである。

② **中温化剤**は，アスファルトのプラントでの混合物濃度を低下させて混合できる効果があり，CO_2削減対策となる。

③ **弾性材料**は歩道等にゴムチップを使用し，舗装面の弾力性を確保する。

2-2 表層・基層等素材

2-2-1 表層・基層用結合材料の分類

表層・基層等素材は，表 2-2 のようである。

表 2-2 混合物用アスファルト

加熱アスファルト	主な用途
舗装石油アスファルト	加熱アスファルト混合物一般
改質アスファルト	
① 改質アスファルト Ⅰ型	すべり止め，耐摩耗用，アスファルト混合物
② 改質アスファルト Ⅱ型	耐流動性用，アスファルト混合物
③ セミブローンアスファルト	耐流動性用，アスファルト混合物
④ 高粘度改質アスファルト	排水性，透水性舗装用，アスファルト混合物
⑤ 再生アスファルト	再生加熱アスファルト混合物
トリニダットレイクアスファルト	（橋面舗装素材等）
① 硬質アスファルト	グースアスファルト混合物（鋼床版防水層）
② 鋼床版舗装用改質アスファルト	鋼床版アスファルト混合物
③ 付着性改善改質アスファルト	コンクリート床版アスファルト混合物
④ 超重交通用改質アスファルト	耐流動性アスファルト混合物

2-2-2 舗装用石油アスファルト

舗装用石油アスファルト（ストレートアスファルト）の品質は，**針入度**（軟らかさ），軟化点，伸度等で表される。とくに，針入度によって，表 2-3 のように使い分ける。
ただし，積雪寒冷地域で耐流動性の必要な場合 60～80 の針入度のものを用いる。

表 2-3 舗装用石油アスファルト針入度

針入度	40～60	60～80	80～100	100～120
用 途	多交通量一般地域	一般地域	積雪寒冷地域	低温地域

2-2-3 改質アスファルト

改質アスファルトは，石油アスファルトにゴム，樹脂等のポリマや天然アスファルト（トリニダットレイクアスファルト）等を加え，石油アスファルトの性状を改善したもので，耐流動性，耐摩耗性，耐剥離性，付着性を向上させて使用する。

改質アスファルトを製造するにあたり，**ポリマ**，天然アスファルト等の改質剤をあらかじめ工場で均一に混合したプレミックスタイプのものは，通常ローリ車で供給される。またアスファルトプラントで，改質剤を混合物製造時に添加・混合するものをプラントミックスタイプという。

改質アスファルトの標準的な性状は，表 2-4 のようである。

表2-4 改質アスファルトの標準的性状（舗装施工便覧）

項目＼種類	改質アスファルトⅠ型	改質アスファルトⅡ型	高粘度改質アスファルト	鋼床版舗装用改質アスファルト	付着性改善改質アスファルト	超重交通用改質アスファルト
針入度(25℃)(1/10 mm)	50 以上	40 以上	40 以上	40 以上	40 以上	40 以上
軟化点 (℃)	50.0～60.0	56.0～70.0	80.0 以上	70.0 以上	68.0 以上	75.0 以上
伸度(7℃) (cm)	30 以上	—	—	—	—	—
伸度(10℃) (cm)	—	—	—	50 以上	—	—
伸度(15℃) (cm)	—	30 以上	50 以上	—	30 以上	50 以上
引火点 (℃)	260 以上	260 以上	260 以上	280 以上	260 以上	260 以上
フラース脆化点 (℃)	—	—	—	−12 以下	−12 以下	—
薄膜加熱質量変化率 (%)	—	—	0.6 以下	0.6 以下	0.6 以下	0.6 以下
薄膜加熱針入度残留率 (%)	55 以上	65 以上	65 以上	65 以上	65 以上	65 以上
タフネス(25℃) (N・m)	5.0 以上	8.0 以上	20 以上	12 以上	16 以上	20 以上
テナシティ(25℃) (N・m)	2.5 以上	4.0 以上	15 以上	10 以上	8 以上	15 以上
密度 (g/cm³)	試験表に付記	試験表に付記	試験表に付記	試験表に付記	試験表に付記	試験表に付記
60℃粘度 (Pa・s)	—	—	20 000 以上	20 000 以上	1 500 以上	3 000 以上
最適混合温度 (℃)	試験表に付記	試験表に付記	試験表に付記	試験表に付記	試験表に付記	試験表に付記
最適締固め温度 (℃)	試験表に付記	試験表に付記	試験表に付記	試験表に付記	試験表に付記	試験表に付記
粗骨材の剥離面積率 (%)	—	—	—	5 以下	5 以下	—

〔注〕鋼床版舗装用改質アスファルトには，この他に本州四国連絡橋公団橋面舗装基準（案）に規定されたものがある。

表 2-4 に示された性状項目の要点は次のようである。
① **針入度**：針入度試験では，温度 25℃ での貫入時間 5 秒での針の貫入量から針入度を求めアスファルトのコンシステンシーを定める。また回収されたアスファルトの針入度を求め劣化の程度を評価し再生アスファルト混合物の配合設計に用いる。
② **軟化点**：軟化点試験では，アスファルトの温度とコンシステンシーの関係を求め，針入度の結果と合わせて，アスファルトの感温性を求める。
③ **伸度**：アスファルトの延性の指標を伸度といい，アスファルト等の品質を検査し，回収されたアスファルトの劣化の程度を評価する。
④ **三塩化エタン可溶分（またはトルエン可溶分）**：アスファルトの純度を溶剤に溶かして求めるために三塩化エタン可溶分試験を行う。一般に石油アスファルトについて行い，改質アスファルトについては必ずしも評価できないので注意を要する。
⑤ **引火点**：引火に対する安全性を判断するため，試料を加熱し，これに炎を近づけたときの引火する温度を引火点試験で確認する。

⑥ 薄膜加熱質量変化率および薄膜加熱後の針入度残留率：加熱によるアスファルトの劣化傾向を評価する。
⑦ タフネス・ティナシティ：アスファルトの粘結力，把握力を表すもので，タフネス・ティナシティ試験でアスファルト中に半鋼球を埋め込み粘結力は変形に対する抵抗性を求め，把握力は，アスファルトからの引抜力の最大値で求める。一般に，改質アスファルトに適用する。
⑧ 密度：アスファルト混合物の配合設計時の理論最大密度計算に必要なアスファルトの密度を，密度試験で求める。
⑨ 粘度：粘度試験で60℃における，改質アスファルトの耐流動性を調べる。
⑩ 動粘度：高温動粘度試験で180℃における高温粘度における改質アスファルトの施工性を確認する。
⑪ 粘度比：粘度比は60℃における加熱前後のアスファルトの粘度の比で表し，加熱混合してアスファルトの劣化の程度を表す。

2-2-4 セミブローンアスファルト

舗装用石油アスファルトに空気を送り込み（ブローイング），軽度にブローイングしたものをセミブローンアスファルトという。セミブローンアスファルトは，耐流動性を高めたもので，耐流動対策用の改質アスファルトとして用いられる。さらにブローイングを高めたものは，ブローンアスファルトといい硬質化して，舗装の目地材として用いる。主に，セミブローンアスファルトは粘度で品質規格を表す。

2-2-5 高粘度改質アスファルト

高粘度改質アスファルトとは，60℃におけるアスファルトの粘度が20 000 Pa・S以上のものをいい，タフネス・ティナシティを改善したものである。一般に，改質材としてSBR（スチレン・ブタジエン共重合体），SBS（スチレン・ブタジエンブロック共重合体）等を混合したものである。高粘度改質アスファルトは，排水性舗装，透水性舗装の混合物の製造に用いられる。

2-2-6 トリニダットレイクアスファルト

トリニダットレイクアスファルトは，針入度が小さい硬い天然アスファルトで，石油アスファルトと混合して，硬質アスファルトをつくり，これに各種の添加剤を加えて鋼床版用，コンクリート床版用，鋼床版の防水層（グースアスファルト）用，山岳部道路用（ロールドアスファルト舗装）等に用いられる。

2-2-7 再生アスファルト

再生アスファルトは，アスファルトコンクリート再生骨材に含まれる旧アスファルトに再生用添加剤および新規アスファルトを単独または組合わせて添加調整したアスファルトをいい，針入度 40～60，60～80，80～100 の3種類とする。なお，針入度 100～120 は，その品質が示されていない。

また，再生アスファルトは，再生アスファルト混合物の製造工程上のもので，新アスファルトのように，単独で存在するものでない。再生アスファルトの品質は，舗装用石油アスファルトと同じである。

2-2-8 石油アスファルト乳剤

石油アスファルト乳剤は，舗装用アスファルトに，界面活性剤と水で，乳液状に分散させたもので，大別して，次のものがある。
① 浸透用（浸透して防水効果）
② 混合用乳剤（常温で骨材と混合して常温アスファルト混合物の製造）
③ セメント混合用乳剤（路上路盤再生工法等でセメント乳剤安定処理）

水中に分散する粒子の電荷が＋に帯電したものをカチオン系（K），－に帯電したものをアニオン系（A），粒子が帯電していないものをノニオン系（N）という。一般には浸透用，混合用乳剤はカチオン系，セメント混合用乳剤はノニオン系を用いる。

また，石油アスファルト乳剤の性質を改善するため，ポリマを加えたものに，接着性や耐久性を高めたゴム入りアスファルト乳剤や，急硬性アスファルト乳剤がある。

2-2-9 石油アスファルト乳剤の品質と用途

石油アスファルト乳剤の品質規格は表 2-5 のようである。

表2-5　石油アスファルト乳剤の品質規格（JIS K 2208）

種類および記号 項目	カチオン乳剤							ノニオン乳剤
	PK-1	PK-2	PK-3	PK-4	MK-1	MK-2	MK-3	MN-1
エングラー度(25℃)	3～15		1～6		3～40			2～30
ふるい残留分(1.18mm)(%)	0.3以下							
蒸発残留物 針入度(25℃)(1/10mm)	100を超え200以下	150を超え300以下	100を超え300以下	60を超え150以下	60を超え200以下	60を超え200以下	60を超え300以下	60を超え300以下
蒸発残留物 トルエン可溶分(%)	98以上				97以上			97以上
主な用途	温暖期浸透用および表面処理用	寒冷期浸透用および表面処理用	プライムコート用およびセメント安定処理層養生用	タックコート用	粗粒度骨材混合用	密粒度骨材混合用	土混じり骨材混合用	セメント・アスファルト乳剤安定処理用

表 2-5 における，エングラー度（25℃）は，アスファルト乳剤の粘性を表す指標で，エングラー度の大きいほど粘性が高い。エングラー度は**エングラー度試験**によりアスファルト乳剤の粘性を求めるが，エングラー度が 15 以上となるとき，**セイボルトフロール秒試験**によりセイボルトフロール秒を測定して，エングラー度に換算する。また，トルエン可溶分は，三塩化エタン可溶分試験によりアスファルトの純度を調べるものである。各種アスファルト乳剤の用途は次のようである。

石油アスファルト乳剤	主な用途
PK-1，PK-2	シールコート，アーマーコート
PK-3	プライムコート（浸透性）
PK-4	タックコート（接着性）
MK-1，MK-2，MK-3	骨材混合用，土混じり骨材混合用
MN-1	セメント，アスファルト乳剤安定処理用
PKR-T改質アスファルト乳剤	排水性舗装用タックコート（粘着性）
MS-1	マイクロサーフェシング用（急硬性）

① 製造後 60 日を超えた石油アスファルト乳剤は性状を確認してから使用する。とくに冬期には，室内で貯蔵するか，シート等の覆いをかけて，凍結を防止する。
② PKR-T は，**ゴム入りアスファルト乳剤**で，粘着性に優れているので，排水性舗装，橋面舗装，すべり止め舗装等の改質アスファルトの層間の接着力を高めるため，タックコートとして用いる。
③ 表面処理工法に用いる MS-1 は，**急硬性の改質アスファルト乳剤**である。
④ この他，プライムコートの浸透力を高めた，高浸透性プライムコート乳剤がある。

2-2-10　樹脂結合材料

樹脂結合材料は，一般に二液型で化学反応によって硬化安定するため，気温，湿度等の気象条件の影響を受けやすく，可使用時間，作業性を考慮する必要がある。表 2-6 に代表的な樹脂結合材料を示す。

表2-6　樹脂系結合材

樹脂系結合材料	主な用途
石油樹脂系結合材	明色舗装加熱混合物用
エポキシ樹脂(二液型)	表面処理用接着剤，鋼床版橋面舗装混合物の添加剤
アクリル樹脂	加熱混合物硬化促進添加剤
ウレタン樹脂	着色舗装の結合材料でテニスコート，歩道用

① 石油樹脂系結合材料：石油系の重質油類を混合したものに，合成ゴム等の高分子材料を混合したもので，加熱混合物型の明色舗装（白っぽい舗装）の結合材料に使用する。

② エポキシ樹脂材料：エポキシ樹脂は二液型で，エポキシ樹脂を主剤と，アミン系化合物による硬化剤を混合し硬化させる。一般には熱硬化性であるが，常温でも硬化することができる。エポキシ樹脂は，耐水性，耐油性，耐摩耗性，付着性，たわみ性，強度に優れ，次の用途がある。
   a すべり止め用の表面処理工法の接着剤
   b 橋面舗装，歩道舗装の混合物用結合材料
   c 着色結合材料（カラー舗装）
   d 鋼床版橋面舗装用混合物結合材料
③ アクリル樹脂材料：アクリル樹脂は，アクリルポリマをモノマーに溶解した液状樹脂でこれに触媒添加させて，アクリルポリマを重合させ硬化させる合成樹脂である。硬化速度が速いので，とくに冬期の短期間施工に適している。化学的性質により，施工路面温度は 40 ℃以下のときに施工できる。
④ ウレタン樹脂材料：ウレタン樹脂は，テニスコート，歩道舗装等に用い，弾力性があり，かつ，着色が可能なため，運動施設の舗装の結合材料に用いられる。

2-2-11 アスファルト混合物用骨材

表層・基層に用いるアスファルト混合物用骨材は，粒度分布の適切な砕石，玉砕，砂利，鉄鋼スラグ，製鋼スラグ，砂および再生骨材等がある。

(1) 砕石

砕石は，表 2-8 のように S80 〜 S5 までの 7 級に分類されるが，以下の注意を必要とする。

表 2-7 アスファルト混合物用骨材の種類と主な特徴

骨材の種類	主な特徴
砕石	原石を破砕し粒径で分級したもの
玉砕	玉石，砂利を砕いたもの
砂利	山砂利，川砂利，海砂利
鉄鋼スラグ	鉄鋼の製造過程で生産されるスラグを破砕
製鋼スラグ	製鋼の製造過程で生産される副産物
砂	天然砂(川，山，海砂)，人工砂
再生骨材	アスファルト舗装・コンクリート舗装発生材
硬質骨材	天然産(シリカサンド)，人工骨材
明色骨材	白色系天然骨材，人工白色骨材
着色骨材	白色骨材の着色，人工発色骨材

表 2-8 砕石の粒度範囲

	呼び名	粒度範囲(mm)
単粒度砕石	S-80 （1号）	80 〜 60
	S-60 （2号）	60 〜 40
	S-40 （3号）	40 〜 30
	S-30 （4号）	30 〜 20
	S-20 （5号）	20 〜 13
	S-13 （6号）	13 〜 5
	S-5 （7号）	5 〜 2.5

① 砕石は，均等質で，強硬で耐久性があり，細長いあるいは偏平な石片，ごみ，泥，有機物等の有害物を含まないものとする。
② 砕石の粒度が，分級に示す粒度に適合しないときでも，他の砕石，砂等により合成して，粒度が適合すれば用いてよい。

③　砕石が花崗岩や頁岩で，加熱すると，すり減り減量が大きく，破壊されやすいものは表層の骨材として用いてならない。
④　表層・基層用砕石のすり減り減量試験は粒径 13.2 〜 4.75 mm のものについて実施し，すり減り減量は 30 % 以下，上層路盤のすり減り減量は 50 % 以下とする。とくに，表層にはすり減り減量の小さい材料を用いる。
⑤　表層・基層用砕石の凍結融解に対する耐久性は，**硫酸ナトリウムによる安定性試験**では，その損失量は 12 % 以下とする。
⑥　表層・基層用砕石の有害物の含有量は，細長，あるいは偏平な石片 10 % 以下，粘土，粘土塊の 0.25 % 以下とする。有害物はとくに，舗装の動的な安定性を小さくし，耐流動性を損なう。粗骨材中の軟石試験は，ひっかき硬さで傷がつくかつかないかを基準に分類して軟石量を求める。

(2)　玉砕

表層・基層に用いる玉砕は，4.75 mm ふるいにとどまるもののうち，質量が 40 % 以上が少なくとも 1 つの破砕面を持つものを用い，砕石と同一の品質規格を有する。

玉砕は，多様の品質の玉石を用いるので，アスファルトとの接着が不十分で剥離を生じることがあるので，調査して用いる必要がある。

粒度調整路盤材料に用いる玉砕は，質量の 60 % 以上が少なくとも 2 つの破砕面を持つことが望ましい。

(3)　砂利

砂利の品質は，砕石に準じるが材質や粒度が変動しやすいので十分に調査して用いる。また，海砂利の塩分はアスファルトにとって，有害でない。特に，粒度を分けないで採取した砂利を切込砂利という。

(4)　鉄鋼スラグ，製鋼スラグ

鉄鋼スラグを分類すると次のようである。鉄鋼スラグと製鋼スラグは性質が異なるため，鉄鋼スラグは路盤に，製鋼スラグは，表層，基層に使い分けて用いられる。

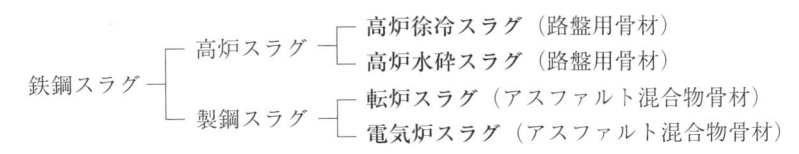

```
            ┌ 高炉スラグ ┬ 高炉徐冷スラグ（路盤用骨材）
鉄鋼スラグ ─┤            └ 高炉水砕スラグ（路盤用骨材）
            └ 製鋼スラグ ┬ 転炉スラグ（アスファルト混合物骨材）
                         └ 電気炉スラグ（アスファルト混合物骨材）
```

①　瀝青安定処理路盤に用いるものは，クラッシャラン製鋼スラグ（CSS）で粒度を分けずに用いる。すり減り減量 50 % 以下とする。
②　表層・基層に用いるものは，**単粒度製鋼スラグ（SS）**で，**すり減り減量 30 % 以下とする。また，粒度については，砕石と同様である。

③　鉄鋼スラグには，硫黄分が含まれるので，舗装が浸水すると，黄濁色の水を排出してしまい環境保全上望ましくない。このため，鉄鋼スラグは野積して硫黄分を放散するため6ヶ月以上**エージング**し，**呈色反応試験**および**水浸膨張比試験**により，その安定性を確認する。

④　製鋼スラグは，スラグ中の石灰分が水と反応して膨張するため，3ヶ月以上エージングした後，呈色反応試験および水浸膨張比試験をして，その膨張比が2.0％以下となることを確認する。また，製鋼スラグは，スラグの冷却時に，空隙の多いものが発生し，配合設計時に密度，吸水率にバラつきが生じることがあるので注意する。

(5)　砂

表層・基層に用いる砂は，粒径が主に2.36 mm以下の骨材をさし，川砂，山砂，海砂（塩分はアスファルト混合物に悪影響はない）等の天然砂，岩石や玉石を破砕して製造した人工砂がある。この他，次のものも砂として用いることができる。

①　スクリーニングスは，砕石，玉砕を製造する場合に生じる粒径2.36 mmより細かい部分の砂のことである。スクリーニングスは，粘土やシルト等の有害物を含むことがあるので粒度に注意する。

②　シリカサンド（けい砂）は，シリカ分を90％以上含んだ砂で，山系と海系のものがあり，他の天然砂より稜角に富み吸水率も小さく硬質である。

③　クリンカーアッシュは，火力発電所で発生する石炭灰のボイラ下部から回収された灰のことで，利用にあたり入手方法，安全性，経済性について十分検討して用いる。

④　高炉水砕スラグは，高熱の高炉スラグを，水により砕いた砂であり，呈色反応試験および水浸膨張比試験により，その安定性を確認する。

(6)　**表層・基層用再生骨材**

再生骨材は，**表層・基層用再生骨材**と**路盤用骨材**に分けられる。表層・基層用の再生加熱アスファルト混合物には，基層に用いる再生粗粒度アスファルト混合物と，表層に用いる再生密粒度アスファルト混合物とがある。再生加熱アスファルト混合物は，一般の加熱アスファルト混合物と同様の品質規格で取扱われる。とくに，表層の耐摩耗性に十分注意する。厳密には**アブソン法**による**回収アスファルトの針入度試験**によるが，旧アスファルトの針入度は簡易的にマーシャル安定度試験で推定することもできる。

①　旧アスファルト含有量3.8％以上，旧アスファルトの針入度20以上のアスファルトコンクリート再生骨材は，洗い試験で失われる量5％以下の再生骨材とする。

②　旧アスファルトの針入度が20未満のアスファルトコンクリート再生骨材は，路盤材料に用いる。

なお，コンクリート舗装の発生材は，路盤再生材料として用いるが，再生加熱アスファルト混合物には用いない。

(7)　硬質骨材

硬質骨材の分類は，次のようである。

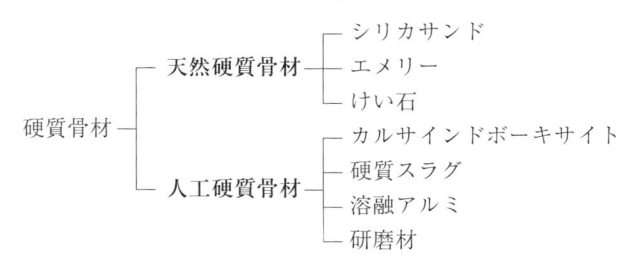

```
                    ┌─ 天然硬質骨材 ─┬─ シリカサンド
                    │                ├─ エメリー
                    │                └─ けい石
硬質骨材 ─┤
                    │                ┌─ カルサインドボーキサイト
                    └─ 人工硬質骨材 ─┼─ 硬質スラグ
                                     ├─ 溶融アルミ
                                     └─ 研磨材
```

① エメリー等の**モース硬度**（ダイヤモンド＝硬度10）8〜9とするが，着色磁器質人工骨材ではモース硬度7以上とする。
② エメリーのすり減り減量10〜15％，着色磁器質人工骨材のすり減り減量は20％以下とする。

(8)　明色骨材

アスファルト舗装の路面の明るさを向上させるため明色骨材を用いる。天然産の白色骨材はけい石を，人工的には，けい砂，石灰，**ドロマイド**（雲母を原料とするもの）を溶融してつくったガラス性の白色骨材を用いる。光の反射率は，人工の明色骨材の方が天然産のけい石より大きい。

(9)　着色骨材

着色骨材は，けい石等の白色骨材の表面に着色したものと，けい砂，石灰，無機顔料を加えて焼成し発色させた骨材があり，着色舗装に用いる。

2-2-12 表層・基層用フィラー

　フィラーは，アスファルトと一体となって，骨材間隙を充てんし，混合物の安定性や耐久性を向上させる役割がある。一般に，粒径は 600 μm より粒子が細かいもので，フィラーの添加量は，混合物の性状の安定性，施工性に影響するので総合的にその使用法を検討する。一般に，フィラーは，石灰岩を粉砕した石粉で，石粉の品質は水分の含有量は 1.0 ％以下と**ロータリーフィーダーを円滑に流れるようにする**。

① 　フィラーを剥離防止用に用いるとき，消石灰やセメントの使用量は，アスファルト混合物の全質量の 1～3 ％を標準とする。

② 　回収ダスト（アスファルトプラントのドライヤで加熱した骨材から発生する微粉末で，**バグフィルタ等の二次集塵装置**で捕集したもの。）をフィラーの一部として使用するときは，75 μm，通過分の混合割合，石粉の粒度規格および PI（塑性指数）4 以下，フロー試験 50 ％以下を目標とする。特に耐流動性混合物では 75 μm ふるいの通過分のうち，回収ダスト分は 30 ％を超えないようにする。

③ 　石灰岩を破砕したスクリーニングスをフィラーとするときはその性状試験は省略してよい。

④ 　フライアッシュは火力発電所等の石炭ボイラから発生する微小粉塵を電気集塵機で回収したもので，コンクリート用フライアッシュの規格に適合していないものを用いるときは，PI は 4 以下，フロー試験 50 ％以下，吸水膨張率 4 ％以下，剥離試験に合格したものを用いること。この規格は，フライアッシュの他，石灰岩以外の岩石を粉砕したフィラーを用いるときにも適用する。

⑤ 　石灰岩，その他の岩からつくるフィラー，回収ダスト，フライアッシュ以外からとれる副産物等をフィラーとする場合，材料の選定基準について検討し，その採否を決定する。これらには焼却灰，鋳物ダスト，電気炉製鋼還元スラグダスト等がある。

2-2-13　その他の舗装用素材

舗装の主要な断面を構成する材料以外に，次の舗装用素材を用いる。

(1)　剥離防止剤

アスファルト混合物の剥離防止を目的として，とくに吸水率の大きな骨材は剥離を生じるおそれがあるため，次のものを用いる。

① **無機系材料**——消石灰，セメント（アスファルト混合物の全質量の1～3％）
② **有機系材料**——アミン系カチオン系界面活性剤（アスファルト全質量の0.3％以上）

(2)　繊維質補強材

アスファルト混合物の耐流動性，強度を補強するために**植物性繊維**や合成繊維（ポリビニルアルコール，ポリエステルの切断物）を用いる。

これらは，主に，排水性混合物，透水性混合物の運搬時のアスファルトのダレ防止用に用いる。

(3)　吸油性材料

アスファルト混合物中のアスファルトを吸収して，耐流動性を高めるために吸油性材料を用いる。

(4)　凍結抑制材料

アスファルト舗装面の凍結を抑制させるために添加する**ゴムチップ**等の凍結抑制材料を用いる。

(5)　再生用添加剤

再生アスファルトの性状を回復させるために，プラントまたは路上に散布する再生用添加剤として，アスファルト系または**石油潤滑油系**を用い，**動植物油系アスファルト乳剤系**は，その使用例が少ないので，その基準は示さない。再生用添加剤の品質は，次のようである。

セイボルトフロール秒試験で動粘度（60℃）で80～1 000 mm^2/s（cStと表示することもある），引火点試験で引火点230℃以上，薄膜加熱試験で薄膜加熱後の粘度比（60℃）2以下（薄膜加熱の粘度比は，添加剤の耐熱性を評価するもの）とする。

(6)　中温化剤

CO_2削減対策として，アスファルト混合物の混合温度を30℃程度低下することのできる添加剤である。

(7)　弾性材料

歩道の表層に施工し，舗装面に弾力性を与えるため，ゴムチップ等の弾性材料を使用する。

2-3　アスファルト等混合物

アスファルト等混合物には，新規アスファルト混合物，再生アスファルト混合物，樹脂結合材料による混合物等がある。

(1)　表層・基層用アスファルト混合物

アスファルト混合物は，アスファルト，骨材，フィラー，添加剤を混合したもので，適用する層，箇所，交通量，環境，地域性の他，経済性，施工性等を考慮し選定する。

表2-9は，一般に使用されるアスファルト混合物である。表中（20），（13）はそれぞれ骨材の最大粒径が20mm，13mmを示す。

表2-9　アスファルト混合物の種類

種類
粗粒度アスファルト混合物（20）
密粒度アスファルト混合物（20，13）
細粒度アスファルト混合物（13）
密粒度ギャップアスファルト混合物（13）
密粒度アスファルト混合物（20F，13F）
細粒度ギャップアスファルト混合物（13F）
細粒度アスファルト混合物（13F）
密粒度ギャップアスファルト混合物（13F）
開粒度アスファルト混合物（13）

① **粗粒度アスファルト混合物**は，主に基層に用い，合成粒度における2.36mmふるい通過分が20～35％の範囲の骨材を用いるものである。

② **密粒度アスファルト混合物**は，主に表層に用い，合成粒度における2.36mmふるい通過分が35～50％の範囲の骨材を用いるものである。耐流動性に優れている。

③ **細粒度アスファルト混合物**は，主に，表層に用い，細骨材（2.36mm以下の粒径分）が，一般地域50～60％，積雪寒冷地域65～80％とし，アスファルト量は，一般地域6～8％，積雪寒冷地域7.5～9.5％を用いる。耐久性に優れている。

④ **密粒度ギャップアスファルト混合物**は，密粒度アスファルト混合物に用いる骨材のうち，600μm～4.75mmの粒径の骨材をほとんど含まない不連続粒度の骨材として単粒度の粗骨材と細骨材を組合せて用いる。すべり抵抗性に優れている。

⑤ **細粒度ギャップアスファルト混合物**は，細粒度アスファルト混合物の骨材の粒度のうち600μm～2.36mmの粒径の骨材をほとんど含まない不連続粒度の骨材を用いる。耐摩耗性に優れている。

⑥ 開粒度アスファルト混合物は，主にすべり止め用として表層に用いられる。骨材の合成粒度における 2.36 mm ふるい通過分が 15 ～ 30 % の範囲のもので，混合物の路面は極めて粗い。これは，排水性舗装，透水性舗装として用いる。
⑦ 表 2-9 中の記号（F）はフィラー分を多くして，耐摩耗性，耐水性を向上させた積雪寒冷地域用の混合物を示す。

(2) 環境保全に向けたアスファルト混合物

環境保全用のアスファルト混合物には，次のものがある。
① 中温化剤を用いた中温化技術による製造したアスファルト混合物
② 低騒音舗装混合物（排水性舗装用アスファルト混合物）
③ ヒートアイランド防止用舗装混合物（透水性舗装用アスファルト混合物）
④ 常温アスファルト混合物（加熱しないので CO_2 の削減となる）

(3) アスファルト舗装の補修用の混合物

ライフサイクルの延長のために行う予防的維持として行う表面処理工法用として，常温でのマイクロサーフェシング混合物（加熱アスファルト混合物でない）が用いられる。

(4) 樹脂結合材料（バインダー）による混合物

骨材粒子を結合させるためのアスファルト以外の有機材料である，石油樹脂，エポキシ樹脂，アクリル樹脂，ウレタン樹脂を用いた混合物のことである。

(5) 再生加熱アスファルト混合物

再生加熱アスファルト混合物は，一般地域では針入度 50 程度，積雪寒冷地域では針入度 70 程度を目標としている。

再生加熱アスファルト混合物におけるアスファルトコンクリート再生骨材の**配合率**が 10 % 以下の場合，再生骨材の混入による再生アスファルトの針入度の影響は小さいので，設計針入度の調整は省略し，新しいアスファルトの針入度としてよい。ただし，再生アスファルト量には，旧アスファルト量と新アスファルト量の両方を含めて配合設計し，再生加熱アスファルト混合物として取扱う。

再生アスファルト混合物の品質は，一般のアスファルト混合物と同一の基準が適用される。再生アスファルト量の確認は，再生加熱アスファルト混合物について，**抽出試験**およびマーシャル安定度試験により確認する。

2-4 構築路床用材料

　設計 CBR が 3 未満の場合や，設計 CBR が 3 以上の場合でも構築路床とすることが経済的に有利な場合等は，路床を安定処理または，良質土で置換える。

(1)　**構築路床材料**
① 盛土材料：水田地帯や地下水位の高い路床で支持力の軟弱な場合，これを改善するため，良質土や地域産材料を安定処理したものを路床の上に盛土する。
② 安定処理材料：現路床土とセメントや石灰等の安定材を混合して用いる。砂質土に対してセメントを，細粒分の多い粘性土に対して石灰で安定処理することが適している。場合によっては，セメント系，石灰系の固化材を併用する。
③ 置換え材料：置換え材料は，切土箇所で軟弱な部分に適用するもので，軟弱路床を掘削除去して，砂質土等の良質土で置換える。また，砂質土にかえて，地域産材料を安定処理したものを用いて置換える。
④ 凍上抑制層用材料：凍上抑制層は，**凍結融解**を受ける寒冷地域に用い図 2-1 のようにその地区の凍結深さから求めた置換え深さと，舗装厚を比較して，置換え深さが大きいときは，その差だけ，路盤の下，路床の上に凍上しにくいクラッシャラン，切込砂利，砂等の粒状材料を用いて凍上抑制層とする。その他，発砲スチレン等の断熱材を用いるものや発砲ビーズ，セメント，砂を混合した気泡コンクリートを用いた，断熱層とする断熱工法がある。

図 2-1　凍上抑制層

2-5 路盤用材料

　路盤材料は，粒状材料，安定処理材料，地域産材料，再生路盤材料等があり所定の支持力と耐久性が得られ，施工性の良いものを選定する必要がある。

2-5-1　粒状路盤材料

　粒状路盤材料には下層路盤用と，上層路盤用材料がある。

(1)　粒状路盤材料の種類

　粒状路盤材料には，表 2-10 のようなものがある。

表 2-10　粒状路盤材料の種類と適用層

主な適用層	粒状路盤材料の種類
下層路盤	クラッシャラン クラッシャラン鉄鋼スラグ 再生クラッシャラン 切込砂利 山砂利 砂
上層路盤	**粒度調整砕石**（JIS A 5001 道路用砕石） **粒度調整鉄鋼スラグ**（JIS A 5015 道路用スラグ） **再生粒度調整砕石**（プラント再生舗装技術指針） **水硬性粒度調整鉄鋼スラグ**（JIS A 5015 道路用スラグ）

① 強度規格：**修正 CBR**（粒状材料について CBR 試験と土の締固め試験から求めた粒状材料の強度）によって定める。
② 材質規格：粒度，PI（塑性指数）により定め，スラグについては，呈色判定試験と水浸膨張比試験によって確認する。

(2) 粒度調整砕石，クラッシャラン

粒度調整砕石（M-40 ～ M-25）とクラッシャラン（C-40 ～ C-20）は表 2-12 のように JIS A 5001 に定める品質規格（粒度と修正 CBR）を満たすものとする。

粒度調整路盤材料に用いる玉砕は，その質量の 60 % 以上が少なくとも 2 つの破砕面を有することが望ましい（アスファルト舗装に用いる骨材の玉砕は，質量の 40 % 以上が，少なくとも 1 つの破砕面を有する）。

表 2-11　路盤材料品質規格（舗装施工便覧）

材料名	修正 CBR（%）
粒度調整砕石	80 以上
クラッシャラン	20 以上

表 2-12　粒状路盤材の粒度（JIS A 5001 1988）

	ふるい目の開き(mm) 粒度範囲(mm) 呼び名		ふるいを通るものの質量百分率（%）									
			53	37.5	31.5	26.5	19	13.2	4.75	2.36	425μm	75μm
粒度調整砕石	M-40	40～0	100	95～100	—	—	60～90	—	30～65	20～50	10～30	2～10
	M-30	30～0		100	95～100	—	60～90	—	30～65	20～50	10～30	2～10
	M-25	25～0			100	95～100	—	55～85	30～65	20～50	10～30	2～10
クラッシャラン	C-40	40～0	100	95～100	—	—	50～80	—	15～40	5～25	—	—
	C-30	30～0		100	95～100	—	55～85	—	15～45	5～30	—	—
	C-20	20～0				100	95～100	60～90	20～50	10～35	—	—

2-5-2　鉄鋼スラグ

路盤に用いる鉄鋼スラグの種類とその主な用途は表 2-13 のようである。路盤用の鉄鋼スラグは，高炉徐冷スラグと製鋼スラグを素材とし，これを単独または組合わせて製造したものである。表 2-14 に路盤用鉄鋼スラグの品質規格を示す。

鉄鋼スラグは，細長または偏平なもの，ごみ，泥，有機物等有害物を含まないものとし，呈色判定，水浸膨張比について目標値以下として合格したものを用いる。このため，十分にエージングする。

表 2-13　鉄鋼スラグとその用途

材料名	呼び名	主な用途
粒度調整鉄鋼スラグ	MS	上層路盤材料
水硬性粒度調整鉄鋼スラグ	HMS	上層路盤材料
クラッシャラン鉄鋼スラグ	CS	下層路盤材料

表 2-14　路盤材料用の鉄鋼スラグの品質規格（舗装施工便覧）

呼び名	呈色判定	単位容積質量（kg/l）	一軸圧縮強さ（MPa）	修正 CBR（%）	水浸膨張比（%）
HMS	呈色なし	1.50 以上	1.2 以上	80 以上	1.5 以下
MS	呈色なし	1.50 以上	—	80 以上	1.5 以下
CS	呈色なし	—	—	30 以上	1.5 以下

2-5-3 路盤用砂

路盤に用いる砂と表層・基層に用いる砂は，同じ品質規格である。クリンカーアッシュを路盤材料として用いるときは，粒度調整砕石では修正 CBR 80 % 以上，クラッシャランでは，修正 CBR 20 % 以上とする。

2-5-4 再生路盤材料

再生路盤材料にはアスファルトコンクリート再生骨材と，セメントコンクリート再生骨材を用いる。再生材料の配合率が高くなると修正 CBR が低下することがある。再生路盤材料として，単独または組合せ，必要に応じて補足材（砕石，高炉徐冷スラグ，クラッシャラン，砂等）を加えて調整し，再生クラッシャラン，再生粒度調整砕石等とする。再生路盤には再生下層路盤と再生上層路盤があり，次の品質基準がある。

(1) 再生下層路盤材料（品質の規格または望ましい品質基準）
① 再生クラッシャランの品質規格は PI6 以下，修正 CBR 20 % 以上とする。ただし，**セメントコンクリート再生骨材**についてはすり減り減量 50 % 以下とする。
② 再生セメント安定処理用材料・再生石灰安定処理用材料の望ましい品質（規格でない）は表 2-15 のようである。
③ アスファルトコンクリートの**再生骨材**は，70 % 以上が再生路盤材となるとき，20 ℃から 40 ℃へ温度が上昇すると修正 CBR が 10 % 程度低下することがある。

表 2-15 下層路盤で安定処理に用いる材料の望ましい品質（舗装施工便覧）

材　料	修正 CBR (%)	PI	最大粒径(mm)
再生セメント安定処理用材料	10 以上	9 以下	50 以下
再生石灰安定処理用材料	10 以上	6～18	50 以下

(2) 再生上層路盤材料
① 再生アスファルト上層路盤材料の品質規格は，表2-16のようである。

表2-16 再生アスファルト路盤材料の品質規格（プラント再生舗装技術指針）

適用	工法・材料	修正CBR (%)	一軸圧縮強さ (MPa)	マーシャル安定度 (kN)	その他の品質
アスファルト舗装	再生粒度調整砕石	80以上 〔90以上〕	―	―	PI 4以下
	再生加熱アスファルト安定処理	―	―	3.43以上	フロー値10～40(1/100 cm)空隙率3～12%
	再生セメント安定処理	―	材令7日2.0	―	―
	再生石灰安定処理	―	材令10日1.0	―	―

a 再生上層路盤に用いる，セメントコンクリート再生骨材は，すり減り減量は50％以下。
b PIを適用するのは，再生粒度調整砕石を再生路盤とするときだけである。
② 上層路盤の再生安定処理路盤材料の品質の目安
　上層路盤の再生安定処理路盤材料の望ましい品質（品質規格でない）を表2-17に示す。

表2-17 上層路盤の再生安定処理路盤材料の望ましい品質（プラント再生舗装技術指針）

工法	修正CBR(%)	PI	最大粒径(mm)
再生セメント安定処理	20以上	9以下	40以下
再生石灰安定処理	20以上	6～18	40以下
再生加熱アスファルト安定処理	―	9以下	40以下

2-6 演習問題　　　　　　　　　　　　　　　　　　　　2-2-1

アスファルト舗装用骨材

問1　アスファルト混合物に用いる骨材に関する次の記述のうち，**不適当なもの**はどれか。

(1) 細長あるいは偏平な石片を多く含む骨材は，動的安定度（DS）を高く設定する混合物に用いられる。
(2) 骨材は，加熱によってすり減り減量がとくに大きくなったりするものを，表層に用いてはならない。
(3) 骨材は，清浄で強度と耐久性があり，適当な粒度を持ち有害な物質を含まないものを用いる。
(4) 吸水量の大きな骨材は，残留した水分が剥離の原因となったり，最適アスファルト量の選定を困難にすることがある。

アスファルト舗装用砂

問2　アスファルト舗装用の砂に関する次の記述のうち，**不適当なもの**はどれか。

(1) 天然砂は，採取場所によって粒度等の性状が変化しやすいので，十分な調査を行ったうえで使用する。
(2) スクリーニングスは，シルトや粘土等の有害物を含むことがあるので，使用にあたっては十分な調査が必要である。
(3) 人工砂は岩石や玉石を破砕してつくったものであり，この際に生じる粒径2.36 mm以下の細かい部分をスクリーニングスという。
(4) 海砂には塩分が含まれているので，アスファルト混合物に使用してはならない。

問1 解説
　アスファルト混合物の骨材では，偏平な石片は有害で，動的安定度（DS）が低くなる。　　　　　　　　　　　　　　　　　　　　　　　　　　　　正解　1

問2 解説
　海砂の塩分は，アスファルト混合物に悪い影響はないので，使用してよい。
　　　　　　　　　　　　　　　　　　　　　　　　　　　　　　　　正解　4

演習問題　2-2-2

アスファルト舗装用骨材

問3　アスファルト混合物に用いる骨材に関する次の記述のうち，不適当なものはどれか。

(1) 製鋼スラグは，高炉スラグと比べて安定しているので，とくにエージングを行う必要はない。
(2) スクリーニングスは，砕石，玉砕を製造する際に生じる粒径2.36 mm以下の細かい部分をいう。
(3) 一般に石粉は，水分が1.0 %を超えるとロータリーフィーダ等を流れにくくなるので，石粉サイロ等に雨水が浸入しないように十分配慮する。
(4) 玉砕は，4.75 mmふるいにとどまるもののうち，質量で40 %以上が少なくとも1つの破砕面を持つものを用いる。

アスファルト舗装用添加材料

問4　アスファルト混合物の性状を改善するための添加材料に関する次の記述のうち，不適当なものはどれか。

(1) 剥離防止剤は，アスファルト混合物の剥離防止を目的に添加するもので，一般に消石灰を使用する。
(2) 繊維質補強材は，排水性舗装用アスファルト混合物のアスファルトの被膜厚確保およびダレ防止に使用する。
(3) 吸油性材料は，耐流動性を高めるために添加するものである。
(4) アスファルト舗装路面の凍結を遅延させるために，カチオン系界面活性剤を添加する。

問3解説
製鋼スラグは3ヶ月，高炉スラグは6ヶ月のエージングを行い，呈色反応試験，水浸膨張比試験で確認する。　　　　　　　　　　　　　　　正解　1

問4解説
凍結を遅延させるため，凍結抑制材を添加する。カチオン系界面活性剤は，剥離防止剤として用いる。　　　　　　　　　　　　　　　　　正解　4

演習問題　2-2-3

瀝青材料

問5　舗装に用いる瀝青材料に関する次の記述のうち，**不適当なものはどれか**。

(1) プラントミックスタイプの改質アスファルトは，アスファルト混合物の製造時に，高分子材料をミキサの中に直接添加し混合するものである。
(2) 改質アスファルト混合物を使用する際のタックコートには，層間接着力を高めるためにゴム入りアスファルト乳剤を使用することがある。
(3) ストレートアスファルトに軽度のブローイング操作を加え，60℃粘度を高めたセミブローンアスファルトは，主にひび割れ対策として用いられる。
(4) 積雪寒冷地域では，一般に針入度80〜100のアスファルトを用いるが，耐流動対策を施す際は，針入度60〜80のものや改質アスファルトを用いる。

石油アスファルト乳剤

問6　舗装に用いる石油アスファルト乳剤に関する次の記述のうち，**不適当なものはどれか**。

(1) マイクロサーフェシング工法に用いる乳剤は，急硬化性の改質アスファルト乳剤である。
(2) 改質アスファルト乳剤は，ポリマ等を加えた乳剤であり，接着性や耐久性を高めたものである。
(3) プライムコート用乳剤（PK-3）は，セメント混合用乳剤として用いることがある。
(4) 石油アスファルト乳剤には，浸透用乳剤，混合用乳剤，セメント混合用乳剤等がある。

問5 解説
　セミブローンアスファルトは，耐流動対策に用いる。ひび割れ防止にはストレートアスファルト（針入度80〜100）を用いる。　　　　　　　　　　正解　3

問6 解説
　セメント混合用乳剤は，MN-1（ノニオン系）を用い，プライムコートにはPK-3（カチオン系）アスファルト乳剤を用いる。　　　　　　　　　　正解　3

演習問題　　　　　　　　　　　　　　　　　　　　　　2-2-4

アスファルト舗装路盤材

問7　アスファルト舗装の路盤材に関する次の記述のうち，**不適当なもの**はどれか。
(1) 下層路盤材は，一般に施工現場近くで経済的に入手できるものを選択する。
(2) 上層路盤に用いる粒度調整砕石の望ましい品質は，修正 CBR30 % 以上で，PI（塑性指数）4 以上である。
(3) 上層路盤に用いるセメント安定処理路盤材で必要な一軸圧縮強さ（材令：7 日）は，2.9 MPa である。
(4) 下層路盤の石灰安定処理工法は，現地発生材，地域産材料またはこれらに補足材を加えたものに石灰を添加して処理するものである。

アスファルト舗装路盤材

問8　アスファルト舗装の路盤材に関する次の記述のうち，**不適当なもの**はどれか。
(1) 上層路盤の安定処理に用いる骨材は，粒度分布がなめらかなほど施工性に優れ，細粒分が少ないほど所要の安定材添加量が少なくてすむ。
(2) 粒度調整工法に用いる骨材の 75 μm ふるい通過量が，10 % 以下の場合でも水を含むと泥濘化することがあるので，その量は締固めが行える範囲で少ないことが望ましい。
(3) 加熱アスファルト安定処理混合物に用いる骨材は，アスファルトを添加し加熱混合するため，シルトや粘土の含有量が多くても差し支えない。
(4) 下層路盤材の修正 CBR や PI が所定の品質規格に入らない場合は，補足材やセメント，石灰等を添加し，品質規格を満足するようにして活用するとよい。

問7 解説
　　上層路盤粒度調整砕石の品質は，修正 CBR 80 % 以上，塑性指数 PI4 以下とする。　　　　　　　　　　　　　　　　　　　　　　　　　　　　　正解　[2]

問8 解説
　　路盤材料やアスファルト混合物中の骨材に含まれる粘土やシルトは，有害物で，全質量の 0.25 % 以下とする。　　　　　　　　　　　　　　　　　正解　[3]

演習問題 2-2-5

アスファルト舗装路盤材

問9 路盤用材料に関する次の記述のうち，**不適当なもの**はどれか。

(1) 加熱アスファルト安定処理混合物に吸収率の大きな骨材や多量の細砂等を利用するときは，水分が抜けないおそれがあるので，プラントで試験練りを行い適否を検討するとよい。

(2) 安定処理に用いる骨材は，一般に粒度分布がなめらかなほど施工性に優れ，細粒分が多いほど所要の安定材添加量は少なくてすむ。

(3) 粒度調整砕石は，75 μm ふるい通過量が 10 % 以下の場合でも，水を含むと泥濘化することがあるので，75 μm ふるい通過量は締固めが行える範囲でできるだけ少ないものがよい。

(4) セメント安定処理工法は，クラッシャランまたは地域産材料に必要に応じて補足材を加えたものを骨材とし，これにセメントを添加して処理する工法である。

再生舗装材料

問10 再生舗装材料に関する次の記述のうち，**不適当なもの**はどれか。

(1) 上層路盤に用いるセメントコンクリート再生骨材は，ロサンゼルスすり減り減量が 50 % 以下でなければならない。

(2) 再生加熱アスファルト混合物を積雪寒冷地域の表層に使用する場合は，耐摩耗性等を十分調査したうえで使用することが望ましい。

(3) アスファルトコンクリート再生骨材をセメント安定処理する場合は，収縮ひび割れの抑制のため一軸圧縮強さの割増を行う。

(4) 再生路盤材におけるアスファルトコンクリート再生骨材の配合率は，その量が大きくなると修正 CBR が低下する傾向にある。

問9 解説

混合物の骨材で細粒分が多いほど，安定材の添加量は多くなる。粒度分布がなめらかなほど施工性は高い。　　　　　　　　　　　　　　　　　　　　　正解 ②

問10 解説

セメント安定処理における一軸圧縮強さを向上すると，セメント量が増大し，ひび割れを促進させる。ひび割れ防止のため，一軸圧縮強さを低減させる。

正解 ③

演習問題　2-2-6

再生舗装材料

問11 再生舗装材料に関する次の記述のうち、**不適当なもの**はどれか。

(1) 再生アスファルトの設計針入度は、一般地域では70を、積雪寒冷地域では90を目標とすることが多い。
(2) アスファルトコンクリート再生骨材の配合率が大きくなると、一般に再生路盤材の修正CBRは低下する傾向がある。
(3) 再生クラッシャランに用いるセメントコンクリート再生骨材は、すり減り減量が50％以下でなければならない。
(4) 再生用添加剤の動粘度（60℃）は、旧アスファルトの針入度等の性状を回復できることおよび引火点等を考慮して定められている。

問11 解説

再生アスファルト設計針入度は、一般地域50、積雪寒冷地域70を目標としている。

正解　1

第3章 アスファルト混合物の配合設計

　アスファルト混合物の配合設計の方法を理解し，同様な方法で，再生加熱アスファルト混合物の配合設計方法を理解する。また，アスファルト混合物に関する試験の方法の概要についても理解する。特に，アスファルトは温度により流動化するため，耐流動化対策への理解が求められている。

3-1　表層・基層アスファルト混合物の配合設計
3-2　表層アスファルト混合物配合設計例
3-3　アスファルト混合物の特別な対策
3-4　再生加熱アスファルト混合物の配合設計
3-5　アスファルト混合物に関する試験
3-6　演習問題

3-1 表層・基層アスファルト混合物の配合設計

アスファルト混合物の事前審査認定混合物で混合所における定期試験で定められた配合を利用するとき，および，アスファルト混合所において年1回以上の頻度で定期的に基準試験を実施しているときは，配合設計を省略できる。

3-1-1　アスファルト混合物の選定

アスファルト混合物は，アスファルト舗装が要求されている性能により，適切なアスファルト混合物を選定する必要がある。

(1)　基層

基層に用いるアスファルト混合物は，地域に関係なく，粗粒度アスファルト混合物(20)を用いる。

(2)　表層

表層に用いるアスファルト混合物は，必要とする性能に適合するように選定する。

① 骨材の最大粒径の違いによる性能等の比較は表 3-1 のようである。

表3-1　骨材の粒径による性能等比較

骨材の最大粒径 20 mm の性能	骨材の最大粒径 13 mm の性能
耐流動性	耐水性
耐摩耗性	耐ひび割れ性
すべり抵抗性	たわみ性
交通量多	交通量小

② 施工地域の違いによる比較は表 3-2 のようである。

表3-2　施工地域による比較

一般地域	積雪寒冷地域
（F）なし混合物	（F）付混合物
耐流動性	耐摩耗性，耐水性
密粒度アスファルト混合物	細粒度アスファルト混合物

③ ギャップアスファルト混合物と開粒度アスファルト混合物は，主にすべり止め用として用いられる。歩行者系道路舗装に用いられる細粒度ギャップアスファルト混合物（13 F）は摩耗層に用いる。
④ 表層用アスファルト混合物の特性と主な使用箇所は，表3-3のようである。

表3-3 表層用混合物の種類と特性および主な使用箇所

アスファルト混合物	特性				主な使用箇所		
	耐流動性	耐摩耗性	すべり抵抗性	耐水性・耐ひび割れ	一般地域	積雪寒冷地域	急勾配坂路
密粒度アスファルト混合物（20，13）	○				○		○
細粒度アスファルト混合物（13）		○		○	○		
密粒度ギャップアスファルト混合物（13）			○		○		○
密粒度アスファルト混合物（20 F，13 F）		○				○	
細粒度ギャップアスファルト混合物（13 F）		○		○		○	
細粒度アスファルト混合物（13 F）		○		○			
密粒度ギャップアスファルト混合物（13 F）			○			○	○
開粒度アスファルト混合物（13）			○		○		

3-1-2 アスファルト混合物の配合の手順

配合設計はマーシャル安定度試験で行うが，過去の良好な結果を利用するときや，アスファルト混合物の事前審査認定混合物など，混合所における定期試験によって定めている配合を利用するときは，配合設計を省略できる。

(1) アスファルト混合物の配合設計の手順

アスファルト混合物の配合設計の手順を図3-1に示した。その手順は定められた性能を満たすような，材料を選定し，骨材の粒度，フィラーの量，最適アスファルト量を定め，使用材の質量比を定めることを配合設計という。混合物は**マーシャル安定度試験**より求めた試験値が基準に適合することを確認する。こうして配合設計された材料の質量比を基本として，耐流動対策，剥離防止等の対策をするため，それぞれの特別な対策に対する試験を実施し，配合を修正し，最終の目標となる現場配合を定め，これに基づき管理してアスファルト混合物を製造・運搬する。

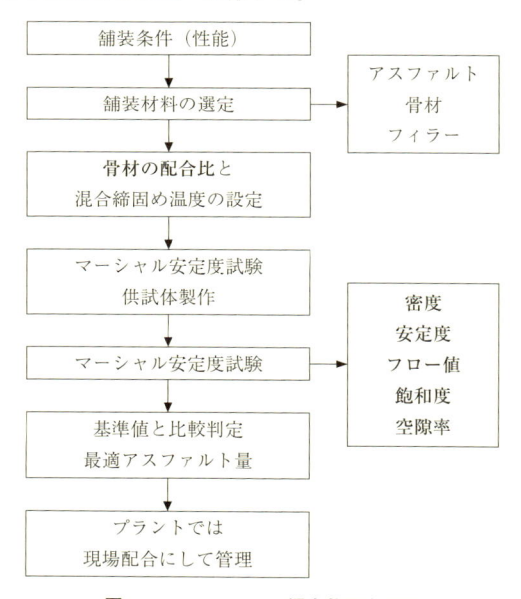

```
       ┌──────────────────┐
       │   舗装条件（性能）   │
       └──────────────────┘
                ↓
       ┌──────────────────┐         アスファルト
       │   舗装材料の選定    │ ──→     骨材
       └──────────────────┘          フィラー
                ↓
       ┌──────────────────┐
       │   骨材の配合比と    │
       │  混合締固め温度の設定 │
       └──────────────────┘
                ↓
       ┌──────────────────┐
       │  マーシャル安定度試験  │
       │    供試体製作      │
       └──────────────────┘            密度
                ↓                      安定度
       ┌──────────────────┐         フロー値
       │  マーシャル安定度試験  │ ──→   飽和度
       └──────────────────┘          空隙率
                ↓
       ┌──────────────────┐
       │   基準値と比較判定   │
       │   最適アスファルト量  │
       └──────────────────┘
                ↓
       ┌──────────────────┐
       │    プラントでは     │
       │  現場配合にして管理   │
       └──────────────────┘
```

図3-1 アスファルト混合物配合設計

3-1-3 アスファルト混合物の判定基準

表 3-4 に,各アスファルト混合物の有する性能を確認するためのマーシャル安定度試験の基準値を示す。なお,供試体をつくるときの突固め回数は舗装計画交通量 T(台/日) 1 000 を境に供試体両面を各 75 回または 50 回とする。

表 3-4　マーシャル安定度試験に対する基準値（舗装の構造に関する技術基準）

混合物の種類	突固め回数(回)		空隙率 (%)	飽和度 (%)	安定度 (kN)	フロー値 (1/100 cm)
	1 000 ≦ T	T < 1 000				
粗粒度アスファルト混合物(20)	75	50	3～7	65～85	4.90 以上	20～40
密粒度アスファルト混合物(20)(13)			3～6	70～85	4.90[7.35]以上	
細粒度アスファルト混合物(13)			3～6	70～85		
密粒度ギャップアスファルト混合物(13)			3～7	65～85	4.90 以上	
密粒度アスファルト混合物(20F)(13F)	50		3～5	75～85		
細粒度ギャップアスファルト混合物(13F)						
細粒度アスファルト混合物(13F)			2～5	75～90	3.43 以上	20～80
密粒度ギャップアスファルト混合物(13F)			3～5	75～85	4.90 以上	20～40
開粒度アスファルト混合物(13)	75	50	—	—	3.43 以上	

〔注〕
1. T:舗装計画交通量(台/日・方向)
2. 積雪寒冷地域,1 000 ≦ T < 3 000 であっても流動によるわだち掘れのおそれが少ないところにおいては,突固め回数を 50 回とする。
3. 安定度の欄の[　]内の値:1 000 ≦ T で突固め回数を 75 回とする場合の基準値

3-1-4　アスファルト混合物の骨材の選定

アスファルト混合物の骨材は，一般に標準粒度の中央値を用いるが，アスファルト混合物に必要な性能を確保するため，適正な粒度分布の骨材を選定する。

（1）　骨材の粒度とアスファルト混合物

アスファルト混合物を配合設計するときの骨材の粒度の範囲は，各混合物により，表3-5のようである。この粒度の範囲は，骨材の粒度図3-2のような分布図を描き，その範囲の中央値を用いて配合することが基本である。

表3-5　アスファルト混合物の種類と粒度範囲（舗装施工便覧）

混合物の種類		粗粒度アスファルト混合物	密粒度アスファルト混合物		細粒度アスファルト混合物	密粒度ギャップアスファルト混合物	密粒度アスファルト混合物		細粒度ギャップアスファルト混合物	細粒度アスファルト混合物	密粒度ギャップアスファルト混合物	開粒度アスファルト混合物
		（20）	（20）	（13）	（13）	（13）	（20F）	（13F）	（13F）	（13F）	（13F）	（13）
仕上り厚(cm)		4～6	4～6	3～5	3～5	3～5	4～6	3～5	4～6	3～4	3～5	3～4
最大粒径(mm)		20	20	13	13	13	20	13	13	13	13	20
通過質量百分率（％）	26.5 mm	100	100				100					
	19.0 mm	95～100	95～100	100	100	100	95～100	100	100	100	100	100
	13.2 mm	70～90	75～90	95～100	95～100	95～100	75～95	95～100	95～100	95～100	95～100	95～100
	4.75 mm	35～55	45～65	55～70	35～55		52～72		60～80	75～90	45～65	23～45
	2.36 mm	20～35		35～50	50～65	30～45		40～60	45～65	65～80	30～45	15～30
	600 μm	11～23		18～30	25～40	20～40		25～45	40～60	40～65	25～40	8～20
	300 μm	5～16		10～21	12～27	15～30		16～33	20～45	20～45	20～40	4～15
	150 μm	4～12		6～16	8～20	5～15		8～21	10～25	15～30	10～25	4～10
	75 μm	2～7		4～8	4～10	4～10		6～11	8～13	8～15	8～12	2～7
アスファルト量(%)		4.5～6	5～7		6～8	4.5～6.5	6～8		6～8	7.5～9.5	5.5～7.5	3.5～5.5

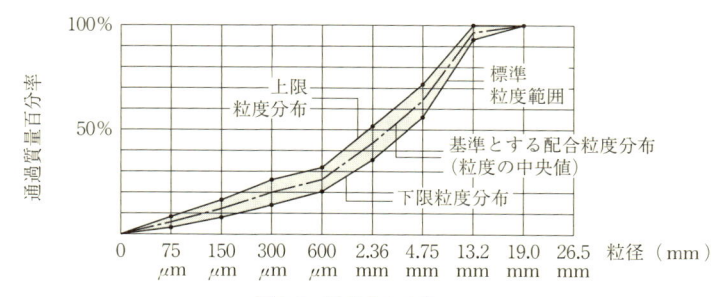

図3-2　粒度の中央値

たとえば，密粒度アスファルト混合物（粗骨材の最大粒径13 mm）について配合設計する場合は，まず，表3-5の②の欄の（13）について，**標準粒度範囲を図3-2**のように通過百分率（％）で各粒径ごとの範囲を示す。

(2) 75μmふるい通過量の比率の制限

アスファルト混合物の耐流動性，耐摩耗性，剥離防止等の性能は，フィラーの75μmふるいの通過量の比率に大きく左右される。アスファルトとフィラーが一体となったバインダー（接着材）はフィラービチューメンといい，骨材間隙を埋めアスファルト混合物を安定させる。しかし，フィラーの混合量が多すぎると，剥離しやすいため，75μmふるい通過量の比率は，一般地域で，アスファルト量に対して0.8～1.2程度，積雪寒冷地域では1.3～1.6程度の範囲とする。

(3) スクリーニングスの使用上の留意点

天然砂よりスクリーニングスを多く使用するときは，粒度分布の変動が激しいため，とくに含水比や粒度の管理を十分にする必要がある。

(4) 製鋼スラグの使用上の留意点

① 製鋼スラグを骨材として用いるときは，天然骨材（砕石等）を用いる場合より密度が大きく，安定しているため，設計アスファルト量を1％程度少なくできる。

② 粗骨材に製鋼スラグ，細骨材に天然骨材を使用するとき，**密度差がある場合**は，密度補正して骨材配合比を求める必要がある。密度差が0.2以上あるときは，各骨材の密度と骨材配合比をかけた総計で，各骨材の配合比と各骨材の密度の積を割った値の百分率とする。密度差2.80 − 2.55 = 0.25となるとき**表3-6**にその計算例を示す。

③ アスファルト混合物に鉄鋼スラグを用いて，マーシャル安定度試験の供試体を作製し，72時間60℃温水中に浸漬して，大きなひび割れ等のないことを確認する。

表3-6 補正配合比計算

		粗骨材	細骨材(2.36 mm以下)	フィラー	総計
A	密度(g/m^3)	2.80	2.55	2.65	—
B	骨材配合比(％)	40	50	10	—
C	A×B	112	127.5	26.5	266
D	補正配合比(％)	$\frac{112}{266} \times 100 = 42$	$\frac{127.5}{266} \times 100 = 48$	$\frac{26.5}{266} = 10$	—

3-1-5 マーシャル安定度試験を行うときの混合物の温度

マーシャル安定度試験を行うときの**締固め温度**は，基本的には，毛管式粘度計による高温動粘度試験により求めた**図 3-3** に示す温度と**動粘度**の関数線から定める。混合するときの動粘度は 180 ± 20 mm^2/s（温度で 150 ～ 155 ℃），締固めるときの動粘度は 300 ± 30 mm^2/s（温度で 140 ～ 145 ℃）とする。

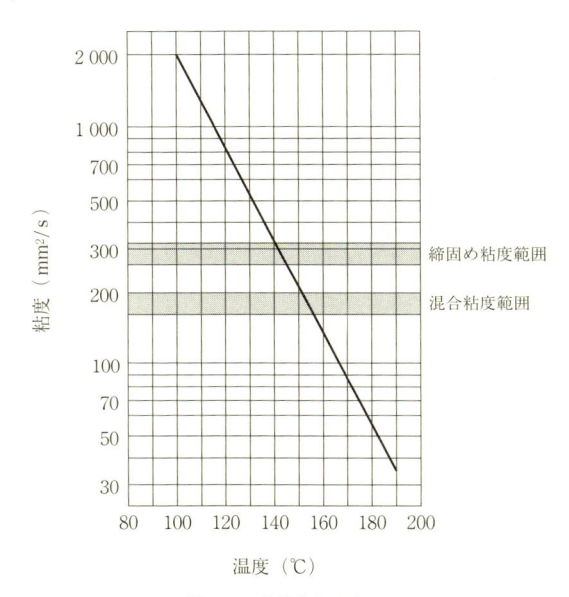

図 3-3 動粘度と温度

3-1-6 アスファルト混合物の配合設計に用いる関係式

アスファルト混合物の構造をモデル化すると，図3-4に示すようである。アスファルト混合物に使用する材料は，①アスファルト（結合材という意味でバインダー），②粗骨材，③細骨材（2.36 mm以下），④フィラー600 μm以下75 μm以上を用いる。ただし，空気は容積はあるが質量はないものとする。

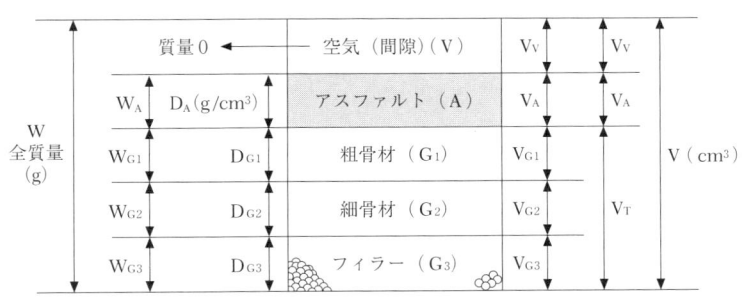

W：全質量，W_A：アスファルト質量，W_{G1}：粗骨材質量，W_{G2}：細骨材質量，W_{G3}：フィラー質量，V_V：空隙容積，V_A：アスファルト容積，V_{G1}：粗骨材容積，V_{G2}：細骨材容積，V_{G3}：フィラー容積，V：全容積，D_A：アスファルト密度，D_{G1}：粗骨材密度，D_{G2}：細骨材密度，D_{G3}：フィラー密度

図3-4 アスファルト混合物の質量・容積のモデル図

図3-4において，W，W_A，W_{G1}，W_{G2}，W_{G3}，の各質量〔g〕とD_a，D_{G1}，D_{G2}，D_{G3}の各密度（g/cm³）は，事前の計測で求めておくので既知量である。また，V（cm³）は，供試体の体積であり既知量である。

以上，次の関係式から，配合設計に必要な各データを求める。

(1) 容積の計算式

① アスファルト容積　　$V_A = \dfrac{W_A}{D_A}$ （cm³）

② 粗骨材容積　　$V_G = \dfrac{W_{G1}}{D_{G1}}$ （cm³）

③ 細骨材容積　　$V_S = \dfrac{W_{G2}}{D_{G2}}$ （cm³）

④ フィラー容積　　$V_F = \dfrac{W_{G3}}{D_{G3}}$ （cm³）

全容積V（cm³）は，供試体（直径101.6 mm，高さ63.5 mmのモールドで製作）の容積で，既知量である。

(2) 密度の計算式

供試体の質量 W〔g〕を測定して，供試体の密度を次の式で計算をする。

① 供試体の密度

$$D_m = \frac{W}{V} \ (g/cm^3) \quad \cdots\cdots\cdots\cdots\cdots\cdots\cdots\cdots\cdots\cdots\cdots\cdots\cdots\cdots\cdots\cdots\cdots\cdots\cdots 式 3.1$$

② **理論最大密度** D_t は，アスファルト供試体に空隙（空気）が全くないものと考えたときのアスファルト供試体の密度で，次の式から計算する。

$$D_t = \frac{W}{V_A + V_T} = \frac{W}{(V_A) + (V_{G1} + V_{G2} + V_{G3})} = \frac{W}{\left(\frac{W_A}{D_A}\right) + \left(\sum \frac{W_{Gi}}{D_{Gi}}\right)} \quad \cdots\cdots\cdots 式 3.2$$

(3) 空隙率

$$V_V = \frac{V_V}{V} \times 100 = \left(1 - \frac{D_m}{D_t}\right) \times 100 \ （\%） \quad \cdots\cdots\cdots\cdots\cdots\cdots\cdots\cdots\cdots\cdots 式 3.3$$

(4) 飽和度

$$S_A = \frac{V_A}{V_V + V_A} \times 100 \ （\%）$$ **骨材間隙容積** $(V_V + V_A)$ 中，

アスファルトの容積 V_A の占める百分率 $\cdots\cdots\cdots\cdots\cdots\cdots\cdots\cdots\cdots\cdots\cdots\cdots\cdots\cdots\cdots 式 3.4$

3-2 表層アスファルト混合物配合設計例

3-2-1 アスファルト混合物の設計条件

アスファルト混合物の設計条件は発注者から与えられるもので，その性能を満たすように設計・施工する．

(1) 道路管理者からの性能要求
　① 良好な乗心地の確保
　② 耐久性の確保

(2) 道路設計条件
道路設計条件は，表3-7のような形式で発注者から与えられる．

表3-7 設計条件の例

設計項目	条件
舗装計画交通量	5 000 台/日
道路の区分	3種2級
設計速度	60 km/h
車線数	上下2車線
横断勾配	1.2 ％
地域	関西

(3) 路面性能指標を確保する材料特性
路面性能指標も，表3-8のような形式で発注者より与えられる．

表3-8 性能指標値

路面性能	性能指標値	材料の特性
塑性変形輪数	3 000 回以上	動的安定度3 000 回/mm 以上
平坦性	1.5 mm 以下	良好な乗心地，コルゲーション防止
段差	5.0 mm 以下	構造物との接合部硬質ゴム

3-2-2 アスファルト,骨材の選定

設計条件に適合するアスファルトと骨材の粒度を選定する。

(1) アスファルトの選定

アスファルトは,針入度 60 ~ 80 の舗装用石油アスファルトを用いる。
アスファルト量は 5 %,5.5 %,6.0 %,6.5 %,7 % として 5 種類を配合する。

表3-9 アスファルトの性能の例

品名	針入度125℃	密度(g/cm³)	動粘度 (mm²/s)		
			140 ℃	150 ℃	160 ℃
ストレートアスファルト60/80	75	1.046	300	200	150

(2) 骨材の選定

アスファルト混合物として,密粒度アスファルト混合物(13)を選定する。
粗骨材,細骨材,フィラーは,ふるい分け試験により,通過質量百分率を求める。

表3-10 ふるい分け試験と各材料の密度の例

		粗骨材		細骨材		フィラー	アスファルト
		S-13(6号)	S-5(7号)	粗砂	細砂	石粉	
最大粒径		13 mm					
通過質量百分率(%)	19 mm	100	100	100	100	100	
	13.2 mm	95	100	100	100	100	
	4.75 mm	4	88	98	100	100	
	2.36 mm	0	70	60	100	100	
	600 μm		10	40	95	100	
	300 μm		0	10	40	100	
	150 μm			1	3	90	
	75 μm			0	1	70	
見掛け密度		2.676	2.672	2.688	2.667	—	—
吸水率		0.73	0.9	—	—	—	—
表乾密度		2.678	2.675	—	—	—	—
使用密度		2.676	2.672	2.688	2.667	2.710	1.046

(粗骨材については,吸水率試験により吸水率を求める。)

配合設計に用いる粗骨材の密度については,吸水率が 1.5 % 以上のときは,見掛け密度と表乾密度の平均値を粗骨材密度とし,吸水率が 1.5 % 未満のときは見掛け密度を配合密度とする。

(3) アスファルト混合物の骨材とフィラーの配合比の計算

表3-10に示した,ふるい分け試験の結果を,通過質量百分率を縦軸に,粒径を横軸にして**片対数グラフ**を描き,粒度分布の中央値を標準とするため,片対数グラフの対角線上に,各骨材やフィラーの使用する配合比をグラフのA,B,C,Dの各点から求める。

① 隣接粒径の分布が相互に離れているときは,その中央の値とする。
② 隣接粒径の分布が相互に重なるとき,相互の距離をそれぞれから等しくする。

以上の①,②の原則で各材料の骨材とフィラーの配合比を図3-5のように定める(図のグラフの横軸の長さは,正確に描く必要があるが,ここでは,見やすくするため微小粒径部を拡大して示してある)。

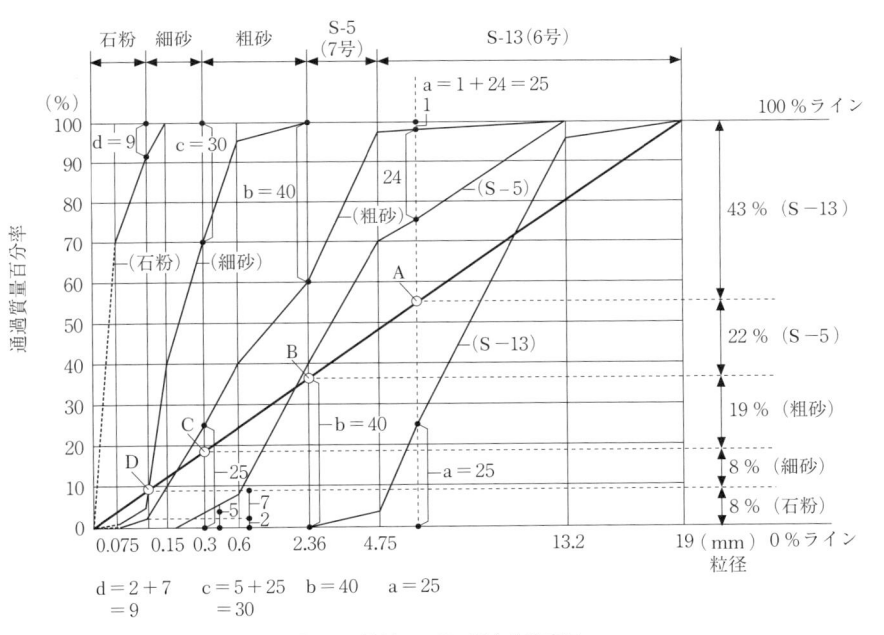

図 3-5 骨材・フィラー配合比設定図

A) 骨材S-13(6号)とS-5(7号)の境界部A点は,図3-5のように,100%のラインと0%ラインからの距離 $a = 25$ が等しくしたときの,対角線との交点とする。

B) S-5(7号)と,粗砂の境界部B点は,図3-5のように,100%ラインと0%ラインとからの距離 $b = 40$ が等しくしたときの対角線との交点とする。

C) 粗砂と細砂の境界部C点は,図3-5のように,100%ラインと0%ラインとからの距離 $c = 30$ が等しいときの対角線との交点とする。

D）細砂と石粉の境界部 D 点は，図 3-5 のように，100％ラインと 0％ラインとからの距離 d ＝ 9 が等しいときの対角線との交点とする。

以上から，A，B，C，D の各点を図 3-5 のように整理すると，質量配合比は骨材とフィラーの全質量を 100％として，次のようになる。

表 3-11　質量配合比

材料	S-13（6 号）	S-5（7 号）	粗砂	細砂	石粉
質量配合比	43	22	19	8	8

配合設計に使用する合成粒度は，S-13（6 号）の欄では，配合比 43 に粗骨材 S-13（6 号）の通過率 1，0.95，0.04 をかけて，43 × 1 ＝ 43，43 × 0.95 ＝ 41，43 × 0.04 ＝ 2 のようになり各骨材等について計算すると，表 3-12 のようになる。標準粒度範囲は表 3-5 密粒度アスファルト混合物（13）の欄の数値である。

表 3-12　合成粒度と標準粒度範囲

		粗骨材		細骨材		フィラー	S-13 (6号)	S-5 (7号)	粗砂	細砂	石粉	合成粒度	標準粒度範囲
		S-13(6号)	S-5(7号)	粗砂	細砂	石粉							
	配合比	43	22	19	8	8	配合比×通過率						
通過質量百分率（％）	19 mm	100	100	100	100	100	43	22	19	8	8	100	100
	13.2 mm	95	100	100	100	100	41	22	19	8	8	98	95～100
	4.75 mm	4	88	98	100	100	2	19	19	8	8	56	55～70
	2.36 mm	0	70	60	100	100	0	15	11	8	8	42	35～50
	600 μm		10	40	95	100		2	8	8	8	26	18～30
	300 μm		0	10	40	100		0	2	3	8	13	10～21
	150 μm			1	3	90			0	0	7	7	6～16
	75 μm			0	1	70			0	0	6	6	4～8

3-2-3　マーシャル安定度試験の供試体の材料の計算

供試体（直径101.6 mm，高さ63.5 mmのモールド）1個に必要な材料の骨材とフィラーの質量の合計はアスファルト6％の供試体について，経験的に1 150 kgを標準として計算する。

(1)　骨材とフィラーの計量値

供試体一個の質量に必要な骨材とフィラーは表3-13のようである。

表3-13　骨材，フィラーの材料質量（1個当たり）

骨材の種類	配合比	計算	計量値（g）
S-13（6号）	43	1 150×0.43	494
S-5（7号）	22	1 150×0.22	253
粗　砂	19	1 150×0.19	219
細　砂	8	1 150×0.08	92
石　粉	8	1 150×0.08	92
合　計	100％		1 150 g

(2)　アスファルトの計量値

骨材とフィラーを1 150 g用いるときの供試体一個のアスファルトの各％に対する質量は表3-14のようになる。

表3-14　供試体用アスファルト量（1個当たり）

アスファルト量（％）	計　算	計算量（g）
5.0	1 150×0.05÷(1−0.05)	60.5
5.5	1 150×0.055÷(1−0.055)	66.9
6.0	1 150×0.06÷(1−0.06)	73.4
6.5	1 150×0.065÷(1−0.065)	79.9
7.0	1 150×0.07÷(1−0.07)	86.6

3-2-4 マーシャル安定度試験とデータの整理

マーシャル安定度試験を行い，結果を整理してアスファルト混合物の骨材配合比とアスファルト量を求める。

(1) マーシャル安定度試験の実施とデータ採取

表 3-13，表 3-14 の各材料を所要の温度で加熱混合し，舗装計画交通量が 1 000 台/日以上なので，モールドにつめて各面 75 回ずつハンマで突固め供試体をつくり，図 3-6 に示すようなマーシャル試験器に供試体をセットし，油圧を作用させて，供試体を押しつぶし，このときのダイヤルゲージの耐力（kN）を安定度，フローメータのひずみ量をフロー値（1/100 cm）の単位で読み取り記録する。

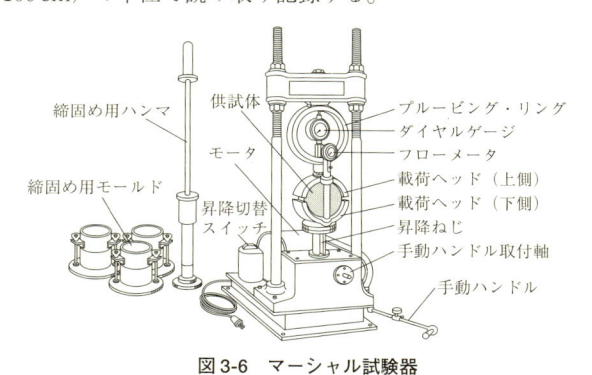

図 3-6　マーシャル試験器

(2) 理論最大密度の計算
　① 骨材，フィラー，アスファルトの使用密度（表 3-10）
　② 骨材，フィラーの配合比（表 3-11）

以上のデータから，表 3-15 のようにアスファルト混合物の空隙が 0 と考えたときの理論最大密度 Dt を各アスファルト量ごとに計算する。

表 3-15　理論最大密度のデータ整理

① 各材料	② 配合比 (%)	③ 各材料密度 (g/cm³)	④ 各材料容積 比②÷③	⑤ アスファルト (%)	⑥ アスファルト 密度(g/cm³)	⑦ アスファルト 容積⑤÷⑥	⑧ 各骨材容積 $Σ④×\dfrac{100-⑤}{100}$	⑨ 供試体容積 ⑦+⑧	⑩ 理論最大 密度 100/⑨
S-13	43	2.676	16.069	5.0	1.046	4.780	35.457	40.237	2.485
S-5	22	2.672	8.234	5.5	1.046	5.258	35.270	40.555	2.466
粗砂	19	2.688	7.068	6.0	1.046	5.736	35.084	40.820	2.450
細砂	8	2.667	3.000	6.5	1.046	6.214	34.897	41.111	2.432
石粉	8	2.710	2.952	7.0	1.046	6.692	34.710	41.402	2.415
	④の合計	Σ④=	37.323						

(3) 密粒度アスファルト（13）のデータ記入の例
① 骨材密度測定値の記入（①〜⑥）
② 供試体見掛密度，理論最大密度（g/cm³）の記入（⑦〜⑧）
③ 骨材間隙率（％），飽和度（％）の計算をし記入（⑨〜⑫）
④ 安定度，フロー値，安定度／フロー値の記入（⑬〜⑯）

表3-16 マーシャル安定試験データ整理

調査名・目的 ＿＿＿＿＿＿＿＿＿＿＿＿＿＿＿＿＿＿＿　報告年月日〇〇年〇〇月〇〇日
混合物の種類　密粒度アスファルト混合物（13）　試験者 ＿＿＿＿＿＿＿
アスファルトの種類 ＿＿＿＿＿＿＿　アスファルトの密度Ⓐ＝1.046　アスファルトの温度 150℃
骨材の温度 150℃　突固め時の温度 140℃　突固め回数 両面各75 回　力計の係数Ⓑ＝164.0

供試体番号	① アスファルト量 (%)	② 供試体平均厚 (cm)	③ 空中質量 (g)	④ 水中質量 (g)	⑤ 表乾質量 (g)	⑥ 容積 (cc) ③−④	⑦ 密度 見掛 (g/cm³) ③/⑥	⑧ 密度 理論 (g/cm³)	⑨ アスファルト容積 (%) ①×⑦/Ⓐ	⑩ 空隙率 (%) (注1)	⑪ 骨材間隙率 (%) ⑨+⑩	⑫ 飽和度 (%) ⑨/⑪	⑬ 安定度 力計の読み	⑭ 安定度 (kN) Ⓑ×⑬	⑮ フロー値 1/100 cm	⑯ 安定度／フロー値 (kN/m) ⑭/⑮
1	5.0	6.35	1200.0	687.0	—	513.0	2.339	2.485	11.2	5.9	17.1	65.5	78	12.79	21	6 100
2	5.5	6.34	1201.7	693.4	—	508.3	2.364	2.466	12.4	4.1	16.5	75.2	90	14.76	25	5 900
3	6.0	6.35	1206.2	698.5	—	507.7	2.376	2.450	13.6	3.0	16.6	87.9	94	15.42	29	5 300
4	6.5	6.32	1197.5	694.1	—	503.5	2.379	2.432	14.8	2.2	17.0	87.1	90	14.76	34	4 300
5	7.0	6.38	1209.5	699.7	—	509.8	2.372	2.415	15.9	1.8	17.7	89.8	85	13.94	40	3 500

（注1）　$\left(1-\dfrac{⑦}{⑧}\right)\times 100$

(4) 最適アスファルト量の設定

以上の結果を，見掛密度，空隙率，飽和度，安定度，フロー値の5つの項目について，グラフに描き，密粒度アスファルト（13）の基準値と比較して，各項目を満足する共通範囲の中央値を最適アスファルト量とする。表 3-4 より，基準値は，表 3-17 のようになる。

表 3-17 密粒度アスファルト（13）基準値

項目	基準値
空隙率	3～6（%）
飽和度	70～85（%）
安定度	7.35（T≧1000）
フロー値	20～40（1/100 cm）
密度	指定のあるときのみ

以上から，表 3-16 の結果をのグラフに描く。図 3-7（f）より基準値以内の共通範囲は 5.2～5.9％となり，その中央値 (5.2 + 5.9) ÷ 2 = 5.6％となる。これが最適アスファルト量である。

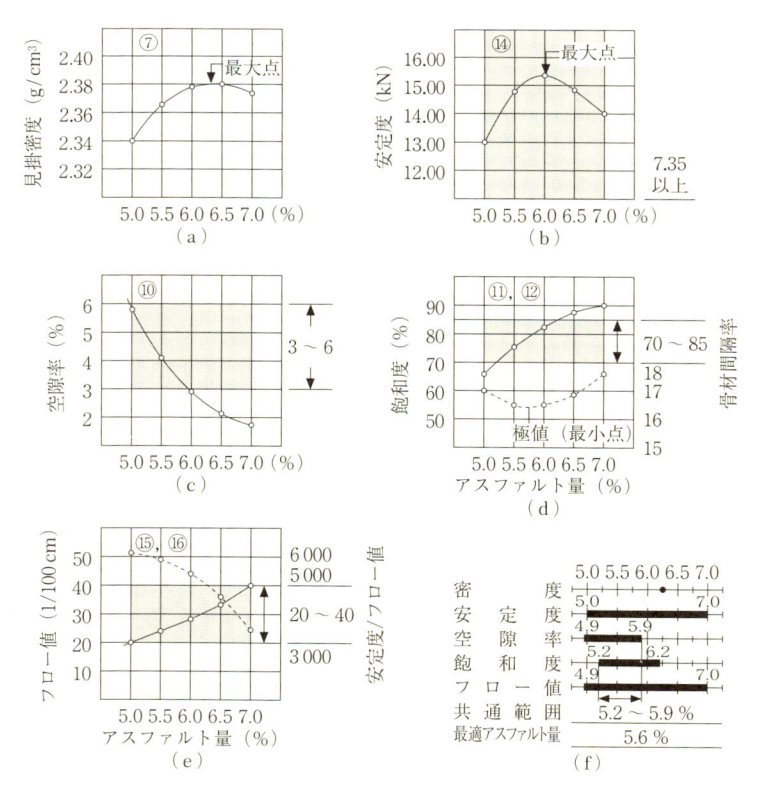

図 3-7 最適アスファルト量の求め方

(5) マーシャル安定度試験の結果で判断するアスファルト量の設定の留意点
① 骨材間隙率を図3-7 (d) のように,飽和度の項目に重ねて記入し,骨材間隙率のグラフの極値(最小点)は骨材の最大粒径が20 mmで15 %以上,骨材の最大粒径が13 mmのとき16 %以上であることが望ましい。
② 表3-16の⑯のように,**安定度÷フロー値**(kN/m)を求め,図3-7 (e) のように,フロー値のグラフに重ねて描く。安定度÷フロー値は,一般地域で2 000 ~ 4 900 kN/m,積雪寒冷地域で,1 500 ~ 4 400 kN/mの範囲が望ましい。一般地域で,流動が予想される場合,設計アスファルト量は,中央値から下限値の範囲で設定するが,安定度÷フロー値の極大値のアスファルト量より多い範囲で設定する。しかし,中央値より0.5 %以上少なくしない方がよい。
③ 積雪寒冷地域で,とくに摩耗作用が著しい場合や,一般地域で交通量の少ない場合および多雨多湿な地域等では,アスファルトの共通範囲の中央値から上限値の範囲で設定する。このとき,骨材間隙率の最小点,安定度の最大点のアスファルト量より多く,密度の最大点のアスファルトよりあまり多くない範囲で選定することができる。

3-3 アスファルト混合物の特別な対策

アスファルト混合物を配合設計したのち,特別な対策を必要とする場合がある。

アスファルト混合物の対策には,**耐流動対策**,**耐摩耗対策**,**剥離防止**があり,それは,アスファルト量についていえば,針入度との関係で以下のことがいえる。

① 耐流動性は,アスファルト量が多いと低下する。(針入度 40～60 の使用)
② 耐摩耗性は,アスファルト量が多いと向上する。(針入度 80～100 の使用)
③ 剥離防止は,アスファルト量が多いと向上する。(針入度 40～60 の使用)

また,骨材の粒度については,次の性質がある。

① 骨材の粒度分布を下限に近づけると,荒くなり耐流動性は向上する。
② 骨材の粒度分布を上限に近づけると,細かくなり耐摩耗性は向上する。
③ 骨材の粒度分布を上限に近づけると,細かくなり剥離防止は向上する。

以上の他にも,骨材の粒度 2.36 mm の通過百分率(%)により定義されるアスファルト混合物の特徴を**表 3-18** に示す。

表 3-18 アスファルト混合物の特徴

アスファルト混合物	2.36 mm 通過分(%)	用途	アスファルト量
粗粒度アスファルト混合物	20～35	基層	中央値
密粒度アスファルト混合物	35～50	耐流動性	下限側
密粒度ギャップアスファルト混合物	30～45 (不連続)	すべり抵抗	上限側
細粒度アスファルト混合物	一般 50～60,積雪 65～80	耐久性,耐水性	上限側
細粒度ギャップアスファルト混合物	45～65 (不連続)	耐摩耗性	上限側
開粒度アスファルト混合物	15～30	すべり止舗装	目視観察

開粒度アスファルト混合物は排水性舗装,透水性舗装に用いられ,最適アスファルト量はダレ試験の最大アスファルト量とし,アスファルト量の最小値は,カンタブロ試験により定め,最後にマーシャル安定度試験をして,その性状を確認する。実際には,何回かの試験練りをして確認が必要である。

以上のような,基本的な性質を理解しておく必要がある。

3-3-1 　重交通道路における耐流動対策

大型交通量の多い道路では,路面にわだち掘れが生じやすいため,とくに耐流動対策を必要とする。

(1) 動的安定度（DS）の確保の留意点

① 密粒度アスファルト混合物とし，アスファルトは針入度40～60の硬いアスファルトを使用するか，改質アスファルトを用いる。
② 骨材の粒度は，粒度分布の中央値より，下側の範囲内のものとし，粗い骨材のものを用いる。
③ 耐流動性の評価は，**ホイールトラッキング試験**により，動的安定度（DS）を1 500回/mm以上とする。舗装計画交通量が3 000台/日以上では，3 000回/mm以上で設定する。
④ 動的安定度（DS）が5 000回/mm以上に設定すると，硬くなりすぎ，ひび割れの発生が生じやすいため，バインダーメーカ（アスファルト等製造者）の試験成績表等から**ひび割れ抵抗性**を確認をしておく。
⑤ 動的安定度（DS）は，ホイールトラッキング試験により求めるが，そのデータの変動係数（標準偏差/平均値）が20％にも達することがあるため評価にあたり十分に安全性を考慮する。

以上から，動的安定度（DS）の目標の設定は，対策路線の交通量，わだち掘れを推定し，補修のサイクルコストおよび，工事渋滞による時間損失等総合的に考慮して行う。

(2) 耐流動対策としてのアスファルト混合物の配合設計

密粒度アスファルト混合物（20，13），密粒度ギャップアスファルト混合物（13）のいずれかを用い，次の各点に留意する。

① 骨材は中央値以下を目標とし，75 μm ふるい通過分を少なくする。
② アスファルト量は，中央値かそれ以下を目標とする。ただし，少なすぎると剥離するので注意する。
③ マーシャル安定度試験の供試体は両面を各75回で突固め（T ≧ 1 000台/日），安定度は7.35 kN以上，安定度/フロー値は，2 500 kN/mを目標とする。
④ フィラーは，75 μm通過分のうち，**回収ダスト**分は30％を超えないようにする。
⑤ ホイールトラッキング試験の結果，所定のDS値が得られないとき，2.36 mmふるいの通過量を減らし，粒度を範囲内で下限に近づけ，同時に75 μmふるいの通過量を減らす。要は，粗骨材（2.36 mm以上）の量を増やし，細骨材，フィラーを減少させる。必要により，改質アスファルトⅡ型（ゴム，**熱可塑性エラストマーを混合**）を用いる。このときは，最適アスファルト量についてのマーシャル安定度試験での確認が必要となる。

(3) 表層・基層の構造

大型交通量が多い道路では，表層の耐流動対策だけでなく，表層と基層の極端な動的安定度（DS）値の差を解消し，ひび割れの発生を抑制するため，必要により，基層にも耐流動対策をすることも考慮する。

3-3-2 耐摩耗対策

積雪寒冷地域の路面の凍結箇所では，**タイヤチェーン**等による摩耗が著しい。このため，**耐摩耗対策**が必要となる。

(1) 耐摩耗対策としての配合設計の留意点
① 混合物として，密粒度アスファルト混合物（20 F，13 F），細粒度アスファルト混合物（13 F），細粒度ギャップアスファルト混合物（13 F），密粒度アスファルトギャップ混合物（13 F）を用いる。
② アスファルト量は，共通範囲内で，アスファルト量の多いほど，耐摩耗性は向上する。しかし，多すぎると夏期に，アスファルトの耐流動性が損なわれるので，適正なアスファルト量を選定する。
③ アスファルト量については，ラベリング試験を行い，アスファルト供試体面を66回/分ラベリング用チェーンで打撃，1.5時間試験したときの，供試体面の摩耗深さをすり減り量とし評価する。すり減り量の基準値は定められていないが，各道路管理者が定めるものである。一般に，不連続粒度を持つギャップアスファルト混合物は，連続粒度を持つアスファルト混合物より，耐摩耗性は高い。
④ アスファルトは，低温時にもろくなりやすいので，骨材の把握力の大きい改質アスファルトを用いたり，骨材は摩耗に強いすり減り量の少ない硬質骨材を用いるのが望ましい。

3-3-3　剥離防止対策

アスファルトと骨材が剥離するのを防止するため，次の対策を行う。

(1)　剥離防止対策の必要な場合
①　地下水位の高い箇所
②　剥離が生じた箇所の打換オーバレイの混合物
③　橋面舗装の排水が悪い箇所
④　剥離を生じ骨材と同種の骨材を使用する場合
⑤　上層路盤材料のPI（塑性指数）が規格値の上限に近い箇所

(2)　剥離防止対策
①　排水施設を十分に管理し，滞水させないようにする。
②　フィラーの一部に，消石灰やセメントを，アスファルト混合物の全質量の1～3％を標準として用いる。
③　剥離防止剤をアスファルト全質量の0.3％以上用いる。
④　アスファルトの針入度を40～60の硬いものを用いる。
⑤　アスファルト量は，**アスファルト量の共通範囲**の上限値を標準とする。
⑥　水に対する抵抗性は，水浸ホイールトラッキング試験により，剥離率を求め評価する。この他，水浸マーシャル安定度試験は，水浸前の安定度と，**水浸後のアスファルト混合物の安定度**を求め，その安定度の比を**残留安定度**といい，一般に75％あれば剥離防止できると考えられている。

3-4 再生加熱アスファルト混合物の配合設計

3-4-1　再生加熱アスファルト混合物

　再生加熱アスファルト混合物は，アスファルト再生骨材に，所要の品質が得られるよう，必要に応じて，**補足材，新規アスファルト，再生用添加剤**を加えて加熱混合したものをいう。再生加熱アスファルト混合物には，**再生粗粒度アスファルト混合物**と**再生密粒度アスファルト混合物**がある。

① 　基層，表層に用いる再生加熱アスファルト混合物の規格値は，新しい材料のみのアスファルト混合物と同等とする。

② 　再生材料の再生回数は，再生材としての性能を有するものは制限しない。

③ 　再生加熱アスファルト混合物を積雪寒冷地域に用いるときは，耐摩耗性について調査する。

④ 　地下水の影響を受けやすい所では，再生加熱アスファルト混合物の残留強度を確認（75％以上）して，必要により，消石灰，セメントを用いて，剥離防止対策を行う。

3-4-2 再生材料

再生加熱アスファルト混合物に用いる再生材と，その材料の性能を示すと次のようになる。

(1) アスファルトコンクリートの再生骨材
① アスファルトコンクリートの再生骨材の品質規格は，旧アスファルト含有量は3.8％以上，旧アスファルトの針入度（25℃）は20以上とし，骨材の洗い試験で失われる量は5％以下とする。なお，洗い試験は，再生骨材の水洗い前後の75μmふるいにとどまるものについて，比較する。
② 針入度20未満のものは，路盤材料として利用する。
③ アスファルト混合物の切削材は，再生骨材の品質規格を満たせば，再生アスファルトコンクリートの骨材として利用できるが，粒度のバラつきが大きいときは，他の再生骨材と粒度調整して使用する。
④ 再生骨材粒度は20～13mm，13～0mmにふるい分けることが多い。

(2) 再生用添加剤

再生用添加剤は，旧アスファルトの針入度等の性状を回復させるため，再生アスファルト混合物の製造時に，プラントで添加するもので，**特定化学物質**を含まないものとする。

再生用添加剤の品質規格は，次のようである。
① 動粘度（60℃）は80～1 000 mm^2/s
② 引火点は230℃以上
③ **薄膜加熱後の粘度比**（60℃）2以下（再生用添加剤の耐熱性を評価）
④ **薄膜加熱質量変化率**±3％以下（再生用添加剤の耐熱性を評価）
⑤ 密度および組成分析は，品質改善のためのデータを提出するもので，品質規格はない。

(3) 再生アスファルト

再生アスファルトは，アスファルトコンクリート再生骨材に含まれる旧アスファルトに再生用添加剤および新規アスファルトを単独または組合わせて添加調整したアスファルトである。

再生アスファルトは，針入度が40～60，60～80，80～100に相当するものとして，針入度100～120については，使用実績が少ないため，その品質は示されていない。再生アスファルトは120℃，150℃，180℃について動粘度（mm^2/s）を高温動粘度試験またはセイボルトフロール秒試験で測定する。

3-4-3 再生加熱アスファルト混合物の配合設計

再生加熱アスファルト混合物を配合設計する場合，次の各点に留意する。

(1) **再生加熱アスファルト混合物の基準値**

再生加熱アスファルト混合物の配合設計は，再生アスファルトの設計針入度に適合するような新規アスファルト，再生用添加剤で調整し，新しい材料による加熱アスファルト混合物の基準値（**表3-4** マーシャル安定度試験に対する基準）と同じ値を満足する必要がある。混合温度，締固め温度は高温動粘度試験またはセイボルトフロール秒試験で求めた動粘度により定める。

(2) **再生骨材 10 % 以下における取扱い**

再生骨材が 10 % 以下で再生骨材の配合率が小さいとき，次のように取扱う。
① 再生骨材に含まれる，旧アスファルトの量は，アスファルト量として，再生アスファルトの一部として新アスファルト量に加える。
② 再生骨材が 10 % 以下のときは，針入度の調整はせず，使用する再生アスファルトの針入度は，新しいアスファルトの針入度の値を用いる。

(3) **再生加熱アスファルト混合物の配合設計手順**
① 再生加熱アスファルト混合物として，再生添加剤，補足材，新アスファルト等を用いたときでも，通常の加熱アスファルト混合物と全く同じ品質を確保する必要があり，その設計方法，材料の基準について同じ取扱いとする。
② 供用後早い時期にひび割れを生じさせないため，加熱後の再生アスファルトの針入度は 35 以上確保するため一般地域では，針入度 50 程度，積雪寒冷地域で針入度 70 程度を目標とする。加熱した前後のアスファルトの針入度は，加熱後の方が，熱のため針入度は低下し硬化する。
③ 重交通箇所では，耐流動性，耐摩耗性の確保のため，改質アスファルトを用いることも検討する。
④ 針入度の調整に必要な旧アスファルトの抽出は，再生骨材の抽出試験を行う。その後，旧アスファルトの含有量と旧アスファルトの針入度を測定し，針入度調整を行い，新アスファルト量を求める。

⑤ 針入度の調整は，再生添加剤による場合，横軸に再生用添加剤量（旧アスファルトに対する質量%）を取り，縦軸に旧アスファルトの針入度を取り，図 3-8 のようにグラフを描き，一般地域では，針入度 50 に対する再生用添加剤量を，積雪寒冷地域では，針入度 70 に対する，再生用添加剤量を求める。

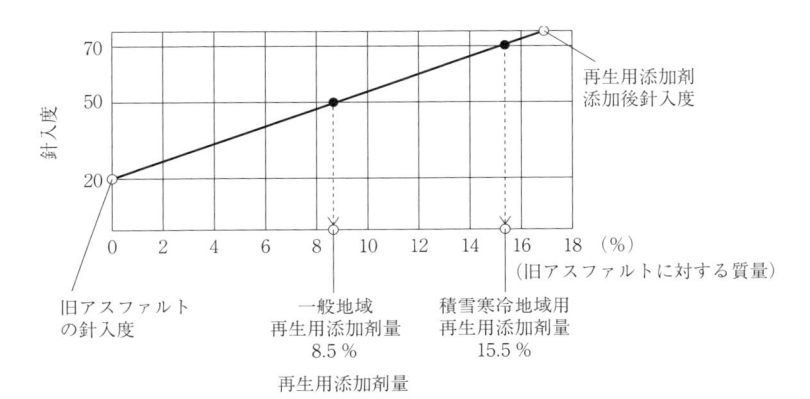

図 3-8　再生アスファルト針入度調整

針入度 20　　旧アスファルト
針入度 50　　一般地域　再生加熱アスファルト混合物
針入度 70　　積雪寒冷地域用　再生加熱アスファルト混合物

⑥ 再生加熱アスファルト混合物の最大理論密度の計算
再生加熱アスファルト混合物に用いる，アスファルトは，旧アスファルト（使用量 W_A (g)，密度 D_A (g/cm³)），再生用添加剤（使用量 W_R (g)，密度 D_R (g/cm³)）とすると，式 3.5 のようになる。

$$D_t = \frac{W}{\dfrac{W_A}{D_A} + \dfrac{W_R}{D_R} + \sum \dfrac{W_{Gi}}{D_{Gi}}} \quad \cdots\cdots\cdots\cdots\cdots\cdots 式 3.5$$

⑦ 以上①〜⑥を考慮して，通常のアスファルト混合物の配合設計をすることができる。ここでは，設計例は省略する。

3-5 アスファルト混合物に関する試験

3-5-1　骨材の試験

アスファルト混合物に用いる骨材に関する試験と規格は，各材料ごとに次のようになる。

(1)　道路用砕石の試験と規格

①	道路用砕石試験（密度，吸水率，ロサンゼルスのすり減り減量，粒度の各試験）	密度，吸水率（3.0％以下），すり減り減量（30％以下），粒度（単粒度（S），粒度調整砕石（M），クラッシャラン（C））
②	スクリーニングス粒度試験	粒度（2.36 mm 以下の細粒度）分布
③	玉砕試験	4.75 mm ふるいにとどまるものの質量で40％以上が1つの破砕面を持つ
④	硫酸ナトリウム安定性試験	耐久性，表層・基層の損失量12％以下，上層路盤20％以下
⑤	粗骨材の軟石試験 粗骨材形状試験	有害物の含有量として，4.75 mm 以上の砕石に対して細長あるいは偏平な有害石片に対して， 粘土，粘土塊 0.25％以下 軟らかい石片 5.0％以下 細長いあるいは偏平な石片 10％以下

(2)　製鋼スラグの試験と規格

①	製鋼スラグの水浸膨張性試験	エージング期間の設定3ヶ月以上，水浸膨張比2％以下，粒度

(3)　フィラーの試験と規格

①	石粉粒度試験	水分1％以下 600 μm　100％通過　150 μm　90～100％通過　75 μm　70～100％通過
②	石灰岩以外の石粉の塑性指数試験	PI 4 以下
③	石灰岩以外の石粉のフロー試験	50％以下
④	石灰岩以外の石粉の浸水膨張試験	3％以下
⑤	石粉の剥離抵抗性試験	標準砂，石粉，アスファルトの混合を沸騰させ，アスファルトと標準砂の剥離状態を評価する
⑥	石粉の密度試験	配合設計に利用

3-5-2　瀝青材料の試験

瀝青材料として行うべき試験の代表的なものは次のようである。

(1)　舗装用石油アスファルトの試験と規格

①	針入度試験	アスファルトの分類 40～60, 60～80, 80～100, 100～120
②	軟化点試験	軟化温度指標（40～55）℃
③	伸度試験	延性（15℃）10～100 cm
④	三塩化エタン可溶分試験	アスファルトの純度 99 % 以上
⑤	引火点試験	260℃以上（火災事故防止）
⑥	薄膜加熱質量変化率試験	0.6 % 以下（アスファルトの耐熱性・劣化）
⑦	薄膜加熱針入度試験	50～580 以上（アスファルトの耐熱性・劣化）
⑧	蒸発後の針入度比試験	110 % 以下（加熱貯蔵時の安定性）
⑨	アスファルト密度試験	配合設計で理論密度の計算に用いる
⑩	高温動粘度試験	締固め温度，混合温度の設定

(2)　ゴムおよび熱可塑性樹脂入りアスファルト（改質アスファルト）の試験と規格

①	タフネス試験	改質アスファルトⅠ型 500～600 N・cm 以上，改質アスファルトⅡ型 800 N・cm 以上
②	ティナシティ試験	改質アスファルトⅠ型 250～300 N・cm 以上，改質アスファルトⅡ型 400 N・cm 以上

　タフネス・ティナシティ試験は，改質アスファルトの把握力と粘結力を測定するもので，図3-9のように，円筒容器に，改質アスファルトをつめ，半球のテンションヘッドを試料に密着させ，引張試験器で，300 mm 以上まで引張り，このときの引上げ荷重と変位量の記録をする。そして，図3-10のようにグラフを描く。

　このとき，タフネスは ABE ＋ CDEF，ティナシティは CDEF の面積を表す。

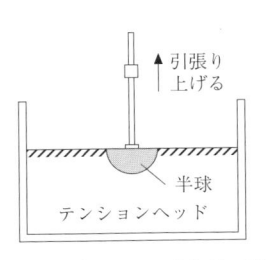

図3-9　タフネス・ティナシティ試験器

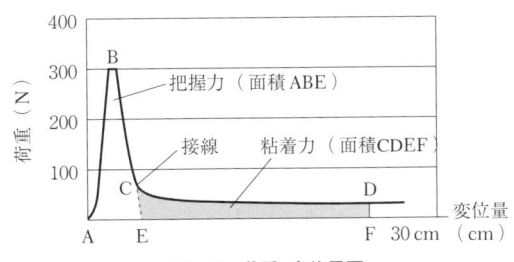

図3-10　荷重・変位量図

(3) セミブローンアスファルト（改質アスファルト）の試験と規格

①	粒度（60°）試験	10 000 ± 2 000 Pa.s（コンシステンシーの評価）
②	高温動粘度試験（180 ℃）	180 ℃で 200 mm²/s 以下，混合時 180 ± 20 mm²/s，締固め時 300 ± 30 mm²/s
③	薄膜加熱試験 60 ℃粘度試験	粘度比 $=\dfrac{加熱後の粘度}{加熱前の粘度} \leq 5$ 以下

3-5-3 石油アスファルト乳剤

石油アスファルト乳剤で行う主な試験と規格は次のようである。

①	エングラー度試験 セイボルトフロール秒試験	粘性度 PK1，PK2（3〜15），PK3，PK4（1〜6），MK（3〜40），MK：混合用アスファルト乳剤エングラー度 15 以上のとき，セイボルトフロール秒試験で，エングラー度（粘性度）を求める
②	ふるい残留分試験	0.3 % 以下（散布時，残留分が多いと目詰を生じる）
③	付着度試験	砕石をアスファルト乳剤中につけ，水洗して，アスファルト乳剤の付着性を目視で観察して評価
④	貯蔵安定度試験	アスファルト乳剤の貯蔵中の安定性を貯蔵安定度として評価する

3-5-4 配合試験

アスファルト混合物の配合試験で行う主な試験と基準は次のようである。

①	マーシャル安定度試験	骨材の配合比，最適アスファルト量，安定度〔kN〕，フロー値（1/100 cm），安定度/フロー値
②	水浸マーシャル安定度試験	残留安定度 75 % 以上，剝離抵抗性
③	カンタブロ試験	開粒度アスファルト混合物の最小アスファルト量，骨材飛散抵抗性
④	ダレ試験	開粒度アスファルト混合物の最大アスファルト量，アスファルト余剰分の判定
⑤	ラベリング試験	表層混合物の耐摩耗性の評価（タイヤチェーン等の抵抗性）
⑥	ホイールトラッキング試験	加熱アスファルト混合物の耐流動性を評価，**動的安定度（DS）** 舗装計画交通量 3 000 台/日未満 1 500 回/mm　3 000 台/日以上 3 000 回/mm とする
⑦	水浸ホイールトラッキング試験	加熱アスファルト混合物の水の作用条件下における剝離率を求める。
⑧	アスファルト混合物の曲げ試験	破断時の曲げ強度，破断時のひずみ（たわみ性が要求される鋼床版の舗装に適用）
⑨	締固めたアスファルト混合物の密度試験	吸水時の見掛密度，（見掛密度：密粒度用）吸水しないときの密度（かさ密度：粗粒度用）パラフィンかさ密度（開粒度用）
⑩	アスファルト混合物の最大密度試験	アスファルト混合物の理論最大密度を求め，供用中のアスファルト混合物の空隙率を求める
⑪	アスファルト抽出試験	アスファルト混合物から，各種使用素材を抽出し，その合成粒度を調べ品質管理に用いる ソックスレー抽出法と遠心分離抽出法があり，ソックスレー抽出法が主流である

3-6 演習問題

アスファルト混合物配合設計

問1 加熱アスファルト混合物の配合設計に関する次の記述のうち，**不適当なもの**はどれか。

(1) アスファルト量に対する75 μm ふるい通過量の比率は，通常，一般地域では0.8〜1.2程度，積雪寒冷地域における耐摩耗性の混合物では1.3〜1.6程度とすることが多い。
(2) 剥離が懸念される骨材を用いる場合は，フィラーの一部を消石灰やセメント等で置換えるとよく，その使用量は混合物全質量の1〜3％程度とすることが多い。
(3) 耐流動対策を行う場合の表層用混合物の設計アスファルト量は，マーシャル安定度試験から得られる共通範囲の中央値から上限値の範囲で設定する。
(4) 骨材配合を検討する場合の粒度曲線は，一般に目標粒度範囲の中央値を結ぶ曲線を用いるが，それが難しい場合には，粒度範囲内で中央値に近い曲線を用いる。

アスファルト混合物配合設計

問2 加熱アスファルト混合物の配合設計に関する次の記述のうち，**不適当なもの**はどれか。

(1) 使用予定骨材の間で，密度の差が0.2以上，違うものが2つ以上あるときは，骨材配合比の補正が必要となる。
(2) 混合物の理論最大密度計算に用いる粗骨材の密度は，吸水率が1.5％を超える場合，見掛密度と表乾密度の平均値を用いる。
(3) 積雪寒冷地域における耐摩耗性の混合物は，アスファルト量に対する75 μm ふるい通過量の比率を1.0以下とするのが一般的である。
(4) アスファルトプラントでは，試験練りを行い，必要があれば配合設計で設定したアスファルト量を修正して現場配合を決定する。

問1 解説
耐流動対策を行うとき，アスファルト量は，マーシャル安定度試験で得られた共通範囲の中央値から下限値の範囲とする。　　　　　　　　　　　　　　　正解　③

問2 解説
積雪寒冷地域で耐摩耗性混合には，アスファルト量に対する75 μm のふるい通過量の比率は1.3〜1.6程度とする。　　　　　　　　　　　　　　　正解　③

演習問題　　　　　　　　　　　　　　　　　　　　　　　　　　　2-3-2

アスファルト混合物選定

問3　加熱アスファルト混合物の選定上の留意点に関する次の記述のうち、**不適当な**ものはどれか。

(1) 最大粒径20 mmの骨材を使用した混合物は、13 mmのものに比べ、一般に耐水性、ひび割れ抵抗性に優れている。
(2) フィラーを多く用いるF付きの混合物は、耐摩耗性に優れているが、細粒分が多いため耐流動性に劣る傾向がある。
(3) 大型車の交通量が多い道路では、耐流動性を向上させた混合物を表層または表層・基層に使用するとよい。
(4) 混合物自体のすべり抵抗性を高める場合には、開粒度あるいはギャップ粒度のアスファルト混合物を使用するとよい。

アスファルト混合物剥離防止

問4　アスファルト混合物の剥離防止対策に関する次の記述のうち、**不適当な**ものはどれか。

(1) 剥離が懸念される場合は、骨材との付着性を改善した改質アスファルトを用いることがある。
(2) 剥離防止剤としてアミン系界面活性剤を用いる場合の使用量は、一般にアスファルト全質量に対して0.3％以上を標準とする。
(3) フィラーの一部に消石灰やセメントを用いる場合の使用量は、一般にアスファルト全質量に対して1～3％を標準とする。
(4) 水に対する抵抗性の検討は、水浸マーシャル安定度試験による残留安定度や水浸ホイールトラッキング試験等による。

問3解説
　　最大粒径20 mmの骨材は13 mmのものに比べて、一般に耐流動性、耐摩耗性に優れている。　　　　　　　　　　　　　　　　　　　　　　正解　1

問4解説
　　剥離防止対策としてフィラーの一部に消石灰やセメントを用いるときは、アスファルト混合物の全質量の1～3％を用いる。　　　　　　　　　正解　3

演習問題 2-3-3

アスファルト混合物耐流動対策

問5 重交通道路に適用するアスファルト混合物の耐流動対策に関する次の記述のうち，**不適当なもの**はどれか。

(1) とくに大型車交通量の多いところでは，表層だけでなく，基層まで含めた耐流動対策を検討する。
(2) 骨材の粒度は中央値以上を目標とし，75 μm ふるい通過分は多めにする。
(3) アスファルト混合物の耐流動性の評価は，ホイールトラッキング試験による動的安定度（DS）で行う。
(4) 動的安定度（DS）を 5 000 回/mm 以上とした場合，混合物の種類によってはひび割れが発生しやすいので，ひび割れ抵抗性も検討する。

再生加熱アスファルト混合物設計

問6 再生加熱アスファルト混合物に関する次の記述のうち，**不適当なもの**はどれか。

(1) アスファルト混合物層の切削材は，アスファルトコンクリート再生骨材の品質に適合するものであれば，再生加熱アスファルト混合物に利用できる。
(2) 再生アスファルトは，旧アスファルトに再生用添加剤および新アスファルトを，単独または組合せて添加調整したものである。
(3) アスファルトコンクリート再生骨材を補足材とした混合物の配合設計は，通常の加熱アスファルト混合物の品質に適合するように行う。
(4) アスファルトコンクリート再生骨材の配合率が 10 % 以下で設計針入度の調整を省略した場合は，再生アスファルト量には旧アスファルト量を含めない。

問5 解説
　耐流動対策として用いる骨材の粒度は，粒度の中央値以下を目標として，75 μm ふるい通過分を少なめにする。　　　　　　　　　　　　　正解　[2]

問6 解説
　アスファルトコンクリート再生骨材の配合率が 10 % 以下では針入度の調整を省略するが，アスファルトコンクリート再生骨材に含まれるアスファルトは，再生アスファルト量とし旧アスファルト量を含めたものとする。　　　　正解　[4]

演習問題　2-3-4

アスファルト舗装試験方法

問7　アスファルト舗装の試験方法に関する次の記述のうち，**不適当なもの**はどれか。
(1) 路盤材料の突固め試験は，締固め管理に用いる基準密度および施工時の含水比を決定するために行う。
(2) 混合物の最大密度試験は，現場から採取した混合物の空隙率の算出や再生混合物の配合設計に利用する。
(3) カンタブロ試験は，主として排水性舗装用混合物の耐流動性を評価するために行う。
(4) ラベリング試験は，表層用アスファルト混合物の耐摩耗性を評価するために行い，配合設計や骨材の選定に利用する。

アスファルト混合物試験方法

問8　加熱アスファルト混合物の試験方法に関する次の記述のうち，**不適当なもの**はどれか。
(1) 水浸ホイールトラッキング試験は，加熱アスファルト混合物の剥離状況を測定し，水に対する耐久性を評価する。
(2) 曲げ試験は，加熱アスファルト混合物の破断時の曲げ強度およびひずみを求め，低温時におけるたわみの追従性を評価する。
(3) ダレ試験は，排水性舗装用アスファルト混合物を表層に使用する際の基層とのズレ等に対する層間接着力を評価する。
(4) マーシャル安定度試験は，加熱アスファルト混合物の配合を決定するための配合設計に利用される。

問7 解説
　カンタブロ試験は，排水性舗装の混合物に含まれる最小アスファルト量を耐骨材飛散性から定める。　　　　　　　　　　　　　　　　　　正解　3

問8 解説
　ダレ試験は，排水性舗装の混合物に含まれる最大アスファルト量を，混合物中のアスファルトのダレ量から定める。　　　　　　　　　　正解　3

第4章 アスファルト舗装の施工

　路床，路盤，基層，表層およびタックコート，プライムコート等の材料の選定，施工法として1層の仕上り厚さ，使用機械，継目等について，アスファルト舗装の各部の具体的な工法を理解する。

- 4-1　構築路床の施工
- 4-2　下層路盤の施工
- 4-3　上層路盤の施工
- 4-4　路上再生路盤工法
- 4-5　表層，基層の施工
- 4-6　路上表層再生工法
- 4-7　アスファルト舗装機械
- 4-8　演習問題

4-1 構築路床の施工

4-1-1　構築路床の施工の概要

　設計 CBR が 3 未満の場合，構築路床として施工する。構築後路床を保全するため仮排水路を設ける。

(1)　構築路床の施工法

　構築路床の施工法には，次のものがある。この他，ジオグリッド（高分子材料の網）を用いるジオテキスタイル工法がある。
① 切土工法
② 盛土工法
③ 安定処理工法
④ 置換え工法

　工法の選定は，路床 CBR 値，目標とする路床の設計 CBR 値，残土処分地等により決定される。

(2)　構築路床の保護

　路床構築後，相当の期間があるときは，降雨による軟化を防止するため，仕上げ面の保護や仮排水路を設置する。構築路床の段階で，路盤のように一般の交通に開放してはならない。

4-1-2　切土による路床の構築

　原地盤の支持力を低下させないように，掘削，整形し，仕上げる。施工時の留意点は次のようである。
① 原地盤が，軟弱な粘性土のときは，過転圧，こね返しをしないように，ローラの大きさ，速度等に配慮して転圧する。
② 切土路床表面から，30 cm 程度以内にある，木根，転石，岩等路床の不均一性の原因となるものは取除く。

4-1-3　盛土による路床の構築

　盛土材料の材質をよく把握して，敷き均し厚さは薄層で均等とし，十分に転圧して締固効果をあげる。施工に際して，次の点に留意する。
① 敷き均し厚さは 20 cm 以下として均一にまき出し，施工含水比を管理して，締固め度は 90 % 以上とする。
② 盛土による路床の構築後，降雨排水対策として，盛土の縁部に仮排水路を設け，路床を保全する。

4-1-4　安定処理工法

　安定処理工法は，現状路床土と安定材として，セメントや石灰等を加えて，均一に混合して締固め，所要の設計 CBR が得られるようにするものである。
　一般には，路床の安定材との混合は，現地において**スタビライザ**により行い，タイヤローラで転圧する。施工量の多い場合には，中央プラントで，現状路床土と安定材を中央プラントで混合処理し，運搬，敷き均し，締固めすることもある。

(1)　安定処理工法による構築路床の設計

　現状路床土を安定処理するとき，**安定材**（セメント，石灰）の添加量は，あらかじめ，CBR 試験により，添加量（％）と締固め後の CBR 値の関係を求め図 4-1 のようなグラフを描き，所要の CBR 値に対する安定材の添加量 A（％）を求める。
　① 処理すべき厚さ（cm）：20 cm 以上で 100 cm 以下とする。
　② 安定材の添加量（％）：処理すべき現状路床土の質量百分率で表示する。

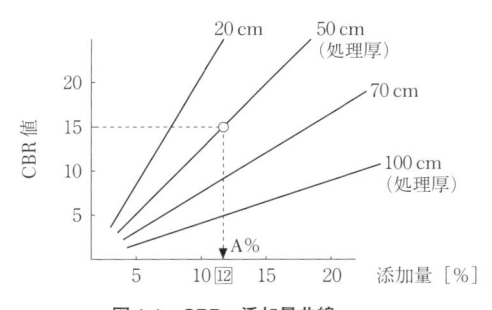

図 4-1　CBR－添加量曲線

　図 4-1 において，厚さ 50 cm，CBR15 となるようにするには，CBR 値 15 から 50 cm の処理厚の曲線との交点から，A＝12％を求め，添加量を 12％と求める。CBR 試験により CBR を求めるときは，現状路床土は，原則として，自然含水比の状態で供試体をつくり CBR 試験をする。これは，現状の路床上で施工することを考慮するためである。ただし，生石灰により安定処理するときは，混合後 3～24 時間放置し，消化し消石灰となったのち再混合して供試体をつくるものとする。
　中央プラントで混合するときは，最適含水比を締固め試験により求めて，供試体をつくってもよい。

(2) 添加量の設定

CBR 試験により得られた安定材の試験添加量 A（％）は，必要最低限の量であり，安定材の混合ムラ等を考えると，試験添加量より増やしておく必要がある。このとき，次のような考え方で添加量を定める。

① 割増率方式

処理厚 50 cm 未満の場合，15 〜 20 ％割増する。

処理厚 50 cm 以上砂質土の場合，20 〜 40 ％割増する。

処理厚 50 cm 以上粘性土の場合，30 〜 50 ％割増する。

このように，試験添加量を割増して添加量を求める方式を割増率方式という。

② 安全率方式

安全率方式は，目標とする CBR 値に安全率を乗じて，添加量を割増す方式である。

たとえば 20 ％の安全性を見込むと，CBR（15 × 1.2）＝ CBR 18 となり CBR 18 に応する添加量を求める。

(3) 安定処理土の六価クロム溶出量の確認

安定材として，「セメントおよびセメント系固化材」を用いたときは，改良路床から溶け出す六価クロム溶出量を求め，六価クロムの溶出量が土壌環境基準に適合していることを確認しなければならない。

(4) 安定処理工法による構築路床の施工

路上混合方式による安定処理工法による構築路の施工の留意点は次のようである。

① 安定材による処理厚は 30 〜 100 cm を全厚 1 層で仕上げるのを原則とする。

② 安定材（セメント，石灰）の散布に先立ち，現状路床の不陸整正，仮排水溝を設ける。

③ **安定材散布機**または人力により，均等に路上に散布する。

④ スタビライザで，所要の深さまで十分に均一に混合し，混合深さを確認しムラのあるときは，再混合する。小規模なときは，バックホウが利用できる。

⑤ セメント安定処理は，主に**砂系路床材**に，石灰安定処理は，**粘性土系路床材**に用いる。

⑥ 粒状の生石灰を用いたときは，1 回目混合し，仮転圧し，3 〜 24 時間放置し，消石灰となってから 2 回目の混合を行い本転圧とする。ただし，粉状（0 〜 5 mm）**粒状の生石灰**は，セメントと同様に 1 回の混合・転圧とする。

⑦ 混合後の転圧は，タイヤローラ等により行い，整形にはモータグレーダやブルドーザを用い，軟弱路床の場合は，湿地ブルドーザを用いて軽く締固め数日間養生した後，整形し締固める。また，処理土の性状により振動ローラを用いることができる。

4-1-5　置換え工法

置換え工法は，原地盤を所定の深さまで掘削除去し，良質土で厚さ 50 ～ 100 cm 置換える工法で，施工に際し，次の点に留意する。
① 原地盤を乱さないように掘削する。
② 1 層の敷き均し厚さは，仕上り厚さが 20 cm 以下となるように均等に施工し，原地盤を乱さないようにして盛土の締固めと同様にして仕上げる。

4-1-6　凍上抑制層の施工

積雪寒冷地における路床の凍上を防止するため，次の点に留意する。

(1) 凍上抑制層の厚さの設計

凍結融解を受ける寒冷地域では，10 年間のデータにより計算された**凍結深さ**（表層からの深さ）と，舗装厚さを比較し，凍結深さが舗装厚さより大きいとき，置換え深さは凍結深さの 70 % あるいは経験値によって設定し凍上抑制層を路床上部に設ける。この厚さが 20 cm 以上となるときは，路床の設計 CBR を再計算し舗装構造を再設計する。したがって凍上抑制層は路床に含まれるため T_A の計算には含めない。

(2) 凍上抑制層の材料

凍上抑制層は，路床の一部として取扱い，使用材料は，構築路床と同様に，安定処理材料あるいは，クラッシャラン，砂等の排水性の良い，凍上しにくい材料を用いる。

(3) 凍上抑制層の施工

1 層の仕上げ厚さは 20 cm 以下となるように均一に敷き均し，タイヤローラ等で十分に締固める。

4-1-7　遮断層の施工

遮断層は，設計 CBR が 2 以上で 3 未満の場合に設けるもので，下層路盤の軟化を防止するため，川砂，海砂，良質な山砂等を用い，軽いローラや**小型ソイルコンパクタ**で構築する。厚さ 15 ～ 30 cm とする。遮断層はアスファルト舗装に用いないが，サンドイッチ工法やコンポジット工法の路床に用いる。この他，コンクリート舗装の場合にも用いる。

4-2 下層路盤の施工

4-2-1 下層路盤の施工の概要

下層路盤の施工法には，次のものがある。
① 粒状路盤工法
② セメント安定処理工法
③ 石灰安定処理工法

工法の選定は，下層路盤材料の性質によって異なるが，材料は所要の修正CBR値，PIおよび，安定処理材料は所要の安定処理混合物の一軸圧縮強さを有し，いずれの工法も所要の締固め度（93％以上）となるように施工する。

4-2-2 下層路盤に使用する，材料の品質規格

下層路盤に使用する各工法の品質規格と品質の目安は，表4-1のようである。

表4-1 下層路盤品質規格・品質目安

工法	区分	品質規格・品質目安
粒状路盤	規格	修正CBR 20％以上（クラッシャラン鉄鋼スラグ30％以上）
	規格	PI 6以下（鉄鋼スラグ適用しない）
セメント安定処理	目安	修正CBR 10％以上，PI 9以下
	規格	一軸圧縮強さ（7日養生）0.98 MPa以上
石灰安定処理	目安	修正CBR 10％以上，PI 6～18
	規格	一軸圧縮強さ（10日養生）0.7 MPa以上

① 下層路盤材料は，現場近くで経済的に入手できる地域産材料を用い，品質規格値に達しない材料には，補足材（砂やクラッシャラン等）やセメント，石灰等を添加して，効果的に安定処理する。
② 下層路盤材料の最大粒径は50 mm以下とし，やむを得ないときは，1層の仕上り厚さの1/2以下で，100 mmまで許容できる。

(2) 再生下層路盤材料の品質規格・品質目安

再生クラッシャラン，再生セメント安定処理，再生石灰安定処理の品質規格はそれぞれ粒状路盤工法，セメント安定処理工法，石灰安定処理工法に使用する材料と同じである。ただし，表4-1の再生セメント安定処理路盤では塑性指数PI 9以下とし，再生石灰安定処理路盤では塑性指数PI 6～18については，品質の目安を適用しない。

この他，使用にあたり次の点に留意する。

① アスファルト・コンクリート再生骨材を含む下層路盤材料は，20℃から40℃に温度が上昇したとき，その**再生材量の混入率**が70％以上のとき，修正CBRの値が10程度低下することがある。このようなときは，品質の目安に示す修正CBR 20は修正CBR 30に，修正CBR 10は修正CBR 20を満足する材料を用いる。なお，下層路盤の温度が40℃を超えるのは舗装の厚さが薄い場合である。

② 再生骨材を用いて安定処理するとき，過多のセメントや石灰を用いて，**一軸圧縮強さを割増とひび割れの発生**のおそれがあるので，再生骨材では，一軸圧縮強さの割増は行わない。

③ セメントコンクリート再生骨材を用いるときは，すり減り減量50％以下のものは，再生セメント安定処理材料，再生石灰安定処理材料として用いるが，50％を超えるものは，再生クラッシャランとして補足材を加え下層路盤材に用いる。

4-2-3 粒状路盤工法

粒状路盤工法は，主に骨材のかみ合せ効果により路盤を安定させるもので，クラッシャラン，クラッシャラン鉄鋼スラグ，砂利，砂等，広く現地材料を有効に利用し，品質規格に適合しないときは，補足材，セメント，石灰等を用い規格を満足させる。

粒状路盤工法の施工の留意点は，次のようである。

① 1層の仕上り厚さは20 cm以下となるように，モータグレーダで均一に敷き均す。

② 転圧は，一般に10～12 tのロードローラと8～20 tのタイヤローラで行うが，1層仕上り厚さが20 cm以上で，締固めが保証できれば，振動ローラを用いてよい。

③ 粒状路盤材料は最適含水付近で締固めるものとし，乾燥しすぎているときは，散水して調整して転圧する。締固め度93％以上を確認する。

④ 降雨等により，水を含むときは，晴天を待って**曝気乾燥**する。また，少量の石灰またはセメントを散布，混合して締固める。

⑤ 修正CBR 30％未満の路盤材料や，砂等を適切に締固めるため，その上にクラッシャラン等を敷き均し，同時に締固める。

4-2-4　下層路盤セメント安定処理工法

　下層路盤セメント安定処理に用いる材料の配合設計は，一軸圧縮試験により行い，施工は一般に路上混合方式による。

(1)　下層路盤セメント安定処理材料の配合設計
① 安定材試験添加量と一軸圧縮強さ

　　下層路盤材料の骨材に，セメントとセメント系安定材等の安定材を加えて，土の締固め試験に用いる内径 100 mm，高さ 127 mm，容積 1 000 cm³ のモールドを用い，締固め試験により最適含水比を求め，続いて，同モールドにより，最適含水比で一軸圧縮試験用の供試体をつくり，7 日間養生（内 1 日水浸養生）したのち，安定処理混合物の一軸圧縮試験器にかけて，一軸圧縮強さを求める。そして，所要の強さ 0.98 MPa を確保するための，安定材試験添加量を求める。

② 安定材設計添加量の決定

　　安定材の添加量を 2 %，3 %，4 %，5 % とかえて，一軸圧縮試験を行い，安定材試験添加量と一軸圧縮強さの関係を図 4-2 のようにグラフに描き，所要の一軸圧縮強さ 0.98 MPa に対応する安定材量を求め，これに，混合のムラ等を考慮して，路上混合方式では，これを 20 ～ 30 % の範囲で割増した量を安定材設計添加量とする。中央プラント方式のときは，完全な混合が期待できるので，割増は行わない。しかし，設計添加量が少なすぎると混合の均一化が困難なため，最低の添加量は，使用する骨材の質量の比で，中央プラント 2 % 以上，路上混合方式 3 % 以上とする。

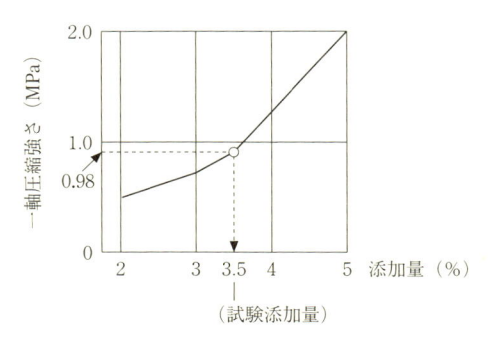

図 4-2　セメント系安定材添加量と一軸圧縮強さ

　たとえば，図 4-2 において，所要の一軸圧縮強さ 0.98 MPa に対する試験添加量は 3.5 % となる。路上混合方式として 25 % の割増をして安定材設計添加量とすると，3.5 % ×（1.25）＝ 4.5 % とすることができる。**中央プラント方式では，安定材設計添加量＝安定材試験添加量＝ 3.5 %** とする。

③ 配合設計の省略
　　同一材料，同一配合で，過去に良好な結果のあるときは，この配合を用い，改めて，配合設計の試験は行わなくてもよい。
④ **セメント系安定材**の六価クロム溶出量の確認
　　セメントを使用した安定処理路盤材料は，六価クロムの溶出量試験に基づき溶出量を求め，六価クロムの溶出量が土壌環境基準に適合していることを確認する。

(2) **下層路盤セメント安定処理工法による施工の留意点**
① 施工に先立ち，モータグレーダの**スカリファイア**で所定の深さまで路床をかき起し，含水比調節のため，必要により散水または曝気乾燥させる。
② 次に補足材等を必要に加えた現地産材料を敷き広げ，安定材を安定材散布機または人力で散布し，スカリファイアで骨材と混合する。
③ 混合後，モータグレーダで粗ならしを行い，仕上り厚さが 15 ～ 20 cm となるように，タイヤローラで軽く締固めて整形し，ロードローラで所要の締固め度 93 % 以上を確認する。転圧には，2 種類以上のローラを併用すると効果的である。
④ 締固め終了後，ただちに交通に開放できるが，施工された路盤の含水比を変えないため，表面に**シールコート**（アスファルト乳剤 PK-1（温暖期），または PK-2（寒冷期））を散布し表面を保護する。
⑤ 路上混合方式による施工継目は，前日の施工端部をかき乱してから新たに施工する。施工目地にひび割れが生じないよう，できるだけ早期に打継ぐ必要がある。
⑥ **中央プラント混合方式**によるセメント安定処理材の施工継目は施工端部は垂直に切断し取り除き，新しいセメント安定処理材をできるだけ早期に打継ぐ。
⑦ 縦方向の施工目地は，仕上り厚さに等しい型枠を設置して仕上げる。

4-2-5　下層路盤石灰安定処理工法

　下層路盤石灰安定処理に用いられる材料の配合設計は一軸圧縮試験により行い，施工は路上混合方式による。

(1)　下層路盤石灰安定処理材料の配合設計の手順
① 　安定材試験添加量と一軸圧縮強さ
　　下層路盤材料の骨材に，石灰と石灰系安定材等の安定材を加え，突固め試験用の内径 100 mm モールドを用い，最適含水比を求めたのち，同じモールドで一軸圧縮試験用の供試体をつくり，10 日間養生（内 1 日は水浸養生）したのち，安定処理混合物の一軸圧縮試験器にかけて，一軸圧縮強さを求める。そして，所要の強さ 0.7 MPa を確保するための，安定材試験添加量を求める。
② 　安定材設計添加量の決定
　　安定材量をかえて，それぞれの供試体について一軸圧縮試験を行い，安定材の添加量と一軸圧縮強さの関係を，図 4-3 のように求め，所要の一軸圧縮強さ 0.7 MPa に対応する安定材添加量を安定材試験添加量とする。
　実際に使用する安定材設計添加量を求めるため，路上混合方式では，安定材試験添加量を 20 〜 30 ％の範囲で割増して求める。
　このとき，混合の均一性を得るため，中央プラント方式では，安定材設計添加量は 2 ％以上，路上混合方式では 3 ％以上とする。また，過去の良好な実績のある配合を用いるときは，配合設計を省略することができる。

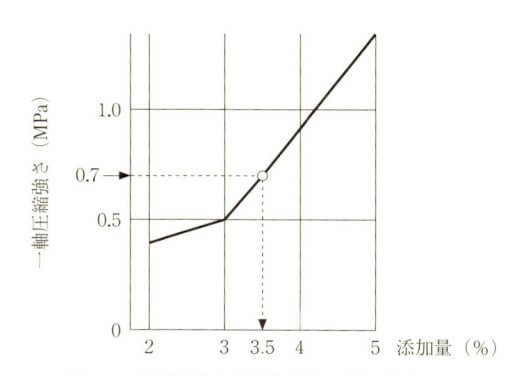

図 4-3　石灰系安定材添加量と一軸圧縮強さ

(2) 下層路盤石灰安定処理工法による施工

① 石灰安定処理工法の、**施工継目**は、中央プラント方式、路上混合方式を問わず、施工端部をかき乱して、新しい材料で打継ぎ施工する。ただし、**縦方向の施工目地**は、施工厚さに等しい型枠を用いて仕上げ、型枠を取外して新しい材料を用いて打継ぐ。

② 石灰安定処理材料は、現地発生材、地域産材料に補足材を加え骨材とし、これに石灰および、PIが所要値より大きいとき石灰系安定材（石灰系固化材）を加えたものを用いる。

③ 含水比の高い骨材には、粒状生石灰（5～35 mm）を用いて、混合、整形、仮転圧を行い、生石灰の消化を待って（24時間程度）消石灰となってから、再度、混合、整形、本転圧を行う。ただし、粉状生石灰（5～10 mm）、および消石灰のときは、一度の混合、整形、転圧を行えばよい。

④ 石灰安定処理材料の締固めは、仕上り厚さが 15～20 cm とし、最適含水比よりやや湿潤側で2種類以上のローラで行う。

⑤ 石灰安定処理は、セメント安定処理より、硬化するのに時間を要するので十分に養生する必要がある。

⑥ 下層路盤の石灰安定処理工法による、施工後の締固め度は 93 % 以上とする。

⑦ 締固め後、ただちに交通開放できるが、下層路盤セメント安定処理路盤と同様シールコートを散布しておく。

4-3 上層路盤の施工

4-3-1 上層路盤の施工の概要

上層路盤の施工法には,次のものがある。
① 粒度調整工法(粒度分布の異なる2種類以上の骨材粒度を調整)
② セメント安定処理工法
③ 石灰安定処理工法
④ 瀝青安定処理工法
⑤ セメント・瀝青安定処理工法(路上混合再生工法)

いずれの工法においても,施工後の締固め度が93%以上となるように施工する。

4-3-2 上層路盤に使用する材料の品質規格

上層路盤の構築方法には5つの工法があり,それぞれに使用する材料の品質規格が異なるので,その選定ができるようにする。

(1) 上層路盤材料の規格

上層路盤材料の各工法の品質規格は表 4-2 のようである。

表 4-2 上層路盤材料の規格

工 法	規 格
粒度調整砕石	修正 CBR 80 % 以上 PI 4 以下
粒度調整鉄鋼スラグ	修正 CBR 80 % 以上 (PI 規格なし)
水硬性粒度調整鉄鋼スラグ	修正 CBR 80 % 以上,一軸圧縮強さ〔14 日〕1.2 MPa 以上
セメント安定処理	一軸圧縮強さ〔7 日〕2.9 MPa 以上
石灰安定処理	一軸圧縮強さ〔10 日〕0.98 MPa 以上
瀝青安定処理(加熱混合物)	安定度 3.43 kN 以上, フロー値 10 〜 40 (1/100 cm),空隙率 3〜 12 %
セメント・瀝青安定処理	一軸圧縮強さ 1.5 〜 2.9 MPa, 一次変位量 5 〜 30 (1/100 cm),残留強度率 65 % 以上

＊フロー値は,舗装計画交通量 T＜1 000 台/日のときは 10 〜 50 (1/100 cm) とすることができる

(2) 上層路盤材料選定
① 鉄鋼スラグ材料を用いるとき，PI の規格はない。
② 上層路盤に用いる骨材の最大粒径は 40 mm 以下で，かつ仕上り厚さの 1/2 以下とする。
③ 骨材の粒度分布がなめらかなほど施工に優れ，細粒分が少ないほど安定材添加量は少なくてすむ。
④ PI が 6 ～ 18 と大きな**地域産材料**を活用するときは，石灰安定処理工法を選定する。
⑤ 表 4-2 に示す規格を外れる骨材であっても，有効利用や経済性の観点から安定処理が行えることがあり，使用することもできる。
⑥ 安定処理工法を選定するにあたり，表 4-3 に骨材等の品質の目安（規格でない）を示す。

表 4-3　上層路盤材料の品質目安

上層路盤安定処理工法	PI	修正CBR(%)	75 μm 通過質量(%)
セメント安定処理	9以下	20以上	0 ～ 15
石灰安定処理	6 ～ 18	20以上	2 ～ 20
瀝青安定処理	9以下	──	0 ～ 10
セメント瀝青安定処理	9以下	20以上	0 ～ 15

4-3-3　粒度調整路盤工法

　粒度調整工法に用いる材料は，粒度分布のなめらかな骨材となるよう，2 種類以上の骨材を混合したもので，粒度調整砕石，粒度調整鉄鋼スラグ，水硬性粒度調整鉄鋼スラグを用いる。この他，砕石，鉄鋼スラグ，砂，スクリーニングスを適当に混合し，所要の粒度を持つものは粒度調整工法の材料である。
　粒度調整工法の施工上の留意点は次のようである。
① 75 μm 通過質量が 10 % 以下の場合でも，水を含むと泥濘化するので，締固めが十分に行える範囲で，できるだけ少なくする。
② 粒度調整路盤材料は下層路盤上に，モータグレーダで，仕上り厚さが 15 cm 以下となるように均等に敷き均し，タイヤローラで整形し，ロードローラで締固める。
③ 振動ローラで締固めるときは，締固め度 93 % が得られる場合，**仕上り厚さを上限 20 cm** まですることができる。
④ 乾燥しすぎているときは，散水し，含水比の高いときは曝気乾燥して含水比を下げ最適含水比に近づけて施工する。また，含水比の高い材料に，少量の石灰やセメントを散布して混合して締固めることもできる。

4-3-4 上層路盤セメント安定処理工法

上層路盤セメント安定処理工法では，一軸圧縮試験でセメント等の安定材添加量を求め，中央プラント方式で施工する。

(1) 上層路盤セメント安定処理材料の配合設計
① 上層路盤セメント安定処理工法は，クラッシャランまたは地域産材料に補足材（砕石，砂等）を加えたものを骨材とする。このとき，多量の軟石やシルト，粘土の塊を含まないものとする。
② セメントには，普通ポルトランドセメント，高炉セメント等を用い，セメント安定処理路盤のひび割れを抑制するためフライアッシュ等とセメントを併用する。
③ セメント安定処理工法によって，セメント量が多くなると，温度による安定処理路盤の収縮によるひび割れが生じ，この上に施工するアスファルト混合物が，目地に沿ってひび割れる**リフレクションクラック**が発生することがある。このため，セメント量は，一軸圧縮強さ 2.9 MPa 以上を確保できる範囲で少なくする。
④ 上層路盤セメント安定処理の配合は，下層路盤セメント安定処理の配合設計と同様に，内径 100 mm モールドで**供試体**をつくり，一軸圧縮強さと添加量との関係をグラフに描き，一軸圧縮強さ 2.9 MPa（7 日養生）に対応する添加量を，安定材試験添加量とする。
⑤ 上層路盤材料は，一般に中央プラントで混合するため，安定材試験添加量を安定材設計添加量として，安定材の量の割増はしない。

(2) 上層路盤セメント安定処理工法における施工
① 1 層の仕上り厚さは 10～20 cm を標準とし，振動ローラを用いるときは，上限を 25 cm とすることができる。
② セメント安定処理材料をモータグレーダで均一に敷き均し，タイヤローラで整形し，ロードローラで締固め，締固め度 93 % 以上を確認する。
③ セメント安定処理材料は，硬化が始まる前までに締固めを完了させる。
④ セメント安定処理材料は中央プラントから運搬され，**横施工継目**は，垂直に切り取り除去して新しい材料を打継ぐ。縦継目は，仕上り厚さに等しい高さの型枠を入れて施工し，型枠を取り外し，新しい材料を打継ぐ。打継ぎはできるだけ早期に行う。
⑤ 上層路盤の施工後，含水比の変化を防止するため，プライムコートとして PK-3 を 1～2 l/m^2 散布して交通開放できる。このとき，プライムコート上に**粗目砂**を散布して，通行車両の汚れを防止する。粗目砂は，基層を施工する前に集めて除去しなければならない。

4-3-5　上層路盤石灰安定処理工法

上層路盤石灰安定処理工法では，一軸圧縮試験により石灰等の安定材量を求め，中央プラント方式で施工する。

(1)　上層路盤石灰安定処理材料の配合設計

上層路盤に用いる安定材設計添加量は，下層路盤に準じて添加量を変えて石灰安定処理用骨材と混合し，土の突固め試験用の内径 100 mm モールドを用いた供試体を用い一軸圧縮強さを求め，一軸圧縮強さを縦軸に，安定材の添加量を横軸として，所要の強度が 0.98 MPa（10 日養生）となる安定材試験添加量を求め，中央プラント混合方式で行うため，安定材試験添加量を安定材設計添加量とし，割増はしない。

(2)　上層路盤石灰安定処理工法における施工

① 1層の仕上り厚さは 10 〜 20 cm を標準とし，振動ローラを用いるときは上限を 25 cm にできる。
② 石灰安定処理路盤材料の締固めは，**最適含水比よりやや湿潤側で転圧**する。
③ 含水比の高いときは，粒状生石灰（5 〜 35 mm）を用い，仮転圧し，消石灰となってから再び混合，整形し，本転圧を行う。含水比の高くないときは消石灰，または，**粉状生石灰**（0 〜 5 mm）を用いて，**混合，整形**，転圧を1度で行う。
④ 横施工継目は，前日の施工端部をかき乱して，新しい材料を打継ぎ，縦施工継目は，仕上り厚さに等しい高さの型枠を用いて施工，型枠を除去して，新しい材料を打継ぐ。
⑤ 1層の仕上り厚さは 10 〜 20 cm とし，**振動ローラ**を用いるときは，上限を 25 cm とすることができる。
⑥ 転圧終了後，プライムコートとして，アスファルト乳剤 PK-3 を 1 〜 2 l/m^2 散布し，粗目砂を散布し，交通車両の汚れを防止する。基層の施工の前に，粗目砂は集めて取り除いておく。

4-3-6　瀝青安定処理工法

瀝青安定処理工法では，配合設計およびその施工について次の点に留意する。

(1)　瀝青安定処理材料の配合設計

瀝青安定処理路盤の配合は，マーシャル安定度試験により，最適アスファルト量を定めるもので，表層・基層の配合設計の手順に準じて行う。

① 骨材は，**単粒度砕石**，および砂を適当な比率で混合する場合と，クラッシャランまたは地域産材料に，砕石，砂利，鉄鋼スラグ，砂等の補足材を加えた場合のいずれかを用いる。骨材は，吸水率のきいた砕石，軟石，シルト，粘土は含まないものとする。

② アスファルトとして，針入度 60 ～ 80 または，80 ～ 100 の舗装石油アスファルトを用い，加熱アスファルト混合物とするのが一般的である。この他，バインダーとしてアスファルト乳剤を用い，常温アスファルト混合物を用いることもある。

③ マーシャル安定度試験の供試体は，両面各 50 回とし，粗骨材の寸法が 25 mm を超えるものがあるときは，ふるい分けて除去し，13 ～ 25 mm の骨材で置換える。

④ マーシャル安定度試験により，安定度 3.43 kN 以上，フロー値 10 ～ 40 （1/100 cm）空隙率 3 ～ 12 ％として，この条件を満足する**アスファルト量の共通範囲**の中央値を，設計アスファルト量とする。この設計アスファルト量により試験施工して，最適な現場配合を定める。

⑤ 配合設計における材料は，細粒分が少ないほど必要アスファルト量は少なくてすむが，安定度が 3.43 kN に達しないときは，フィラーを添加する。

⑥ 剥離のおそれのあるときは，アスファルト混合物全質量の 1 ～ 3 ％をセメントまたは消石灰をフィラーとして用いる。

(2) 瀝青安定処理路盤の施工

① 瀝青安定処理路盤は、たわみ性があり、等値換算係数も大きいため地盤の沈下が予想されるような箇所に用いたり、路盤の厚さを薄くしたい場合等に用いる。

② 瀝青安定処理路盤は、仕上りの平坦性がよく、たわみ性、耐久性にも優れている。

③ 1層の仕上り厚さが10cm以下の施工法を**一般工法**という。加熱アスファルト安定処理路盤材料は、表層および基層用混合物に比べて、アスファルト量が少ないため、製造時の混合時間は少し長くする。しかし、あまり長すぎるとアスファルトが劣化するので注意する。

　敷き均しはアスファルト混合物が110℃を下回らないようにして一般にアスファルトフィニッシャを用い、転圧には、ロードローラ、タイヤローラ、振動ローラが用いられる。

④ 瀝青安定処理路盤材料はフィラー分がアスファルトの質量の2倍以上となることが多く、混合性が良くないため、混合時間が長くなりアスファルトが劣化するおそれがある。このため、アスファルトを泡状にしてアスファルトの粘度を下げ容積を増大させて加熱混合物を製造するフォームドアスファルト舗装とすることもできる。

⑤ 1層の仕上り厚さが10cmを超える施工法を**シックリフト工法**といい、単位時間当たりの施工量が多いため、プラントの製造能力を十分検討する。

⑥ シックリフト工法の施工は、**工期の短縮**はできるが、施工後交通に開放するとき、表面温度が50℃以下となるのに時間がかかるので注意する。表面温度が50℃を超える状態で交通に開放すると、流動によるわだち掘れが生じる。このため夏期の瀝青安定処理路盤の施工は避けることが望ましい。

⑦ シックリフト工法でアスファルト混合物を敷き均すときは、アスファルトフィニッシャの他、モータグレーダーやブルドーザも用いられる。モータグレーダやブルドーザを敷き均したときは、混合物にゆるみがあるので不陸を生じやすい。このため、初転圧に先だち、軽いローラで仮転圧しておく。

⑧ シックリフト工法では、敷き均し後、側方部の温度降下が速いため、側方をタンパ等の小型建設機械で締固め、横方向のずれを防ぐ。型枠や構造物で側方が拘束されているときは、振動ローラを用いる。

4-4 路上再生路盤工法

4-4-1　セメント・瀝青安定処理工法の概要

　セメント・瀝青安定処理路盤は，一般には既設アスファルト舗装の基層，表層，上層路盤を上下一体として破砕・混合し，この混合物に，安定材としてセメントやノニオン系のアスファルト乳剤を用いて，新たな上層路盤を路上混合方式で施工する**路上再生路盤工法**と，再生骨材を中央プラントで混合して施工する**プラント再生舗装工法**とがある。ここでは，一般的に用いられる路上再生路盤工法を取り上げる。プラント再生舗装工法は表層，基層の施工に準じる。

　セメント・瀝青安定処理の処理の方法には，セメントだけで安定処理するものと，セメントとノニオン系アスファルト乳剤の両方を用いて安定処理するセメント・アスファルト乳剤安定処理の方法がある。この安定処理の違いにより，配合設計の判定の基準が次のように異なっている。

① 　セメント安定処理　→　一軸圧縮試験　→　一軸圧縮強さで判定

② 　セメント・アスファルト乳剤　→　CAEの一軸圧縮試験　→　一軸圧縮強さ／一次変位／残留強度率　｝で判定

4-4-2　路上再生路盤工法の配合設計条件

　路上再生路盤工法の配合設計条件は次のようである。

① 　路上再生路盤工法では，下層路盤に相当する安定した既設粒状路盤が 10 cm 程度以上確保できることが望ましい。
② 　この工法の適用は，舗装計画交通量が T＜1 000 台/日とするので，重交通路の路盤には適用しない。
③ 　セメント・アスファルト瀝青安定処理路盤の等値換算係数は，0.65 とする。また，一軸圧縮強さ 1.5〜2.9 MPa，一次変位 5〜30（1/100 cm），残留強度 65 % 以上とする。

4-4-3 路上再生路盤工法の配合設計

路上再生路盤工法の配合設計は，セメント安定処理によるものとセメント・アスファルト乳剤安定処理によるものがある。これらの配合設計は次のようである。

(1) セメント安定処理の配合設計

セメント安定処理によるセメントを添加材料とするときの配合設計は，再生路盤材料を使用しない場合に準じて以下のように路上再生セメント・安定処理路盤材料の一軸圧縮試験を行う。

① 再生骨材の質量の4％に相当するセメントを加え，最適含水比を求め，これを中心に，2％おきにセメント量を変えて，土の突固め試験用の内径100 mmのモールドで一軸圧縮試験の供試体をつくる。

② 6日養生後1日間水浸養生してのち，供試体の一軸圧縮強さを求め，図4-4のように，一軸圧縮強さを縦軸に，セメント添加量（％）を横軸にグラフを描き，一軸圧縮強さが2.5 MPa（7日養生）に相当するセメント添加量5％を求める。

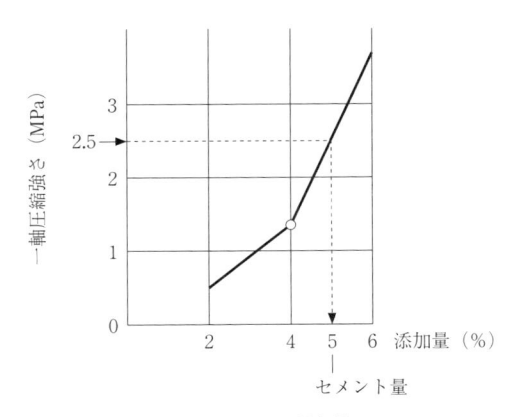

図4-4 セメント添加量

(2) セメント・アスファルト乳剤安定処理の配合設計

　セメント・アスファルト乳剤安定材料を CAE といい，最適な配合設計をするため路上再生セメント・アスファルト乳剤安定処理路盤材料（CAE）の一軸圧縮試験を行う。CAE の供試体は，内径 101.6 mm，高さ 68 mm のマーシャル安定度試験の供試体を用い，まず最適含水比を求め，次に，最適含水比の供試体をつくり，これを CAE の一軸圧縮試験とする。

　この結果から，セメントとアスファルト乳剤の添加量を求め配合設計する。

　アスファルト乳剤量は以下に示す骨材粒度の関係式から求め，セメント量は，次の順序で決定する。

① アスファルト乳剤の必要量 P（質量％）を次の式で求める。
　　$P = 0.04a + 0.07b + 0.12c - 0.013d$ （％）

ただし，P：混合物全質量に対する添加すべきアスファルト乳剤量（％）
　a：骨材の 2.5 mm ふるいに残留する質量百分率（％）
　b：2.5 mm ふるいを通過し，0.074 mm ふるいに残留する質量百分率（％）
　c：0.074 mm ふるいを通過する質量百分率（％）
　d：**既設アスファルト混入率（％）（ソックスレー抽出試験で求める）**

② セメント量は，1％，3％，5％として，アスファルト乳剤 P（％）を加えて，最適含水比でマーシャル安定度試験用のモールドを用いて供試体をつくる。

③ 6 日養生後 1 日間水浸養生してのち，供試体を CAE の一軸圧縮試験を行い，各供試体について，変位量と一軸圧縮強さの関係を，図 4-5 のように描く。

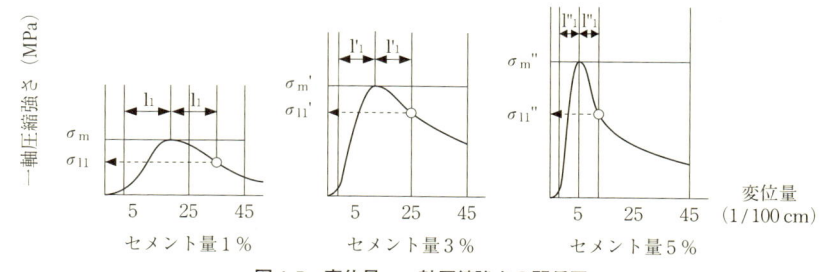

図 4-5　変位量，一軸圧縮強さの関係図

④ セメント・アスファルト乳剤によるセメント・瀝青安定処理路盤材料の品質規格は，表4-4のようである。

表4-4 セメント・瀝青安定処理路盤材料の品質規格

	品　質	規　格
①	一軸圧縮強さσ_m（MPa）	1.5〜2.9
②	一次変位量l_1（1/100 cm）	5〜30
③	残留強度率σ_r（％）	65％

※ $\sigma_r = \dfrac{\sigma_{l1}}{\sigma_m} \times 100$ （％）

⑤ 最適セメント量は，セメント量1％，3％，5％のときの値σ_m，l_1，σ_rをグラフに示し，その共通範囲を求め，その中央値とすると，図4-6のようになる。

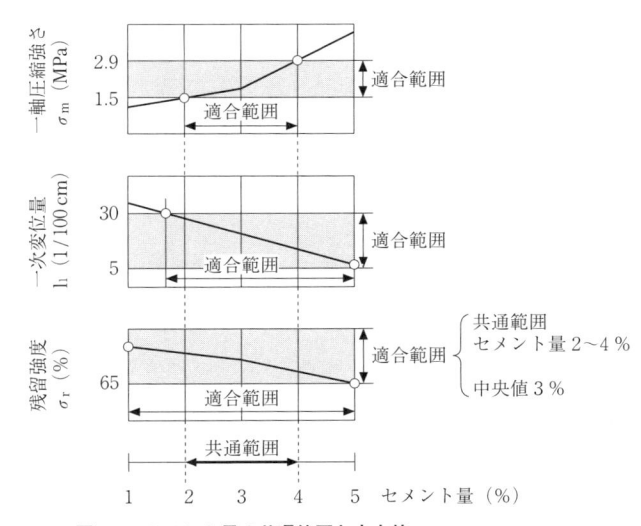

図4-6　セメント量の共通範囲と中央値

以上から，最適セメント量は3％となる。

4-4-4 路上再生路盤工法による施工

路上再生路盤は路上破砕混合機等を用いて次のように施工する。

(1) 路上再生路盤施工機械の性能
路上再生路盤工法に用いる機械は，**路上破砕混合機**といい，その性能は次のようである。
① アスファルト混合物と粒状路盤を同時に破砕でき，最大粒径が50 mm以下とすることができること。
② 破砕した再生材料と，路上再生路盤添加材料と均一に混合し，**破砕混合厚**を適正に調整できること。
③ アスファルト乳剤量と散水量が調節できること。

(2) 路上再生路盤の施工手順
路上破砕混合機による施工手順は次のようである。
① 準備として，地下埋設物，側溝，路肩等に必要な嵩上げ等の措置をする。
② セメント散布では人力またはローリで散布する。
③ 破砕混合するとき，表層，基層，路盤を同時に破砕混合し，アスファルト乳剤を用いる場合には，アスファルト乳剤と水を，セメントだけを用いる場合は水を必要により散水する。最適含水比よりやや湿潤側となるようにし，最大粒径が50 mm以下とする。アスファルト乳剤と水は，**乳剤運搬用ローリ**と散水車とから路上破砕混合機にホースで供給する。
④ **整形転圧**は整形は**モータグレーダ**による。転圧はタイヤローラとロードローラで，厚さ20 cm以下で仕上げる。20 cmを超えるときは振動ローラの大型機を用いる。締固め度93％を確認する。
⑤ 養生：締固め後，雨水浸透防止，路盤の乾燥防止のためプライムコートを施工し，粗目砂を散布し**即日交通開放**し，なるべく早期に基層を舗設する。
⑥ 路面切削は現場にもよるが，既設アスファルト混合物が厚すぎる場合，5～8 cmまで切削除去し作業能率を向上させる。この他，アスファルト混合物が多すぎると流動性が高く締固め度が得られないため，切削廃棄することがある。
⑦ **予備破砕**は，既設アスファルト混合物が厚すぎる場合や舗装の高さを調整する場合，補足材を補充する場合に行う。**路面切削機**か，路上混合破砕機を用いて行う。

4-4-5　CAEの一軸圧縮試験の手順

　CAE（セメントとアスファルト乳剤）で安定処理した路盤材料の一軸圧縮強さを求める試験である。この試験は，再生路盤材料の強度とたわみ性を判断するために行う。このため，一軸圧縮強さ，一次変位量，残留強度率を求める。

(1)　再生骨材の準備

　再生骨材，補足材を準備する。骨材は，粒度ごとにふるい分け，使用骨材を100％として2.5mmふるい残留質量a（％），2.5mmを通し，75μmふるいの残留質量b（％），75μmふるい通過質量c（％）を求める。

(2)　アスファルト乳剤添加量の計算

　アスファルト乳剤添加量P（％）（全混合物質量百分率）を次の式で計算する。
　$P = 0.04a + 0.07b + 0.12c - 0.013d$
　このとき，dは，既設アスファルト混合物の混入率で，次の式で求める。

$$d = \frac{既設アスファルト混合物厚さ[cm] \times アスファルト混合物の密度(2.4\,g/cm^3)}{\left(既設アスファルト混合物厚さ \times 密度\right) + \left(処理厚 - 既設アスファルト混合物厚さ\right) \times 粒状路盤材料密度(2.1\,g/cm^3)}$$

(3)　供試体（マーシャル安定度試験用のモールド使用）の製作

　骨材，セメント（1％，3％，5％），アスファルト乳剤の各材料を準備し，マーシャル安定度試験供試体の製作用モールドを用いて，各セメント量に対して各3個ずつ製作する。6日間常温養生し，1日水浸養生させる。

(4)　CAEの一軸圧縮試験によるデータの取得

　一軸圧縮試験器に供試体をセットし，載荷し，変位量l_1（1/100cm），荷重強さσ_m（MPa）をグラフに表示させる。試験後の供試体から**乾燥密度**を求めておく。

(5)　データから残留強度を計算

　グラフから一軸圧縮強さσ_m（MPa），一次変位量l_1（1/100cm），σ_{11}（MPa）を読み取り，

$$残留強度\ \sigma_r = \frac{\sigma_{11}}{\sigma_m} \times 100\ （％）を求める。$$

4-5 表層,基層の施工

4-5-1 加熱アスファルト混合物(表層,基層)の施工の概要

表層・基層の施工では,供用性に大きく影響を与えるため,とくに平坦性を確保しなければならない。このため,とくに次の点に留意する。
① 敷き均し時は**材料分離**を防止する。
② 縦方向,横断方向の形状を正しく仕上げる。
③ 所要の締固め度(94%)を確保する。
④ 加熱アスファルト混合物の**製造運搬**は適切な**温度管理**をする。

4-5-2 加熱アスファルト混合物の製造・運搬

加熱アスファルト混合物として,新規アスファルト混合物の製造・運搬と再生アスファルト混合物の製造・運搬の留意点は次のようである。

(1) 新規アスファルト混合物の配合と製造の留意点
① 材料

新規アスファルト混合物に用いる主な材料は,砕石,砂,フィラー,アスファルト等である。地域産材料,新材料および再生材量を利用するときは材料試験をした,**品質証明**(試験成績表)を確認する。

材料の貯蔵は,種類ごとに**ストックヤード**に砕石,砂は5日間分を,フィラー,アスファルトは2日分程度とする。

② 配合

基準試験で材料品質を確認し,まず**室内配合**で配合を概略計算し,これに基づいて,**プラント配合**とする。次に,プラント配合を基に試験練りを行い配合比率,設定温度,アスファルト量,混合時間の決定を基準値と照合して行う。この結果,最終的に調整された**現場配合**を決定し,作業標準を確定する。これにより品質管理する。締固め温度,混合温度は動粘度(mm^2/s)によって定める。

③ 製造

作業標準に基づき,現場配合する。製造にあたり,混合方式に留意する。混合温度は基準試験時の骨材温度と関連づけて,その指示温度で管理する。

a **バッチ式プラント**では,計量した骨材をミキサに投入し5秒間**空練り**し,アスファルトを噴射し,アスファルトで骨材を被覆するまで30〜50秒間混合する。細粒分の多いものは,混合時間を少し長くする。

また,最初の1バッチは羽根や壁にアスファルトがつき,適正な配合でないため,これを使用せず廃棄する。

  b **連続プラント**では，ドラム形のドライヤで骨材を加熱してから，アスファルト混合物の製造までを行うタイプと，混合には**連続パグミキサ**を用いるタイプがある。混合時間は，配合，材料供給量により異なる。また，運転開始時と運転終了時の混合物は，配合が変化しているので廃棄する。
 ④ 新規アスファルト混合物の不良状態
  a 混合物の不均一となるのは骨材の粒度が不均一で，供給状態，**キャリーオーバ**（骨材が多すぎるため粒径区分を超えて貯蔵されること），ふるい目詰まり，計量不良等が原因である。
  b 混合物がギラつくのは，粒度不良，混合温度不良，バグフィルターの目詰まりなどの他，アスファルト量の過多によることが原因である。
  c 混合物がパサつくのは，主にキャリーオーバ，ふるいの目詰まり，計量の不良が原因である。
  d 混合物の温度が一定しないのは，乾燥加熱器の温度調整の不良，フィラー供給の不均一等が原因である。
  e **混合ムラ**があるのは，骨材，温度，ふるい分け，計量など多くの原因がある。

(2) 再生アスファルト混合物の製造
 ① 材料
  アスファルト再生骨材，**再生用添加剤**，砕石，砂，フィラー，アスファルトがあり，アスファルト再生骨材，再生用添加剤は各種の試験を行う。試験成績は「試験成績表」で試験に代えることができる。
  材料の貯蔵は，ストックヤードとし，雨水対策として**排水設備**，上屋等を設ける。細かい粒度区分のアスファルト再生骨材は，貯蔵が長いと固結しフィーダからの引き出しが困難となる。
 ② 配合
  配合は，再造混合物として室内配合を計算で定め，これに基づき，プラント配合を行い，**試験練り**をして，基準値と照合して，最終的な現場配合とその**作業標準**を定める。
 ③ 製造
  再生アスファルト混合物の製造は，再生骨材中の旧アスファルトに再生添加剤と新規アスファルトを組合せて，作業標準に基づき，現場配合を目標に管理する。製造するタイプは，混合方式により次の点に留意する。
  a **ドラムドライヤ混合式**は，再生骨材配合率60％以上に適用するもので，ドラム内の温度を上げすぎると，旧アスファルトやアスファルトが劣化するため温度管理に注意する。製造にあたり骨材の吐出量を調節して，品質のバラつきを少なくする。また，運転開始と停止直後の再生アスファルト混合物は廃棄する。

  b **併設加熱混合式**はバッチ式プラントミキサに，アスファルト再生骨材を予備加熱するものを併設したもので，再生材料の配合率は 30 〜 60 % とする。また，高熱の燃焼ガスを，直接アスファルト再生骨材にあてたり，ドライヤの温度を加熱しすぎないようにする。最初の 1 バッチは廃棄する。

  c **間接加熱混合式**は常温のアスファルト再生骨材をバッチ式プラントミキサに供給し，高温に加熱された新規骨材と混合して製造する方式で，アスファルト再生骨材中の水分が一気に蒸発するので，水蒸気を除去する高いスカベンジング能力を有しているが，アスファルト再生骨材の配合率は 20 % 程度以下とする。しかし，含水比の低い骨材の場合，配合率を 30 % 程度以下にできる。

    混合は，**新規骨材とアスファルト再生骨材**をミキサに投入し，5 秒間以上空練りし，新アスファルト，再生用添加剤を投入し，40 〜 50 秒混合する。細粒分の多いときは，混合時間を少し長くする。最初の 1 バッチは廃棄する。

(3)　アスファルト混合物の貯蔵

　アスファルト混合物を貯蔵できると，小さい設備で，安定供給できる効果が期待できる。しかし，一方，貯蔵によるアスファルトの劣化が生じ問題となる。このため，アスファルト混合物の貯蔵には，次の点に留意する。

 ① **一時貯蔵ビン（サージビン）**を用いる場合，混合物運搬車の待機時間の節減を目標とした混合物の保温貯蔵設備で，12 時間程度以下の貯蔵に用いる。とくに，ビンの排出口付近は温度低下することがあり，保温対策を施す。一般に，混合物の温度が 10 ℃以下に低下しないように搬出する。

 ② **加熱貯蔵サイロ（ホットスレージサイロ）**を用いる場合，サイロ内の酸素濃度を低下させて，アスファルトの劣化を防止するため，不活性ガスあるいは，過熱水蒸気をサイロに封入するもので，大半は 24 時間以内のものである。

  3 日間を超えて貯蔵するときは，サイロに多くを満たし，定期的に**回収アスファルトの針入度**を測定し，劣化の程度を確認する。

4-5-3　アスファルト混合物の運搬

　アスファルト混合物の運搬の留意点と運搬車台数の計算は次のようである。

(1)　アスファルト混合物の運搬

　アスファルト混合物の積込み完了から荷卸しするまで，アスファルト混合物の運搬時間は 2 時間程度とする。長時間かかるときは，混合物に二重のシートをかけ，荷台の中に木枠で空間をつくる等の工夫をして**保温対策**する。

(2) アスファルト混合物の積込み・荷卸し
① アスファルト混合物の積込み

アスファルト混合物の運搬車への積込みは，排出口の下で，運搬車を徐々に動かし，アスファルト混合物が，山積とならないよう荷台に平均的に積込む。このことで材料分離を軽減できる。

排出口とダンプへの落下高が高いと材料分離しやすく，落差を小さくする工夫が必要である。また，大型ミキサほど，積込み時，片積となりやすく注意を要する。

この他，グースアスファルト混合物のような高粘度の混合物は，アスファルトプラントで混合し，加熱保温装置・撹拌装置を有する**クッカー**で混練し運搬する。クッカー内のグースアスファルト混合物は，加熱し温度を確保しながら40分間以上混練する。

② アスファルト混合物の荷卸し
a アスファルト混合物は，現場担当者の指示に従って荷卸しをする。
b アスファルト混合物を**アスファルトフィニッシャ**のホッパに荷卸しするときは，フィニッシャの手前1mの位置に停止し，フィニッシャの**ピンチローラ**で押し進めながら，誘導員の合図に従って，荷卸しする。
c 残ったアスファルト混合物は，再生処理または安定型処分場へ運搬し処分する。

4-5-4 アスファルト混合物運搬車台数の設定

アスファルト混合物を舗設現場に連続的施工できるように**運搬車台数**を設定する必要がある。運搬車の台数はプラントの1時間当たりの製造能力（t/h），1バッチ当たりの混合質量（kg），舗設現場までの運搬距離，ダンプトラックの速度，トラックへの積込み時間，混合物の荷おろし時間等を調査しておく必要がある。計算は通常，分（min）で行うことが多い。必要な運搬車の台数Nは，次の式で求める。

$$N = \frac{t_1 + t_2 + t_3}{t_0}$$

ここに，t_0 はダンプトラック1台への混合物の積込み時間（分）
t_1 はダンプトラックの往路の運搬時間（分）
t_2 は待機時間も含むダンプトラックの混合物の荷おろし時間（分）
t_3 はダンプトラックの復路の運搬時間（分）

(1) ダンプトラック1台への混合物の積込み時間 t_0 の計算

　　プラントの製造能力 60 t/h（= 60 000 kg/h）とし，バッチミキサの容量を 1 000 kg，ダンプトラック積載量 10 t（=10 000 kg）とするとダンプトラックの積込み時間 t_1（分）は次のようになる。

① 1時間当たりのバッチ数 $= \dfrac{(製造能力)}{(ミキサ容量)} = \dfrac{60\,000\,\text{kg}}{1\,000\,\text{kg}} = 60$ バッチ

② 1バッチ当たりの所要時間 $= \dfrac{(1\,時間)}{(1\,時間当たりのバッチ数)} = \dfrac{60\,分}{60\,バッチ} = 1$ 分

③ ダンプトラック1台当たりのバッチ数 $= \dfrac{(積載量)}{(ミキサ容量)} = \dfrac{10\,000\,\text{kg}}{1\,000\,\text{kg}} = 10$ 回

④ ダンプトラックの積込み時間 $t_0 =$（1バッチ当たりの所要時間）×（ダンプトラック1台当たりのバッチ数）$= 1\,分 \times 10\,回 = 10\,分$

(2) 往路の運搬時間 t_1 と復路の運搬時間 t_3 の計算

　　ダンプトラックの往路の走行速度 30 km/h，復路の走行速度 40 km/h とし運搬距離 24 km とするとき，t_1，t_3 は次のように計算できる。

$t_1 = \dfrac{(運搬距離)}{(往路の走行速度)} = \dfrac{24\,\text{km}}{30\,\text{km/h}} = 0.8\,\text{h} = 0.8 \times 60 = 48$ 分

$t_3 = \dfrac{(運搬距離)}{(復路の走行速度)} = \dfrac{24\,\text{km}}{40\,\text{km/h}} = 0.6\,\text{h} = 0.6 \times 60 = 36$ 分

(3) アスファルト混合物運搬車台数の計算例

［計算条件］①製造能力 60 t/h，②1バッチ容量 1 000 kg，③ダンプトラック積載量 10 t，④運搬距離 24 km，⑤往路走行速度 30 km/h，⑥復路走行速度 40 km/h，⑦荷おろし時間と**待機時間** 15 分とするとき次のように計算できる。

① ダンプトラック1台への積込み時間 $t_0 = 10$ 分
② ダンプトラック往路と復路に要する時間 $t_1 = 48$ 分，$t_3 = 36$ 分
③ 荷おろし時間と待機時間 $t_2 = 15$ 分

以上から運搬車の台数 N は次のように求められる。

$$N = \dfrac{t_1 + t_2 + t_3}{t_0} = \dfrac{48+15+36}{10} = 9.9 = 10\,台$$

実際には1台の余裕を見て 11 台を手配する。

4-5-5　プライムコートの施工

プライムコートは粒状路盤とアスファルト混合物を一体化するもので施工時，次の点に留意する。

(1)　プライムコートの目的
① 路盤とアスファルト混合物とのなじみを良くする。
② 路盤表面上浸透し，雨による浸透を防止する。
③ **路盤からの水分の蒸発を遮断し，路盤の最適含水比を確保する。**

(2)　プライムコートの施工場所
プライムコートの施工場所は，次のようである。
① 粒度調整路盤上
② 上層路盤におけるセメント安定処理路盤上
③ 上層路盤における石灰安定処理路盤上
④ セメント瀝青安定処理路盤上
⑤ 上層路盤に瀝青安定処理路盤を用いる場合の下層路盤上

以上のように，上層路盤に瀝青安定処理路盤を用いるときは，下層路盤上にプライムコートを散布する点に注意しよう。

(3)　プライムコートの材料と散布量
プライムコートは，浸透性の高いアスファルト乳剤 PK-3 を $1～2 l/m^2$ 散布する。

(4)　プライムコートの施工の留意点
① 路盤施工後において，交通に開放するときは，瀝青材料の車輪への付着を防止するため，粗目砂を散布し，加熱アスファルト混合物を施工する前にはき集めて除去しておく。
② 寒冷期（5℃以下）に施工するときは，アスファルト乳剤を加温し，散布することで養生期間を短くする。
③ 散布は**アスファルトディストリビュータ**かまたは人力による**アスファルトスプレヤー**を用いて行う。
④ 瀝青材料が浸透せず厚い被膜をつくったり，**養生期間が不足**すると，上層の加熱アスファルト混合物の施工時**ブリージング**を起こし，相互の層がずれてひび割れを発生することがある。

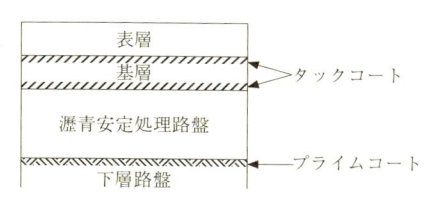

4-5-6　タックコートの施工

タックコートはアスファルト混合物相互を一体化するもので、施工時は次の点に留意する。

(1)　タックコートの目的
① 瀝青安定処理路盤と基層との付着をよくする。
② 基層と表層の付着をよくする。
③ 加熱アスファルト混合物の継目部の付着をよくする。

(2)　タックコートの施工場所
① 基層面上
② 瀝青安定処理路盤上
③ 既設アスファルト舗装と敷設アスファルト舗装の打継目
④ 補修工法の打継目

瀝青安定処理路盤を用いるときは、タックコートを図4-7のように2箇所散布する。

図4-7　タックコート

(3)　タックコートの材料
① 通常のタックコートは、接着性の高い（エングラー度の大きい、粘着力が大きい）アスファルト乳剤PK-4を$0.3～0.6 l/m^2$散布する。
② 開粒度アスファルト混合物、改質アスファルト混合物では、層間接着力をさらに高めるため、ゴム入りアスファルト乳剤PKR-Tを散布する。

(4)　タックコートの施工の留意点
① 寒冷期においては、養生時間を短縮するため、アスファルト乳剤を加温して散布する方法、ロードヒータにより加熱する方法、および所要の散布を2回に分けて散布する方法がある。
② 散布は、アスファルトディストリビュータまたはスプレヤーによる。
③ 瀝青材料が被膜をつくることによって、ブリージングやフラッシュ（余分のアスファルト乳剤が表層に浸み出す現象）を生じ、さらに相互の層間にずれが生じ、ひび割れが発生することがある。

4-5-7　加熱アスファルト混合物の敷き均し

加熱アスファルト混合物の敷き均しでは次の点に留意する。
① アスファルトフィニッシャまたは，人力により所要の厚さに敷き均す。
② 敷き均し時のアスファルト混合物の温度は，110℃を下回らないようにする。
③ 敷き均し中，雨が降り始めた場合には，ただちに敷き均し作業を中止する。また，すでに敷き均したアスファルト混合物はすみやかに締固めて仕上げる。
④ 寒冷期（5℃以下）の敷き均しは，現場情況に応じて，混合物の製造温度を若干高め，敷き均し作業の中断時においてもアスファルトフィニッシャの**スクリード**を継続して加熱しておく。この他，タイヤなど締固め機械の足まわりを暖めておくことで付着を軽減できる。

4-5-8　加熱アスファルト混合物の締固め

加熱アスファルト混合物の締固めでは次の点に留意する。
① 混合物は，ローラにより締固め，締固め度94％を確保する。
② 締固め機械は，次の性能のものを用いる。
　a　タイヤローラ（走行速度6〜10km/h）8〜20t
　b　振動ローラ（走行速度3〜6km/h）6〜10t
　c　ロードローラ（走行速度2〜3km/h）10〜12t
　ロードローラは，三輪形のマカダムローラと，二輪形のタンデムローラがある。また，振動ローラを振動させないで用いるときは，ロードローラとして使用できる。
③ 締固め順序は次のようである。
　継目転圧→初転圧→二次転圧→仕上げ転圧とする。継目転圧に先立ち，継目にタックコート（PK-4，0.3〜0.6 l/m^2）を散布し，混合物を敷き均し，まず横継目部を継目転圧する。縦継目部は他の部分と同時に初転圧から施工する。
④ 初転圧は次のように行う。
　a　アスファルトフィニッシャー側に**駆動輪**を向け，横断勾配の低い方から高い方に向かい，順次幅寄しながら低速かつ等速で転圧する。
　b　初転圧は，一般に10〜12tのロードローラで2回（1往復）程度行う。
　c　初転圧は，ヘアクラックが生じない限り，できる限り高い温度（110〜140℃）で転圧する。

 d ローラへアスファルト混合物が付着するときは，**付着防止**として，少量の水（寒冷期は除く），切削油乳剤の希釈液，軽油等を噴霧器等で，薄く塗布する。

 e 中温化技術（混合温度を低下するため，中温化剤）を用いて低温に設定して施工するときや，締固め効果の高いタイヤローラを用いる等の場合には，初転圧温度（110～140℃）とせず，締固め度94％が確保できる温度を設定してよい。

 f 初転圧の目的は，アスファルト混合物の整形である。

⑤ 二次転圧は，次のように行う。

 a 二次転圧は，一般にタイヤローラ8～20t，または，6～10tの振動ローラで行う。

 b タイヤローラは，交通荷重に似た締固め作用により，高い線圧により**骨材相互のかみ合わせを良くし**，深さ方向に均一な密度が得やすい。このため，重交通道路，摩耗を受ける舗装（積雪寒冷地域），寒冷期施工にはとくに適している。

 c 振動ローラは，自重，振動数，振幅を適切にすることで，締固め効果がタイヤローラより高まるため，転圧する往復回数はタイヤローラより少なくて所要の締固め度94％が得られる。ただし，振動ローラの転圧速度が速すぎると路面に**不陸や小波（コルゲーション）**が生じ，平坦性が得られず，遅すぎる転圧速度では，**過転圧**となり，所要の出来形断面が得られないので，運転には熟練を要する点に留意する。

 d **二次転圧の終了温度**は，一般に70～90℃である。これより低いとアスファルト混合物の粘性度が高くなりすぎ，十分な締固めができない。

 e 二次転圧の目的は，所要の締固め度94％を確保して安定した品質を確保することである。

⑥ 仕上げ転圧は，次のように行う。

 a 仕上げ転圧は，不陸の整正，**ローラマークの消去**のために，ロードローラまたは，タイヤローラで2回（1往復）程度行う。

 b 二次転圧にタイヤローラを用いたときは，ロードローラで仕上げ転圧を，二次転圧に振動ローラを用いたときは，タイヤローラを仕上げ転圧に用いることが望ましい。

 c 仕上げ転圧終了後，ただちに，他の場所に移動させ，仕上げ転圧した舗装上に停止させない。

4-5-9 締固め時の安定化対策

転圧時,落着の具合の悪いときや過転圧となるとき次の対策を考慮する。
① 初転圧時,舗設面に**ヘアクラック**が生じるとき,敷き均し温度が高すぎることがあり,敷き均し温度を調節する。
② **ローラの線圧**が高すぎるとき,落着が悪く,過転圧となるときは,ローラの重量を軽くするため,ローラのバラストを調節して軽くする。
③ ローラの線圧を低くできないときは,ローラ径の大きいものを用いる。

4-5-10 継目の施工

アスファルト混合物の継目の施工では次の点に留意する。

(1) 継目の前処理

継目の施工にあたり,既設アスファルト混合物の継目と,他の構造物との接触面がある。いずれの箇所も,まず清掃をして,タックコートを行う。寒冷期においては,継目部(コールドジョイント)は,温度低下で締固め不足になりやすいので,**ガスバーナ**等で,既設舗装部分を加熱しておくとよい。

施工継目は,締固めが不連続となり弱点となるため,できるだけ少なくなるように計画する。

加熱アスファルト混合物の継目には横継目と縦継目がある。

(2) 横継目の施工

① 横継目は,表層と基層との,継目位置は1m以上ずらす。
② 横継目は,道路の横断方向に,仕上げ厚さに等しい型枠を設置し,その端部まで十分に転圧する。この横継目は,施工中断時,および一日の作業の終了時に生じる。
③ 横継目は,弱点となりやすく,平坦性も損なわれやすいので,丁寧に仕上げる。

(3) 縦継目の施工
① 縦継目は，道路中心線やレーンマークと並行する継目であり，表層と基層の継目位置は図 4-8 のように，相互に 15 cm 以上ずらして施工する。
② 既設舗装の補修や道路拡幅の場合は，縦継目位置は上層と下層が重なるため，とくに，丁寧に施工する。
③ 縦継目は，上下層の継目共に，車輪の走行位置の直下とならないようにする。
④ 縦継目部は図 4-9 のように，既設舗装に 5 cm 程度重ねて敷き均し，レーキで大きな粗骨材を取り除き，ローラは，既設舗装部分に 15 cm 程度かけて転圧する。
⑤ ホットジョイントは，2 車線以上を同時施工するような大型舗装工事で，縦継目の弱点を軽減するため行われる施工である。図 4-10 のように先行する縦継目部分を 5 〜 10 cm 幅だけ転圧しないで踏残し，後続するアスファルト混合物と同時に締固めた縦継目のことである。ホットジョイントに対して一般の継目施工をコールドジョイントということがある。

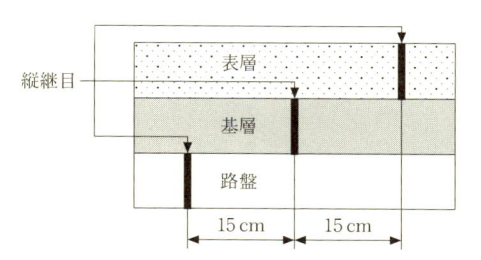

図 4-8　表層と基層の縦継目位置

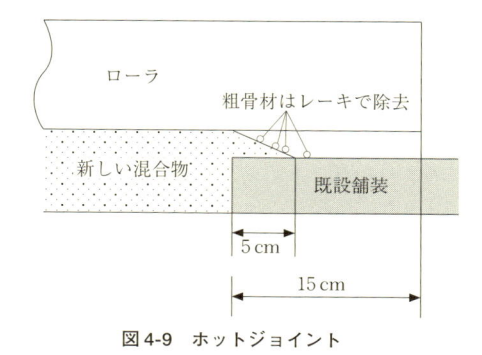

図 4-9　ホットジョイント

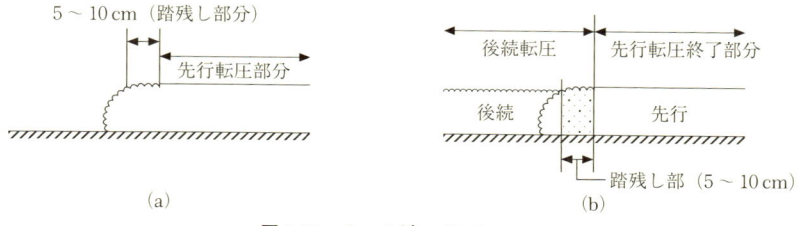

図 4-10　ホットジョイント

4-5-11 交通開放温度

路盤や表層の施工後，交通に開放するための表面温度は次のようである。
① 転圧終了後の交通開放は，**舗装表面温度**が 50℃以下となってからとする。このことで，初期の流動わだち掘れを少なくできる。
② 夏期や夜間作業等，作業時間に制約のあるときは，中温化技術の適用や，**舗装冷却機械**により強制的に，早期に低下させることができる。

4-5-12 寒冷期における加熱アスファルト混合物の施工

寒冷期（5℃以下）においては，次のような点に留意して，加熱アスファルト混合物を施工する。また，5℃以上でも風が強く5℃以下と同じ環境の場合にも，寒冷期と同様の施工をする。

① 混合物製造時の混合温度を 185℃以下の範囲で，若干高めておく。
② 必要により中温化技術を採用する。このときは，混合温度は寒冷期にあっても高めない。
③ アスファルト混合物の運搬にあたり，ダンプカーの荷台に帆布を 2～3 枚重ねたり，保温シートで覆ったり，ダンプに木枠を取り付ける等運搬中の保温に工夫をする。
④ アスファルトフィニッシャのスクリードは，敷き均し作業中以外でも加熱を継続しておく。
⑤ コールドジョイント部は，混合物が冷却しやすいので，ガスバーナ等で十分に加熱して，タックコートを散布し，早急に敷き均し転圧する。
⑥ 寒冷期中の施工で，ローラにアスファルト混合物が付着するときは，軽油を噴霧器で薄く塗布して付着を防止する。このとき，水を用いてはならない。

4-5-13　改質アスファルト混合物の施工

　改質アスファルト混合物は，原則として，加熱アスファルト混合物と同様の手順で行うが，改質アスファルトは，粘性度が高く，高温な状態でないと所要の流動性が得られないので十分に締固めることができない。また，改質アスファルト混合物には排水性舗装や透水性舗装のように開粒度アスファルト混合物を用いるときは，粗骨材が80％以上と多く，粗骨材が高温となりやすく，アスファルト混合物の温度管理が困難な点に注意が必要である。

(1)　改質アスファルト混合物の施工
① 排水性舗装混合物は開粒度アスファルト混合物で，粗骨材が多く，骨材が加熱しやすく，**混合物の温度抑制**が困難である。
② 混合物の冷却を防止するため，保温対策をして運搬する。このとき荷台への油の塗布はカットバックを避けるため必要最小限とする。
③ 敷き均しはアスファルトフィニッシャで行い，初転圧は10t以上のローラ，二次転圧は15t以上のタイヤローラ，または6～10tの振動ローラを用い，可能な限り大型ローラを用いる。
④ コールドジョイント部はガスバーナで加熱してタックコートを行い，混合物の冷却を軽減する。
⑤ 交通への開放温度は，舗装表面が50℃以下となった後とする。
⑥ **初転圧温度**，敷き均し温度は，改質アスファルトの混合物の粘度により異なる。
⑦ 寒冷期の施工は，改質アスファルト混合物も普通のアスファルト混合物と同様の管理が必要である。

4-6 路上表層再生工法

　路上表層再生工法は，維持修繕が必要となった既設アスファルト舗装を対象に必要に応じて新規アスファルト混合物や再生添加材料を加えて混合して，施工し再生表層をつくるものである。
　この工法は，既設表層の路面性状の回復のための品質改善を行い，その品質は等値換算係数をはじめ，舗装設計施工指針（日本道路協会）に定める規定と同等に取り扱う。
　また，わだち掘れ，縦断方向の凹凸，ひび割れ等の発生により既設表層が維持修繕を要する状態になっていても，その破損が基層以下までおよんでいないものとする。

4-6-1　路上表層再生工法の計画

　路上表層再生工法は，専用機械（機械編成延長 50～100 m）を用いて，一工程で完了するので工期が短く一般交通や沿道住民への影響も少ない。一般に，この工法は，延長方向 500 m の区間は設計を変えないことが望ましい。

(1)　路上表層再生工法の特徴

　路上表層再生工法は，かきほぐし，混合，敷き均し，締固めの作業を連続して行うもので，次のような特徴を持っている。

① 舗装廃材がほとんど発生しない。
② 新規アスファルト量を節約できる。
③ 一工程で施工が完了するので工期が短く沿道住民への影響も小さい。
④ 振動・騒音が小さく，夜間作業にも適している。
⑤ 小規模工事には適さない。
⑥ 基層以下の破損した箇所に適用できない。
⑦ 施工上平均 50 mm 以上の既設アスファルト層の厚さが必要である。
⑧ 気温の影響を受けやすく，寒冷期の施工に適さない。

(2) 路上表層再生工法の方式

路上表層再生工法には，リミックス方式とリペーブ方式がある。
① リミックス方式は，既設アスファルト混合物をかきほぐし，アスファルト混合物を新規に加え，敷き均し，混合して締固めるものである。
② リペーブ方式は，既設アスファルト混合物をかきほぐして混合し，敷き均し，その上に新規のアスファルト混合物を敷き均し，上下2層のアスファルト混合物を一度に締固めるものである。

リミックス方式は，既設表層混合物の品質改善で大規模な修繕に向くが，軽微な改善で十分な場合にはリペーブ方式を用いることが多い。

次に，表4-5に，各方式の長所，短所を示す。

表4-5 リミックス方式およびリペーブ方式の長所・短所

リミックス方式	長所	総合的な品質改善が可能である。
		全厚均一な断面として仕上げられる。
	短所	パッチングが存在するような箇所では，粒度や骨材の違いが表面に現れる
リペーブ方式	長所	一定の外観を確保すること。
	短所	粒度，アスファルト量の調整を伴う品質改善は困難である。
		比較的早い時期に下層が露呈し色ムラが出ることがある。

(3) 等値換算係数の算定

再生表層混合物は，舗装設計施工指針の基準を満足するものを原則とし，再生表層を含む舗装断面全体について，再生後の等値換算厚さを求めておく。所定の等値換算厚さを満たさないときは，新規アスファルト混合物の使用を増加する。

4-6-2　路上表層再生工法に使用する材料

使用材料には，既設表層混合物，新規アスファルト混合物および再生用添加材料等がある。これらの材料および再生アスファルトの品質を規定する。

(1)　既設表層混合物
既設表層混合物のアスファルトの針入度は施工方式により次のようである。
① リミックス方式では旧アスファルトの針入度は20以上。
② リペーブ方式では旧アスファルトの針入度は30以上。

(2)　新規アスファルト混合物
各方式によりその材料は次のような特徴を持つ。
① リミックス方式では，既設表層混合物の品質と改善目標との関係から，新規アスファルト量等を定める。
② リペーブ方式では，**新規アスファルト混合物**で表層に使われる品質を用いる。

(3)　再生添加剤
再生添加剤は，旧アスファルト混合物（再生骨材）に添加し，旧アスファルトの針入度を回復する目的で使用される。
これには，**エマルジョン系**のものと**オイル系**のものがあり，ともに労働安全衛生法に定める特定化学物質を含む有害なものであってはならない。

(4)　再生アスファルト
再生アスファルトとは，既設表層混合物に含まれる旧アスファルトに再生添加剤および，新アスファルトを単独または併用で室内において添加調整し再生したアスファルトをいう。
再生アスファルトの特徴は針入度40～60，60～80，80～100の3つとする。
再生アスファルト規格は新規アスファルトの規格と同じである。

(5)　再生加熱アスファルト混合物
再生骨材，再生添加剤および新規アスファルトを単独または組合わせたものを再生加熱アスファルト混合物として用いる。この混合物は路上表層再生工法，**プラント再生舗装工法**として用いられる。

4-6-3　路上表層再生工法の配合設計手順

路上表層再生工法の配合設計手順は，図4-11に示すとおりである。

① 再生用添加剤の使用量を，所定針入度となるように求め，その使用量が$0.2 \sim 0.6 l/m^2$の範囲にあるときは，リペーブ方式で，それ以外はリミックス方式とする。

② 既設表層混合物と再生用添加剤を所定の比率で混合し，マーシャル安定度試験供試体をつくり，その試験値を求める。これのアスファルトが，所定の安定度4.90 kN以上，フロー値20〜40（1/100 cm），空隙率3〜6％，飽和度70〜85％等の規格を満足することを確認して施工する。

既設表層混合物の採取
↓
既設表層混合物の品質試験
↓
設計針入度への調整
↓
マーシャル安定度試験
↓
再生用添加剤使用量の決定

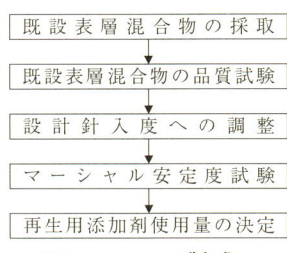

図4-11　リペーブ方式の配合設計の流れ

4-6-4　路上表層再生工法の施工

路上表層再生工法のリミックス方式およびリペーブ方式の施工手順は次のようである。

(1)　施工機械

リミックス方式ではリミキサが用いられ，リペーブ方式ではリペーバが用いられる。表4-6にその装置を示す。

表4-6　路上表層再生機の用途と具備すべき装置

	機種区分	リミキサ	リペーバ
用途	リミックス	○	
	リペーブ		○
装置	新規アスファルト混合物供給装置	○	○
	かきほぐし装置	○	○
	集積装置	○	
	混合装置	○	
	撹拌装置		○
	再生表層混合物敷き均し装置	○	○
	新規アスファルト混合物敷き均し装置		○
	再生用路面ヒーター	○	○

(2)　事前処理

① 事前処理として，わだち掘れが30 mmより深いときや，L形側溝とのすり付け部を除去して整正しておく。

② マンホールや橋梁継手部はあらかじめ除去しておく。

(3) リミックス方式による施工

リミックス方式の作業工程は図 4-12 のように，再生材料と新規材料とを混合し一層で仕上げる。

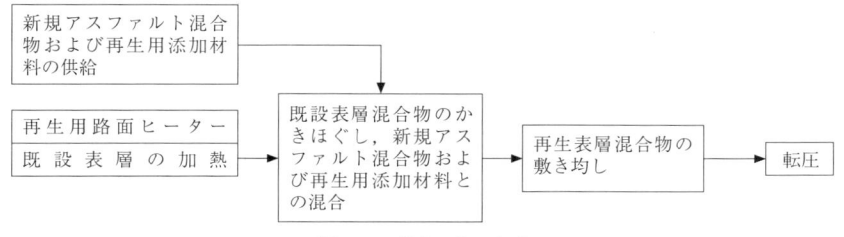

```
[新規アスファルト混合物および再生用添加材料の供給] ─┐
                                              ↓
[再生用路面ヒーター   → [既設表層混合物のかき   → [再生表層混合物の  → [転圧]
 既 設 表 層 の 加 熱]     ほぐし，新規アスファ      敷 き 均 し]
                         ルト混合物および再生
                         用添加材料との混合]
```

図 4-12　リミックス方式

施工は幅左右 10 cm 程度広くし，施工速度は，再生混合物の温度が 110 ℃以上 140 ℃以下となるようにし，熱ムラのないように定速施工に心がける。マンホール等の事前処理部ではマークしておき，かきほぐし機を上に引き上げておく。また，締固めは初転圧にロードローラ，二次転圧タイヤローラとし，ローラの往復距離を長くとって，均一で平坦に仕上げる。

交通開放時の舗装面の温度は 50 ℃以下とする。なお，寒冷期においては，加熱を強化し，場合によっては，初転圧に振動ローラを用い，新規アスファルト混合物の保温にとくに注意する。

(4) リペーブ方式による施工

リペーブ方式による施工手順は，図 4-13 のようである。施工上の留意点は，リミックス方式と同じである。再生材料と新規材料の 2 層を同時に転圧する。

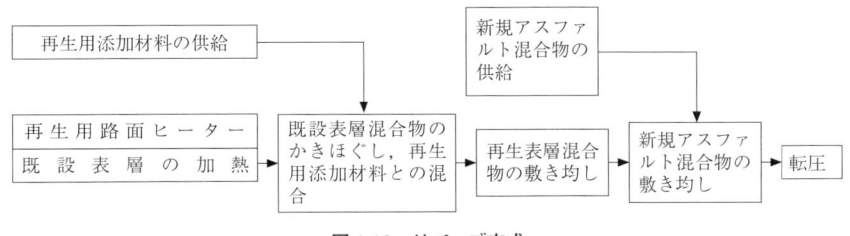

```
[再生用添加材料の供給]─┐                [新規アスファ
                      │                 ルト混合物の
                      ↓                 供給]─┐
[再生用路面ヒーター  → [既設表層混合物の  → [再生表層混合  → [新規アスファ  → [転圧]
 既 設 表 層 の 加 熱]    かきほぐし，再生     物の敷き均し]    ルト混合物の
                        用添加材料との混                      敷き均し]
                        合]
```

図 4-13　リペーブ方式

4-7 アスファルト舗装機械

4-7-1 路床・路盤用建設機械

路床，路盤用建設機械の種類と特徴は次のようである。
① 路上混合機械：スタビライザ，バックホウ
② 掘削・積込み機械：バックホウ，トラックショベル，ホイールローダ
③ 整形機械：モータグレーダ（スカリファイヤ付），ブルドーザ
④ 散布機械：ディストリビュータ，安定剤散布機，エンジンスプレヤー
⑤ 敷き均し機械：モータグレーダ，ブルドーザ，アスファルトフィニッシャ
⑥ 締固め機械：ロードローラ，タイヤローラ，振動ローラ，ランマ，タンパ，振動コンパクタ

4-7-2 アスファルト舗装の施工機械

アスファルト混合物の舗設機械には次のものがある。
① 散布機械：アスファルトディストリビュータ，エンジンスプレヤー，チップスプレッダ
② 敷き均し機械：アスファルトフィニッシャ（構造は図 4-14 を参照）

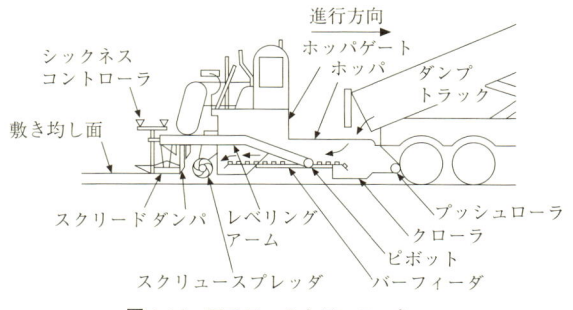

図 4-14 アスファルトフィニッシャ

③ 締固め機械
　a　初転圧：ロードローラ
　b　二次転圧：タイヤローラ，振動ローラ，ロードローラ
　c　仕上げ転圧：タイヤローラ，ロードローラ
　d　仮締めまたは小規模転圧：ハンドガイド式ローラ，タンデムローラ

4-7-3　路上再生路盤の施工機械

路上再生舗装に使用する機械には次のものがある。

(1)　路上再生路盤工法の施工機械
① 散布車：セメント散布ローリ
② 破砕混合機：路上破砕混合機
③ 整形転圧：タイヤローラ，モータグレーダ
④ 締固め：タイヤローラ，**マカダムローラ**，振動ローラ
⑤ 養生：ディストリビュータ，エンジンスプレヤー

(2)　路上表層再生工法の施工機械
① リミックス機械
　a　路面加熱：再生用路面ヒータ
　b　リミックス：路上表層再生機（リミキサ：新規アスファルト混合物＋かきほぐし混合＋敷き均し）
　c　締固め：ロードローラ，タイヤローラ，振動ローラ
　d　散布機：再生用添加剤散布機

② リペーブ機械
　a　路面加熱：再生用路面ヒータ
　b　リペーブ：路上表層再生機（リペーバ：かきほぐし混合＋新規アスファルト混合物＋敷き均し）
　c　締固め：ロードローラ，タイヤローラ，振動ローラ
　d　散布機：再生用添加剤散布機

(3)　補修用の施工機械
① 切断：カッタ
② 切削：路面切削機械
③ 冷却：舗装冷却機械
④ 表面処理：マイクロサーフェシング，チップシール
⑤ 線状切削：**線状切削機**
⑥ 破砕：**ブレーカ**

4-7-4　アスファルト混合所の製造機械

アスファルト混合所でアスファルト混合物を製造する機械には次のものがある。

(1)　新規アスファルト混合所
　① 混合形式：バッチ式
　② 製造設備：ホッパ，フィーダ，ドライヤ，バッチ式ミキサ，ホットビン，サイロ，バーナ，ダスト回収設備，再生用添加剤タンク
　③ 保存設備：加熱貯蔵サイロ（ホットストレージ），一時貯蔵ビン（サージビン）

(2)　再生アスファルト混合所
　① 混合形式：連続ミキサ式
　② 製造設備：ホッパ，フィーダ，連続式ミキサ，バーナ，ドライヤ，ダスト回収設備，再生用添加剤タンク
　③ 保存設備：加熱貯蔵サイロ（ホットストレージ），一時貯蔵ビン（サージビン）

4-8 演習問題

路床施工

問1 路床の施工に関する次の記述のうち，**不適当なもの**はどれか。
(1) 路床の施工終了から舗装の施工まで相当の期間がある場合には，路床面の保護や仮排水等に配慮する必要がある。
(2) 路床土と安定材の混合後，軟弱で締固め機械が入れない場合には，湿地ブルドーザ等で軽く締固めておき，数日間養生した後，整形し締固めるとよい。
(3) 粒状の生石灰を用いて安定処理する場合は，適切な混合機械を用いて1回で混合を終了し，速やかに締固めて仕上げる。
(4) 切土路床は，支持力を低下させないように留意しながら在来地盤を掘削，整形し締固めて仕上げるが，粘性土の場合は過転圧にならないように留意する。

路床施工

問2 安定処理による路床構造に関する次の記述のうち，**不適当なもの**はどれか。
(1) 安定処理工法は，現状路床土のCBRが2未満の場合にのみ適用する。
(2) 安定材の設計添加量を求める方法として，割増率方式と安全率方式がある。
(3) セメントやセメント系安定材を使用する場合は，六価クロム溶出量の測定が必要である。
(4) 路上混合方式で行う場合，所定の締固め度を得ることが確認できれば，全厚1層で仕上げてもよい。

問1解説
　　粒状の生石灰（5 mm 以上）を用いて路床を安定処理するときは仮転圧，本転圧の2度締めとする。　　　　　　　　　　　　　　　　　　　　正解　3

問2解説
　　路床の構築は，設計CBRが3未満の場合や，設計CBRを向上させた方が経済的な場合等に行う。　　　　　　　　　　　　　　　　　　　　正解　1

演習問題　　2-4-2

路床施工

問3　路床の施工に関する留意点で次の記述のうち，**不適当なもの**はどれか。
(1) 盛土路床の施工後は，降雨時の排水対策として縁部に仮排水溝を設けておくことが望ましい。
(2) 粘性土や高含水比土の場合は，施工に際して，こねかえしや過転圧にならないように留意する。
(3) 路床の施工終了後から舗装の施工までに相当の期間がある場合は，交通開放して車両による締固め効果を促すことが望ましい。
(4) 路床部分で，木根，転石その他路床の均一性を著しく損なうものがある場合は，これらを取り除いて仕上げる。

路盤施工

問4　路盤の施工に関する次の記述のうち，**不適当なもの**はどれか。
(1) 粒状路盤材が，転圧前に降雨等により著しく水を含み，締固めが困難な場合には，少量の石灰またはセメントを散布，混合し転圧することもある。
(2) 路上混合方式による安定処理の施工に先立って，在来砂利層等を所定の深さまでかき起こし，必要に応じて散水を行い，含水比を調整する。
(3) 路上混合方式による安定処理において，混合および転圧終了後，交通開放する場合には，シールコートを施す必要がある。
(4) 粒状路盤材が乾燥しすぎている場合は，散水すると含水比管理が難しいので，散水せずに転圧回数を増して仕上げるとよい。

問3解説
　路床の施工終了後，相当の期間があっても，交通に開放しない。路盤の終了を待って開放する点が異なっている。　　　　　　　　　　　　　　　　正解　3

問4解説
　粒状路盤材が，乾燥して，施工含水比の範囲がはずれるときは，適宜散水して，含水比を調節する。　　　　　　　　　　　　　　　　　　　　　　正解　4

演習問題　2-4-3

路盤施工

問5　上層路盤の施工に関する次の記述のうち，**不適当なもの**はどれか。

(1) 粒度調節路盤の1層の仕上がり厚さは，所要の締固め度が確保される施工方法であれば，標準の15cmを超えてもよい。
(2) 石灰安定処理路盤材料の締固めは，最適含水比よりやや湿潤状態で行うとよい。
(3) セメント安定処理路盤材料の締固めは，硬化が始まる前までに完了することが重要である。
(4) シックリフト工法は，加熱アスファルト混合物の締固め終了後，早期に交通開放を行うことができる。

アスファルト混合物施工

問6　加熱アスファルト混合物の敷き均しに関する次の記述のうち，**不適当なもの**はどれか。

(1) 混合物の敷き均しに先立って，路盤または基層等施工の基盤に欠陥がないかどうかを確認し，必要に応じて修正する。
(2) 敷き均し時の混合物の温度は，アスファルトの粘度にもよるが，一般に110℃を下回らないようにする。
(3) フィニッシャによる敷き均しは，連続作業を原則とし，寒冷期等気温が低いときはスクリードを継続して加熱するとよい。
(4) 敷き均し作業中に降雨となった場合は，ホッパをシートで覆い，フィニッシャに残っている混合物を敷きならし，締固めて仕上げる。

問5解説
　シックリフト工法は，層厚が10cm超えているため，冷却が遅く早期に交通開放できない。　　　　　　　　　　　　　　　　　　　　　　　　　正解　4

問6解説
　敷き均し中に降雨となったとき，ただちに敷き均し作業は中止し，既に敷き均した部分は，早急に転圧する。　　　　　　　　　　　　　　　正解　4

演習問題　　　　　　　　　　　　　　　　　　　　　　　　2-4-4

アスファルト混合物施工

問7　加熱アスファルト混合物の締固めに関する次の記述のうち，**不適当なもの**はどれか。
(1) ローラには案内輪と駆動輪があるが，締固めを行う際は，案内輪をアスファルトフィニッシャ側に向け転圧するのが一般的である。
(2) 振動ローラで転圧する際は，転圧速度が速すぎると不陸や小波を発生することがある。
(3) 初転圧は一般にロードローラを用い，ローラへの混合物の付着防止には，少量の水，切削油，軽油等を噴霧器で薄く散布するとよい。
(4) 二次転圧に用いるタイヤローラは，交通荷重に類似した締固め作用により骨材相互のかみ合わせを良くし，深さ方向に均一な密度が得やすい。

アスファルト混合物施工

問8　加熱アスファルト混合物の締固めに関する次の記述のうち，**不適当なもの**はどれか。
(1) 振動ローラによる転圧は，転圧速度が速すぎると不陸や小波が発生したり，遅すぎると過転圧になることもある。
(2) 締固め作業は，一般に初転圧，二次転圧，仕上げ転圧および継目転圧の順で行う。
(3) 初転圧は，ヘアクラックの生じない限りできるだけ高い温度で行う。
(4) 二次転圧に振動ローラを用いた場合には，仕上げ転圧にタイヤローラを用いることが望ましい。

問7 解説
　　混合物の初転圧時は，駆動輪をアスファルトフィニッシャ側に向け，ゆっくり定速で転圧する。　　　　　　　　　　　　　　　　　　　　　　　　正解　1

問8 解説
　　混合物の転圧順序は，①継目転圧，②初転圧，③二次転圧，④仕上げ転圧とする。　　　　　　　　　　　　　　　　　　　　　　　　　　　　　正解　2

演習問題　2-4-5

アスファルト混合物施工

問9　加熱アスファルト混合物の締固めに関する次の記述のうち，**不適当なもの**はどれか。

(1) ローラによる転圧は，横断勾配のある場合，高い方から低い方へ順次幅寄せしながら低速かつ等速で行う。
(2) 仕上げ転圧は，不陸の修正，ローラマークの消去のために行うもので，タイヤローラあるいはロードローラで1往復程度行うとよい。
(3) 一般にロードローラの作業速度は 2～3 km/h，タイヤローラ 6～10 km/h が適当である。
(4) ローラの線圧過大，転圧温度の高過ぎ，過転圧等の場合は，ヘアクラックを生じることがある。

アスファルト混合物施工

問10　加熱アスファルト混合物層の継目に関する次の記述のうち，**不適当なもの**はどれか。

(1) 既設舗装と接合する縦継目は，レーキ等で粗骨材を取り除いた新しい混合物を既設舗装に 5 cm 程度重ねて敷き均し，ただちにローラで締固める。
(2) 継目または構造物との接触面はよく清掃したのち，アスファルト乳剤を塗布し，後から敷き均す混合物と充分に密着させる。
(3) 基層の縦継目の位置は，その上に設ける表層の縦継目予定位置と通常 1 m 以上ずらさなければならない。
(4) 施工中断または終了時の横継目は，横断方向にあらかじめ型枠を置いて所定の高さに仕上げる。

問9解説
　ローラでの転圧は，横断勾配の低い方から高い方へ順次幅寄せしながら低速かつ等速で行う。　　　　　　　　　　　　　　　　　　　　　　　正解　1

問10解説
　基層と表層の縦継目の位置は，15 cm 程度ずらして施工し，同一断面上で，縦継目を設けてはならない。　　　　　　　　　　　　　　　　　　　正解　3

演習問題　　　　　　　　　　　　　　　　　　　　　2-4-6

アスファルト混合物施工

問11　アスファルト舗装の継目の施工に関する次の記述のうち，**不適当なもの**はどれか。
(1) 施工継目はできるだけ少なくなるように計画し，下層の継目の上に上層の継目を重ねないようにする。
(2) ホットジョイントの場合は，先行して敷き均した縦継目側の端部まで十分締固め，後続のフィニッシャの敷き均し厚さのガイドとする。
(3) 継目または構造物との接触面は，よく清掃した後にタックコートを施し，後から敷き均した混合物を締固めて密着させる。
(4) 縦継目部は，レーキ等で粗骨材を除いた混合物を既設舗装に 5 cm 程度重ねて敷き均し，新しく敷き均した混合物にローラの駆動輪を 15 cm 程度かけて転圧する。

アスファルト混合物施工

問12　加熱アスファルト混合物の舗装に関する次の記述のうち，**不適当なもの**はどれか。
(1) 交通開放時における舗装表面温度は，交通開放初期の舗装の変形を小さくするため，50 ℃以下とする。
(2) 締固め作業は，一般に継目転圧，初転圧，二次転圧および仕上げ転圧の順序で行う。
(3) タックコートには，通常，アスファルト乳剤を用い，散布量は一般に 1.0 ～ 2.0 l/m^2 である。
(4) 敷き均し時の混合物温度は，アスファルトの粘度にもよるが，一般に 110 ℃を下回らないようにする。

問11 解説
　　　ホットジョイントは，縦継目側の 5 ～ 10 cm 幅を転圧しないで後続する混合物と同時に締固めたときの継目のこと。　　　　　　　　　　　　　　正解　2

問12 解説
　　　タックコートは，基層，瀝青安定処理層の上に PK-4 を 0.3 ～ 0.6 l/m^2 散布し，上下層の密着性を確保する。　　　　　　　　　　　　　　　　　正解　3

演習問題　2-4-7

アスファルト混合物施工

問13　加熱アスファルト混合物の舗設に関する次の記述のうち，**不適当なもの**はどれか。

(1) 施工中断時または終了時の横継目は，横断方向にあらかじめ型枠を置いて所定の高さに仕上げる。
(2) 振動ローラによる転圧では，転圧速度が遅すぎると不陸や小波が発生したり，速すぎると過転圧になることもあるので，転圧速度に注意する。
(3) ロードローラによる転圧は，一般にアスファルトフィニッシャ側に駆動輪を向けて，横断勾配の低い方から高い方に向かって行う。
(4) 交通開放時における舗装表面温度は，交通開放初期の舗装の変形を小さくするため，50℃以下とする。

アスファルト乳剤施工

問14　タックコートに関する次の記述のうち，**不適当なもの**はどれか。

(1) 排水性舗装のタックコートには，原則としてゴム入りアスファルト乳剤（PKR-T）を用いる。
(2) 継目または構造物との接触面は，よく清掃したのちにタックコートを施し，あとから敷き均した混合物を締固めて密着させる。
(3) 寒冷期の施工や急速施工の場合，養生時間を短縮するために，アスファルト乳剤を軽油で希釈して散布する方法がある。
(4) 通常，アスファルト乳剤（PK-4）を用い，散布量は一般に $0.3 \sim 0.6 \, l/m^2$ が標準である。

問13 解説
　振動ローラは，速すぎると不陸や小波が発生し，遅すぎると過転圧となる。
　　　　　　　　　　　　　　　　　　　　　　　　　　　　　　　　正解　2

問14 解説
　混合物を寒冷期に施工したり，急速施工する場合，タックコートの養生時間を短縮する場合，加温して二度に分けて散布する。
　　　　　　　　　　　　　　　　　　　　　　　　　　　　　　　　正解　3

演習問題　2-4-8

混合物製造・運搬

問15　加熱アスファルト混合物の製造・運搬に関する次の記述のうち，**不適当なもの**はどれか。

(1) 加熱アスファルト混合物をダンプトラックで運搬する際の積込み方法は，混合物の材料分離を防ぐため，なるべく大きな1つの山にして積込む。
(2) 加熱アスファルト混合物の混合温度は，185℃を超えない範囲でアスファルトの動粘度 $150 \sim 300 \, mm^2/s$ の範囲の中から選ぶ。
(3) 加熱アスファルト混合物の製造は，作業標準に基づいて行い，品質管理は現場配合を目標として行う。
(4) 密粒度アスファルト混合物の標準的なウェット混合時間は $30 \sim 50$ 秒程度であるが，骨材粒度等により異なる場合もある。

混合物製造・運搬

問16　加熱アスファルト混合物の製造・運搬に関する次の記述のうち，**不適当なもの**はどれか。

(1) 気温の低いとき等の混合物の運搬は，運搬車の荷台にシートを $2 \sim 3$ 枚重ねて用いる等，運搬中の保温方法に留意する。
(2) 連続式プラントで製造する場合，運転開始時に製造した混合物は，使用しないことが望ましい。
(3) 一時貯蔵ビンに24時間以上貯蔵する場合は，定期的に回収アスファルトの針入度を測定し，劣化が小さいことを確認しておく。
(4) ミキサでの混合時間は，アスファルトが骨材をすべて被覆するまでとし，過剰な混合はアスファルトの劣化につながるので避ける。

問15 解説

加熱アスファルト混合物のダンプトラックの積込みは，平均にして分けて行い，材料分離を防止する。　　　　　　　　　　　　　　　　　　　正解　1

問16 解説

一時貯蔵ビンは，12時間までとし，加熱貯蔵ビンは標準24時間程度とするが3日間貯蔵できるものもある。　　　　　　　　　　　　　　　　　正解　3

演習問題　2-4-9

混合物製造・運搬

問17　加熱アスファルト混合物の製造を行う場合の留意事項に関する次の記述のうち，**不適当なもの**はどれか。

(1) 連続式プラントの場合，運転開始直後に製造した混合物は，粒度，アスファルト量が変動することが多いので使用しないことが望ましい。

(2) 一般に細粒分の多い混合物やアスファルトの少ない混合物の混合時間は，アスファルトの劣化を防ぐため短く設定する。

(3) 混合物の現場配合は，定期的または材料の変更時に行う配合設計の結果に基づき仮設定し，試験練りを行って決定する。

(4) 試験練りにおいては，試験および観察により配合比率の確認，目標とする混合温度の設定，アスファルト量，混合時間等の決定を行う。

混合物製造・運搬

問18　加熱アスファルト混合物の運搬に関する次の記述のうち，**不適当なもの**はどれか。

(1) 混合物の積込みは，材料分離，片荷積みを防止するため，運搬車を徐々に移動させながら荷台全体が均等となるように積込む。

(2) とくに気温が低いときや風が強いときの運搬は，荷台に帆布を2～3枚重ねて用いたり，特殊保温シートを用いる等，運搬中の保温に留意する。

(3) 混合物の付着防止の目的で荷台の内側に油等を薄く塗る場合は，油はアスファルトをカットバックするので塗布量は必要最小限にする。

(4) グースアスファルト混合物は，流動性が大きいので，運搬の際はダンプトラックから漏れないように荷台に目張りをする等の措置を施す。

問17 解説

　　加熱アスファルト混合物を製造する際，細粒分の多い混合物や粘性度の高い混合物は，混合時間を長くする。　　　　　　　　　　　　　　正解　2

問18 解説

　　グースアスファルト舗装の混合物を運搬するときは，クッカで40分以上混練しながら行う。　　　　　　　　　　　　　　　　　　　　正解　4

演習問題　2-4-10

舗装機械

問19 アスファルトフィニッシャに関する次の記述のうち，**不適当なもの**はどれか。
(1) 走行方式には，牽引力を重視したホイール式と機動性を重視したクローラ式とがあり，施工箇所が点在する場合は，主として後者が用いられる。
(2) 締固め装置は，タンパの上下動で締固めるもの，スクリードの振動で締固めるものおよび両者の併用型に大別できる。
(3) 敷き均し厚さの管理は，一般にスクリードの高さ調整によって行うが，舗設箇所の両側に型枠を設置して調整する方法もある。
(4) 異種の混合物を2層同時に敷き均すことが可能な機種や，タックコートの散布装置を備えた機種もある。

舗装機械

問20 舗装用機械の名称と主な用途に関する次の組合せのうち，**不適当なもの**はどれか。

〔名　称〕　　　　　　　　　〔主な用途〕
(1) ディストリビュータ …………散布機械
(2) チップスプレッダ ……………スラリー状アスファルト乳剤混合物敷き均し機械
(3) アスファルトフィニッシャ……加熱アスファルト混合物および瀝青安定処理路盤材の敷き均し機械
(4) ハンドガイド式振動ローラ……路床，路盤，基層および表層の締固め補助機械

問19 解説
　アスファルトフィニッシャはホイール式が走行性が良く施工箇所の点在する場合に適する。　　　　　　　　　　　　　　　　　　　　　　正解　[1]

問20 解説
　チップスプレッダは，シールコートされた砕石を散布する機械である。スラリー状アスファルト乳剤混合物は，スラリー専用敷き均し機械を用いる。　　正解　[1]

演習問題

2-4-11

舗装機械

問 21 舗装用機械に関する次の記述のうち，**不適当な**ものはどれか。

(1) タンデム型の鉄輪振動ローラは，その機構上，無振状態でもロードローラの代替機種として使用してはならない。
(2) 路床の締固めでは，路床土の状況に応じてブルドーザを用いることもある。
(3) 敷き均し時の締固め度を高める場合には，ダブルタンパを有するアスファルトフィニッシャを用いるとよい。
(4) ハンドガイド式振動ローラや振動コンパクタは，通常，締固めの補助機械として用いられる。

再生工法

問 22 路上表層再生工法に関する次の記述のうち，**不適当な**ものはどれか。

(1) 本工法は，舗装廃材の処分をともなわず，新規アスファルト混合物の使用量を節約できる等の利点がある。
(2) 既設アスファルト舗装の表層を対象とした工法であり，基層以下にまで破損のおよんでいるような箇所には原則として適用できない。
(3) 本工法を適用する場合の既設舗装のアスファルト混合物層の厚さは，平均 50 mm 以上必要である。
(4) 既設アスファルト舗装の表層混合物の粒度，アスファルト量，アスファルトの針入度等を改善する場合には，リミックス方式よりもリペーブ方式が適する。

問 21 解説

タンデム型の鉄輪振動ローラは，無振動のときは，ロードローラとして，初転圧，仕上げ転圧等に使用する。　　　　　　　　　　　　　　　　　　正解　1

問 22 解説

既設アスファルト舗装の表層混合物の粒度，アスファルト量等の品質を改善するときはリミックス方式を用いる。　　　　　　　　　　　　　　　　正解　4

演習問題　2-4-12

再生工法

問 23　路上再生路盤工法に関する次の記述のうち，**不適当な**ものはどれか。

(1) 破砕混合を行う前には，路面ヒータを用いて既設アスファルト混合物層を加熱するのが一般的である。
(2) 本工法は，路上で既設アスファルト混合物層を破砕し，同時にセメント等の添加材料と既設路盤材料とを混合し，締固め，原位置で路盤を構築するものである。
(3) 既設アスファルト混合物層が厚い場合には，所要の品質を確保するという観点から予備破砕を行った方が効果的な施工ができる。
(4) 路上再生路盤と路床との間には，下層路盤に相当する既設粒状路盤を 10 cm 程度以上確保することが望ましい。

問 23 解説

路上再生路盤工法では，舗装を切断して予備破砕するが，路上表層再生工法のように，路面ヒータは用いない。　　　　　　　　　　　　　　　　　　正解　1

第5章 特殊アスファルト舗装

　特殊アスファルト舗装は，開粒度骨材，ギャップ骨材，25 mm 以上の骨材，明色骨材，着色骨材等，骨材が特殊な場合と，舗装用石油アスファルト以外の改質アスファルトや樹脂系結合材料をバインダーとする混合物による舗装とがある。特殊アスファルト舗装の材料，使用目的・効果について理解する。

- 5-1　特殊アスファルト舗装の概要
- 5-2　開粒度アスファルト混合物の舗装
- 5-3　ギャップアスファルト混合物の舗装
- 5-4　特殊な箇所の舗装
- 5-5　特殊構造の舗装
- 5-6　特殊な素材を持つ舗装
- 5-7　演習問題

5-1 特殊アスファルト舗装の概要

　一般的なアスファルト舗装は，これまで述べてきたように，材料の選定，配合設計，施工の手順で構築されるが，舗装に特別な性能を必要とする特殊な場合がある。それには，路面排水を完全にして，ハイドロプレーニング現象によるすべりを防止するための排水性舗装，道路橋のように，補修の困難な箇所における防水性を高めたグースアスファルト舗装，トンネル内のように明るさが要求される明色舗装，積雪寒冷地域や山岳部の道路に使用されるロールドアスファルト舗装等がある。

　こうした，特殊な性能は，アスファルトの種類と，骨材の粒度分布の違いにより変わるものであるから，アスファルトの特性，骨材の粒度の種類，その他セメント，ゴムチップ，塗料，硬質骨材，繊維質補強材および特殊な接着剤の使用等について着目して整理するとよい。

　特殊アスファルト舗装の分類は，適用箇所，機能，および舗装構成により次のようなものがある。

(1)　特定箇所舗装
　①　橋面舗装（グースアスファルト舗装等）
　②　歩道自転車道舗装（すべり止め舗装，着色舗装等）
　③　トンネル内舗装（半たわみ性舗装，明色舗装等）
　④　瀝青路面処理（3cm以下のアスファルト混合物を表層とする舗装）

(2)　特殊性能舗装
　①　排水性舗装，透水性舗装，保水性舗装，低騒音舗装（空隙性能）
　②　グースアスファルト舗装（防水性能）
　③　半たわみ性舗装・明色舗装（明色性能）
　④　ロールドアスファルト舗装（耐摩耗性能）
　⑤　大粒径アスファルト舗装・砕石マスチック舗装（耐流動性能）
　⑥　すべり止め舗装（すべり抵抗性能）
　⑦　着色舗装（景観性）
　⑧　凍結抑制舗装（凍結抑制性能）

(3) 特殊設計を要する舗装
① フルデプスアスファルト舗装（舗装全層アスファルト混合物）
② サンドイッチ舗装（設計 CBR 3 未満の軟弱路床上の舗装構成）
③ コンポジット舗装（コンクリート版とアスファルト舗装の一体化）

表 5-1 によく用いる特殊アスファルト舗装とその特徴を記述する。

表 5-1 特殊アスファルト舗装の特徴

特殊アスファルト舗装	主たる目的	主たる特徴
グースアスファルト	鋼床版防水	クッカ車で 40 分間混練運搬
ロールドアスファルト	すべり抵抗性	ギャップ粒度（山岳道路）
半たわみ性	明色性	トンネル内舗装の明色化
砕石マスチック	耐流動性	ギャップ骨材・繊維質補強材
大粒径アスファルト	耐流動性	最大粒径 25 mm 以上（橋面）
フォームドアスファルト	混合性の向上	フィラー量の多い材料の混合
フルデプスアスファルト	工期の短縮	設計 CBR 6 以上の路床
サンドイッチ	多層理論設計	設計 CBR 3 未満の舗装設計
コンポジット	長寿命化	コンクリート版とアスファルト舗装の一体化
保水性	路面の温度抑制	開粒度骨材空隙と細砂
排水性・透水性	路面の排水，視認性の向上	空隙率，高粘度改質アスファルト
低騒音	走行騒音の低減	高空隙率の確保
明色	光の再帰性	照明効果，明色骨材
着色	景観性の向上	塗料着色，着色骨材
橋面	橋面舗装排水	防水層，接着層
歩道自転車道	景観性，弾力性	色彩，造形，アメニティ
瀝青路面処理	砂利面の舗装	3 cm 以下の瀝青安定処理
すべり止め	安全性の向上	硬質骨材，樹脂路面接着
凍結抑制	凍結予防	ゴム材を表層に圧入
土系	歩道・競技場施設	適度の弾力性，保水性

5-2　開粒度アスファルト混合物の舗装

　表層部のアスファルト混合物の空隙率を高め，降雨の排水を促し，また，空隙部で，車両のタイヤの騒音を吸収し，沿道の低騒音化したりする等の効果が期待できる。多孔質のアスファルト混合物をつくるには，開粒度の骨材と，改質アスファルトを用い，粘性を高めた**高粘度改質アスファルト**をバインダーとして用いる。このように，開粒度骨材を用いて空隙率を高めた特殊アスファルト舗装には，次のものがある。開粒度アスファルト混合物の構造材料としての等値換算係数は 1.0 である。

① 　排水性舗装
② 　透水性舗装
③ 　低騒音舗装
④ 　保水性舗装
⑤ 　半たわみ性舗装

5-2-1　排水性舗装

　排水性舗装は，高粘度改質アスファルトと開粒度骨材を用いて，空隙率を確保し，ハイドロプレーニング現象の防止，視認性を確保するものである。

(1)　排水性舗装の目的

　一般に，排水性舗装は，**図 5-1** のように，開粒度アスファルト混合物である排水性混合物を用いて，表層部に厚さ 3 ～ 4 cm の**排水機能層**を設け，その直下に**不透水性層**（密粒度アスファルト混合物）を設け，降雨を速やかに排水し，路盤への浸透を防止する構造を有している。排水性舗装の目的は，次のようである。

① 　ハイドロプレーニング現象（車輪と路面との間に生じる水膜でスリップを生じること）を防止し，**すべり抵抗性**を向上させる。
② 　水しぶきをなくし，**夜間の視認性**を向上させる。
③ 　水はねによる沿道被害を防止する。
④ 　車両騒音を低減する。

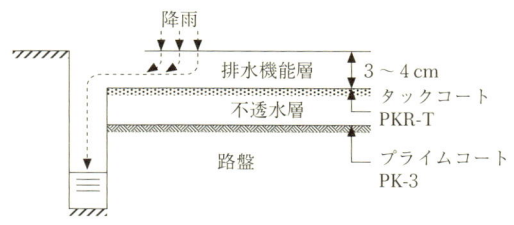

図 5-1　排水性舗装の構造

(2) 排水性舗装の構造設計
排水性舗装の構造設計では，次の点に留意する。
① 図 5-1 のように，排水機能層（3～4 cm）の下層に，アスファルト混合物の不透水性層を設ける。
② 不透水性層として密粒度加熱アスファルト混合物やコンクリート版を用いる。
③ 不透水性層と排水機能層との間にタックコートとしてゴム入りアスファルト乳剤 PKR-T を 0.4～0.6 l/m^2 程度散布する。
④ 橋面上に排水舗装するときは，通常の舗装のように，橋面防水を行う。また，既設の排水処理施設の改造も必要となる。
⑤ 排水機能層は空隙率が 20% 程度あるが T_A 法により設計し，等値換算係数は a = 1 として設計する。

(3) 排水性舗装の材料
① 粗骨材（2.36 mm 以上の粒度）が 80%，細骨材 10%，フィラー 5%，アスファルト 5% の割合比の程度とする。
② バインダーは，高粘度改質アスファルトを用いる。場合により改質アスファルト I 型，II 型が用いられることがあるが，このときは，**植物性繊維**等の添加材を加え，**剥離抵抗性**の改善のため消石灰等を用いる。
③ 排水性混合物に用いるアスファルトには次の性能が要求される。
　a **骨材飛散抵抗性**（タフネス・ティナシティの大きなもの）
　b **耐候性**（空隙内の日光による風化を防止するため膜厚が大きく粘度の高いもの）
　c **耐水性**（舗装内を雨が浸透するため，アスファルトの付着性の高いもの）
　d **耐流動性**（軟化点や 60 ℃の粘度の高いアスファルト 20 000 Pa・s 以上の高粘度改質アスファルト）
　e 粘度を高めるため，熱硬化性のエポキシアスファルトを高粘度型石油樹脂系バインダーを用いて，バスレーンのカラー化をすることができる。
④ アスファルト乳剤
　タックコートにはゴム入りアスファルト乳剤 PKR-T を用いる。

⑤ 粗骨材
- a 粗骨材は，砕石(S-20，S-13，S-5 単粒度砕石等)，玉砕，製鋼スラグを用いる。
- b 表乾密度 2.45 g/cm³ 以上，すり減り減量 30 % 以下，硫酸ナトリウム損失量 12 % 以下，粘土含有量 0.25 % 以下，細長，偏平石 10 % 以下，やわらかい石片 5 % 以下，製鋼スラグ水浸膨張比 1.5 % 以下の規格を満足すること。
- c 硬質骨材

  硬質骨材を用いるときは，モース硬度 7 以上（ダイヤモンド硬度 10）すり減り減量 20 % 以下とする。シリカサンド，エメリー，けい石，カルサインドボーキサイト等を用いる。

⑥ 細骨材
- a 天然砂（海砂も可），人工砂，スクリーニングス，特殊砂を用いる。
- b スクリーニングスは，標準的粒度を 2.36 mm 通過質量百分率 25～55 % とする。

⑦ フィラー
- a 石灰岩を粉砕した石粉は，水分 1 % 以下で 600 μm のふるいをすべて通過するものとする。
- b 剥離防止対策として，消石灰またはセメントを用いる。
- c 回収ダストは PI 4 以下，フロー試験 50 % 以下とし，全フィラーの 50 % 以下とする。**回収ダストを全フィラーの 30 % 以上使用するときは，剥離試験をする。**

⑧ その他の材料

改質アスファルトⅠ型，Ⅱ型には，ダレ防止のため，植物繊維等を用いる。

(4) 室内配合設計

① 排水性混合物の配合設計手順

排水性混合物の配合設計は，空隙率，耐骨材飛散性，アスファルトのダレ防止を目標に行われる。

- a 空隙率 20 % を確保するため，2.36 mm ふるい通過百分率の配合比を仮定し，この配合比で必要な暫定アスファルト量を仮定する。この仮定による試し突き排水性混合物でマーシャル安定度用供試体をつくり，これより空隙率 20 % となる骨材の配合比を定める。

b 定められた骨材配合比でアスファルト量 4 〜 6 % の 5 つの供試体をつくり，**ダレ試験**を行い，アスファルトがダレない最大のアスファルト量を定め，これを**最適アスファルト量**とする。続いて，骨材の飛散抵抗性を確認するため，定められた骨材配合比で，アスファルト量 4 〜 6 % のマーシャル安定度用供試体をつくり，この供試体でロサンゼルス試験を行いすり減り減量を損失量として，最小のアスファルト量を求め，最適アスファルト量が，**カンタブロ試験**で求めた**最小アスファルト量**より多いことを確認する。

c 定められた骨材配合比と最適アスファルトを用いてマーシャル安定度試験を行い，排水性混合物の密度，空隙率，安定度を求め，続いて，同じ配合の排水性混合物の透水係数を透水試験で，ホイールトラッキング試験により動的安定度（SD）が所要の性能以上であることを確認して，室内配合を定める。

② 目標空隙率 20 % の骨材配合比の仮定

表 5-2 に示す，排水性混合物の標準的な粒度が 2.36 mm 通過質量百分率の範囲から，**中央粒度**を求め，この中央粒度の ＋ 3 % を上方粒度，− 3 % を下方粒度として，3 粒度を目標として，骨材配合比を仮定する。ただし，フィラー量は 5 % とする。

表 5-2 排水性混合物の標準的な粒度範囲（排水性舗装技術指針（案））

ふるい目呼び寸法		粒度範囲	
		最大粒径（20）	最大粒径（13）
通過質量百分率（%）	26.5 mm	100	―
	19.0 mm	95 〜 100	100
	13.2 mm	64 〜 84	90 〜 100
	4.75 mm	10 〜 31	11 〜 35
	2.36 mm	10 〜 20	10 〜 20
	75 μm	3 〜 7	3 〜 7
アスファルト量（%）		4 〜 6	

表 5-2 から 2.36 mm の通過質量百分率の粒度の範囲が 10 〜 20 % で，中央粒度 15 %，上方粒度 18 %，下方粒度 12 % である。

③ 暫定アスファルト量の計算

アスファルト量は，骨材の表面を厚さ 14 μm で被覆するものとして次の式で計算する。

仮定アスファルト量＝ 14 μm ×（骨材表面積）

骨材表面積は，**表 5-3** の値から求める。また，a ～ g の値は骨材のふるい分け試験で定める。

表5-3 ふるい目寸法とふるい加積通過質量百分率の関係（排水性舗装技術指針（案））

ふるい目寸法（mm）	4.75	2.36	1.18	0.6	0.3	0.15	0.074
ふるい加積通過質量百分率(%)	a	b	c	d	e	f	g
係数	0.02	0.04	0.08	0.14	0.3	0.6	1.6

（注）1.18 mm ふるいがない場合は，粒度曲線から 1.18 mm ふるい加積通過質量百分率を読み取ってもよい。

骨材表面積＝(2 ＋ 0.02 a ＋ 0.04 b ＋ 0.08 c ＋ 0.14 d ＋ 0.3 e ＋ 0.6 f ＋ 1.6 g)/48.74

④ 空隙率 20 ％の骨材配合比の決定

仮定アスファルト量と，仮定した，上方粒度，中央粒度，下方粒度の 3 つの粒度の骨材を用いて，マーシャル安定度試験の試し突き用供試体をつくり，試し突き用混合物の密度 D_m およびアスファルト供試体容積 V を測定し，理論密度 D_t を計算してのちアスファルト混合物の空隙率 V ×（1 － D_m/D_t）× 100（％）を求める。**図 5-2** のように空隙率と 2.36 mm 通過百分率（％）の関係するグラフを描き，空隙率 20 ％に対する 2.36 mm 通過質量百分率を 13 ％と決定する。これより，骨材の配合比を決定し，骨材の各粒度の使用の質量の割合を定める。

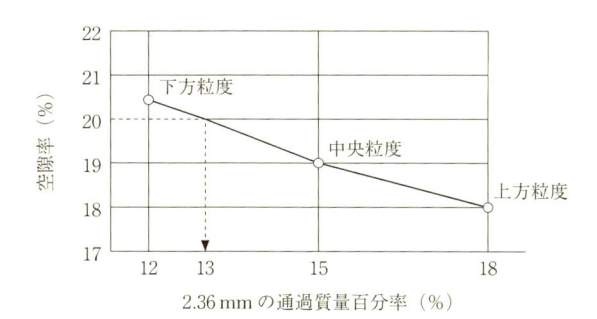

図 5-2 中央粒度と空隙率

⑤ ダレ試験による最大アスファルト量の決定

排水性舗装の最適アスファルト量は，④で求めた骨材配合率で4.0，4.5，5.0，5.5，6.0，の各％のアスファルトを加え混合して，受皿にダレ出たアスファルトの質量を測定し求める。ダレ試験で求める最大アスファルト量は図5-3から求める。次に，カンタブロ試験により，耐骨材飛散性防止に必要な最小アスファルト量を求める。カンタブロ試験はアスファルト量を4.0％，4.5％，5.0％，5.5％，6.0％の5つについて，マーシャル安定度の供試体をロサンゼルス試験器のドラムに入れ，回転させて，飛散損失量（％）を求め，図5-4のように，損失量のグラフを描く。このグラフから，最小アスファルト量4.7％を求める。

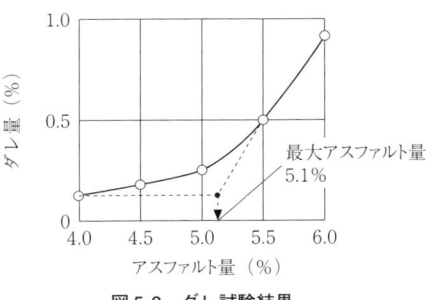

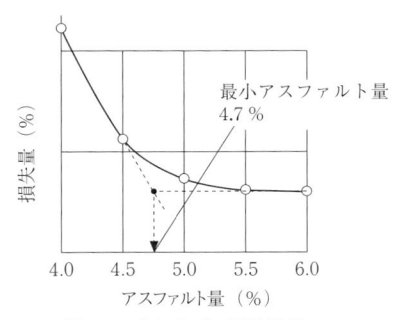

図5-3 ダレ試験結果　　　図5-4 カンタブロ試験結果

以上から，最適アスファルト量＝最大アスファルト量＝5.1％とする。

⑥ 室内配合の確認試験

2.36 mmの通過質量百分率13％の粒度，最適アスファルト量5.1％について，マーシャル安定度供試体をつくり，供試体の密度から空隙率を計算し，透水性アスファルト混合物の透水試験により透水係数を求め，次に，ホイールトラッキング試験により，混合物の動的安定度（DS）を求め，次の表5-4の基準の性能に適合することを確認する。

表5-4　排水性混合物性能

項　目	目標値
空隙率（％）	20程度（±1％）
透水係数（cm/s）	10^{-2}以上
動的安定度（回/mm）	1 500以上

(5) 排水性舗装の施工

排水性舗装の施工では次の点に留意する。

① 排水性混合物の配合手順は，室内配合→プラント配合→現場配合，現場配合で管理する。

② 排水性混合物の製造の留意点
 a 粗骨材が80％と多く，骨材が加熱しやすく，温度制御が困難である。
 b 185℃以下の混合温度で設定するが，材料製造者の推奨値を参考にする。
 c 排水性混合物の製造能力は，通常のアスファルト混合物の60％程度に低下するため，混合物の供給能力を確認しておく。
 d 混合時間は，ダレ防止のため，やや低い温度で設定するため，混合時間を少し長くする。
 e 製造能力が低下する主な原因は，繊維質補強材や消石灰の投入を人力によるため等である。

③ **排水性混合物**は，空隙が多いため，冷却しやすい。このため混合物の温度低下を防止する。荷台に油を塗布し，二重シートで保護する。

④ 初転圧は140〜160℃で行い，二次転圧は10〜12tのロードローラで，仕上げ転圧は路面温度が70〜90℃以下で6〜10tのタンデムローラまたは8〜15tのタイヤローラを用いる。

⑤ タックコートは，PKR-Tを0.4〜0.6 l/m^2 散布する。寒冷期は加温して2回に分けて散布する。

⑥ 既設排水機能層との継目部は，タックコートを用いずに，ジョイントヒータで加温し，新舗装と密着させる。ただし，開粒度アスファルト混合物以外のアスファルト混合物層との継目部には，PKR-Tのタックコートを施工する。

⑦ 排水性舗装のすりつけ部の，最小厚さは，粗骨材の最大寸法以上とする。

⑧ 交通開放は，路面の表面温度は50℃以下とする。

⑨ 排水性混合物の締固め度94％以上とする。

⑩ **空隙部の目詰り**は，**圧縮空気**，バキューム**高圧洗浄水**等で，ごみを取り除く必要がある。また，化学的には**過酸化水素**による洗浄も行われる。

⑪ 排水性アスファルト混合物の**連続空隙率**は，透水性を評価するため空隙率20％のうち，通水に寄与する上面から下面まで連続している空隙の割合で示す。上下面のどこにも通じていない独立空隙の多いアスファルト混合物ほど透水性が低い。

5-2-2　透水性舗装

透水性舗装は開粒度骨材を用いた透水性の高いアスファルト混合物を用い，雨水を表層，基層，路盤，路床を通して，地盤（路体）に浸透させ，地下水へ還元しようとするもので，歩道，自転車道等，車両等の交通荷重の作用する場所に用いられる。透水性舗装は，このため，タックコートは用いるが，路盤上にプライムコートを用いてならない。また，透水性アスファルト混合物の等値換算係数は 1.0 とする。

透水性舗装には，アスファルト系，コンクリート系（ポーラスコンクリート），樹脂系，ブロック系の各舗装がある。

(1) 透水性舗装の目的

透水性舗装の主な目的は次のようである。
① 路面排水
② 騒音低減
③ 地下水の涵養

(2) 透水性舗装の構造

透水性舗装は，図 5-5 のように排水性混合物を表層部に厚さ 5 cm 程度用い，これを透水性アスファルト混合物とする。路盤には，水の影響を考慮して，**透水性瀝青安定処理路盤**を設け，路盤の下には，**クラッシャラン層およびフィルター層**を設けることが一般的である。いずれにしても，耐水性への配慮が必要である。

（タックコート PKR-T）	透水性アスファルト混合物	5 cm
（プライムコートはかけない）	透水性瀝青安定処理層	10 cm
	クラッシャラン	15 cm
	フィルター層（砂）	10 cm

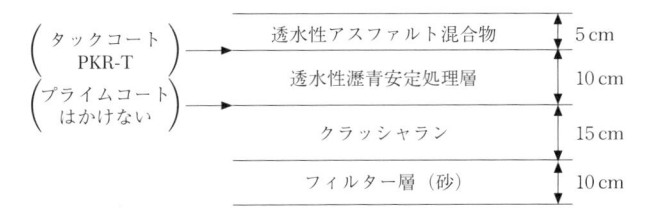

図 5-5　透水性舗装の構造

5-2-3 低騒音舗装

低騒音舗装は，タイヤ音，エンジン音やその反射音を低減させる機能を有するもので，一般には，開粒度アスファルト混合物である排水性舗装がこれにあたる。

低騒音効果を高めるために，表層に用いる粗骨材に次の性質を与えることが望ましい。

① 粗骨材の最大粒径は排水性混合物より小さいものとし，10 mm，8 mm，5 mm等を用いる。
② 粗骨材の粒径をできるだけそろえる。
③ 粗骨材の偏平なものを少なくする。

この他，ゴム粒子等の弾性体をアスファルト混合物に混入する方法も検討されている。

5-2-4 保水性舗装

保水性舗装は，排水性舗装に用いる開粒度アスファルト混合物を厚さ5 cm程度とし，この空隙部に砂や**保水性のモルタル**を圧入し，舗装体内の水分が蒸発し，**気化潜熱**を奪うことで，**路面温度の上昇を抑制**する機能を有する。

図5-6に示す保水性舗装は都市内車道，公園広場，歩道，自転車道に用い，夏場の路面温度の抑制層として用いられる。

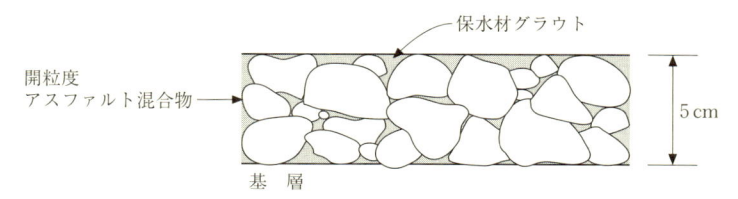

図5-6　保水性舗装

5-2-5 半たわみ性舗装

半たわみ性舗装は厚さ4～5 cmの開粒度アスファルト混合物の空隙に，**浸透用のセメントミルクを浸透**させ，アスファルト舗装のたわみ性と，コンクリート舗装の剛性の両性質を合わせ持つ特殊な舗装である。

半たわみ性舗装は，耐流動性が極めて高く，セメントミルクの注入により耐油性が向上し，ガソリンスタンドの舗装等に利用できる。また，セメントミルクを用いるため，舗装表面が白っぽいため，明色舗装として，トンネル舗装等にも用いることができる。この他，コンポジット舗装の**ホワイトベース**の代わりとしても用いられる。

(1) 半たわみ性舗装の目的

耐流動性，**耐油性**，**明色性**の性能を有するため，トンネル内部，交差点部，バスターミナル，料金所，工場，ガソリンスタンドの表層の舗装に用いる。

(2) 半たわみ性舗装の構造

　半たわみ性舗装には，開粒度アスファルト混合物の空隙部を浸透用セメントミルクを全層に浸透させる**全浸透型**と半分程度浸透させる**半浸透型**がある。

　車道には，一般に等値換算係数1.0とする全浸透型を用いる。

(3) 半たわみ性舗装の材料
① 開粒度アスファルト混合物の材料は，排水性混合物と同じである。
② 浸透用セメントミルク

　　浸透用セメントミルクに用いるセメントは，普通タイプ（普通ポルトランドセメント），早強タイプ（早強ポルトランドセメント），超速硬タイプ（超速硬セメント）がある。

③ ひび割れ抑制添加剤には，ゴム系エマルジョン，樹脂系エマルジョン，アスファルト乳剤および**高分子乳化剤**を用いる。
④ 浸透用セメントミルクの持つべき，一般的性状は，**表5-5**のようである。

表5-5　浸透用セメントミルクの規格

項　目	規格値	試験名
フロー値(セメントミルクの流動性)	10～14秒	半たわみ性舗装浸透用セメントミルク流動性試験
圧縮強度(7日養生)	9.8～29.4 MPa	セメントミルクの強さ試験
曲げ強度(7日養生)	2.0 MPa以上	セメントミルクの曲げ強度試験

　フロー値（Pロートを用いて求める）は，浸透用セメントミルクを，図5-7のようなPロートの下端を脂で押さえポイントゲージまで，投入し，脂を離し，同時にストップウォッチで時間を計り浸透用セメントミルクの流下が停止するまでの時間を測定する。フロー値は浸透用セメントミルクの流動性（コンシステンシー）を表す。

⑤ 浸透用セメントミルクに用いる添加剤には，フライアッシュ，けい砂（硬質砂）石粉および各種添加剤がある。

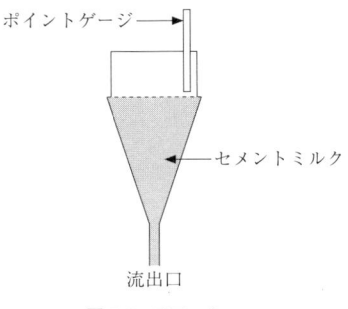

図5-7　Pロート

(4) 半たわみ性舗装の室内配合
① 半たわみ性舗装の配合設計は，開粒度アスファルト混合物ではあるが一般的な加熱アスファルト混合物の配合設計に準じる。
② 半たわみ性舗装のアスファルト混合物が有するマーシャル安定度試験に対する一般的性状は，表5-6のようである。

表5-6 半たわみ性舗装の混合物の一般性状

密度(g/cm^3)	安定度(kN)	フロー値(1/100 cm)	空隙率(%)	供試体突固(回)
1.9以上	2.94以上	20～40	20～28	50

③ マーシャル安定度試験に対する性状を満足しても，アスファルト量が多いと施工時に分離を起こし，層の下部にアスファルトが溜まり，セメントミルクが十分に浸透しないことがあるので，注意が必要である。

(5) 半たわみ性舗装の施工
半たわみ性舗装の施工の留意点は次のようである。
① 浸透用セメントミルクは，一般に**移動式ミキサ**で行うか，規模の大きなものは，**固定式混合プラント**を用いる。
② 浸透用セメントミルクの注入は，開粒度アスファルト混合物の施工が終了し，舗装面の温度が50℃程度以下になってから行う。
③ 浸透用セメントミルクの施工前に，十分清掃し，浸透用セメントミルクを散布し，振動ローラにより浸透させ，表面に残る余剰のセメントミルクはゴムレーキで除去する。
④ すべり止め対策の必要なときは，セメントミルクの完全な除去や，表面をショットブラスして粗くする。
⑤ 浸透用セメントミルクの養生期間は，普通タイプ3日，早強タイプ1日，超速硬タイプ約3時間とし，養生期間終了後，交通に開放する。ただし，浸透用セメントミルク注入前には交通に開放しない。

5-3 ギャップアスファルト混合物の舗装

　表層部に用いる**ギャップアスファルト混合物**は，表層面の粗さが確保でき，すべり止め舗装として用いる。ギャップアスファルト混合物にプレコート砕石を圧入し，さらに，**耐摩耗性**，耐ひび割れ性を向上させたロールドアスファルト舗装とする。
　この他，砕石マスチック舗装は，粗骨材のかみ合せ効果とアスファルトモルタルの**充填効果**により，耐流動性，耐摩耗性，水密性を確保するもので，橋面舗装にも用いられる。
　ギャップアスファルト混合物を用いる特殊舗装には，次のものがある。
① ロールドアスファルト舗装
② 砕石マスチック舗装
③ すべり止め舗装

5-3-1 ロールドアスファルト舗装

　ロールドアスファルト舗装は，不連続粒度を持つギャップアスファルト混合物を敷き均し，この上に，アスファルトで被覆されたプレコート砕石を散布しローラで圧入するものである。ロールドアスファルト舗装は，すべり止め，耐ひび割れ性，水密性，耐摩耗性を持つため，積雪寒冷地域や**山岳道路**に使用される。一般に，表層部 2.5 cm ～ 5 cm とすることが多い。

(1) ロールドアスファルト舗装の目的

　細骨材，フィラー，アスファルトからなるアスファルトモルタルと**プレコート**した砕石（粗骨材）を散布し圧入することで，次の性能を持つ。
① すべり抵抗性
② 耐ひび割れ性
③ **水密性**
④ 耐摩耗性
ロールドアスファルト舗装の目的は積雪寒冷地域や，山岳道路に使用することである。

(2) ロールドアスファルト舗装の材料

① アスファルトは針入度 40 ～ 60 または 60 ～ 80 のストレートアスファルトを用いる。重交通道路では，改質アスファルトかトリニダットレイクアスファルトを用いる。
② 施工厚さ 2.5 cm ～ 5 cm を考慮して，骨材は 4 号～ 6 号の砕石をプレコート材として用いる。

(3) ロールドアスファルトの混合物の配合の方法

① ロールドアスファルト混合物は，表 5-7 に示す目標骨材配合率と，表 5-8 に示す，推定アスファルト量の中央値をもとに配合を定める。

表 5-7　配合設計における施工厚さと目標骨材配合率（舗装施工便覧）

施工厚さ（mm）	粗骨材（％）	細骨材（％）	フィラー（％）
25	0	84.5	15.5
40	35.0	54.5	10.5
50	45.0	46.0	9.0

表 5-8　推定アスファルト量の中央値（舗装施工便覧）

粗骨材量（％）	推定アスファルト量中央値（％）
0	10.0
35.0	7.5
45.0	6.5

② 最適アスファルト量

ロールドアスファルト混合物は，表 5-7 の骨材配合率で，表 5-8 のアスファルト量を中央値を中心に±2％（0.5％きざみ）程度変えてマーシャル安定度試験を実施し，その結果，表 5-9 の目標値を持つか確認する。

表 5-9　マーシャル安定度試験に関する目標値（舗装施工便覧）

項　目	目標値
安定度　　　　（kN）	4.9 以上
フロー値　（1/100 cm）	20～40
空隙率　　　　（％）	3～7
飽和度　　　　（％）	70～85
突固め回数　　（回）	50

次に，アスファルト量の異なる供試体について空隙率（％）とアスファルト量（％）の関係を，たとえば，図 5-8 のように表し，最小の空隙率のアスファルト量 a（％）をグラフから求める。

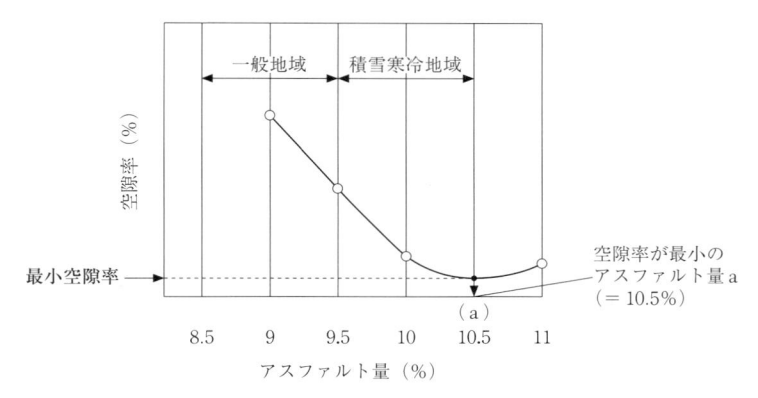

図 5-8　空隙率最小アスファルト量

次に，最適アスファルト量は，一般地域では，最小アスファルト a（％）から 1〜2％を減じておく。また，積雪寒冷地域では，最小アスファルト a（％）から 1％を減じておく。

(4) ロールドアスファルト舗装の施工

① ロールドアスファルト混合物の製造は，通常のアスファルトプラントで行い，舗装石油アスファルトにトリニダットレイクアスファルトを混合する場合は，撹拌ケットルを準備し，トリニダットレイクアスファルトを混合前に溶解しておき，混合時に舗装用石油アスファルトと混合して用いる。

② ロールドアスファルト混合物の敷き均しは，一般のアスファルトフィニッシャで行う。プレコート砕石は，人力またはチップスプレッダで均一に散布する。砕石は一般に 5 号砕石を 12 kg/m² 程度用い，1 ％のアスファルトでむらなくプレコートしておく。

③ ロールドアスファルト混合物の転圧は，ロードローラでプレコート砕石を圧入し，混合物の結合を高めるため，さらにタイヤローラで転圧する。

5-3-2 砕石マスチック舗装

砕石マスチック舗装は，粗骨材のかみ合せ効果と**アスファルトモルタル**（アスファルトと細骨材の結合物）や**フィラビチューメント**（アスファルトとフィラーの結合物）の充填効果を発揮するため，不連続粒度のギャップ粒度の骨材を用いる。このことで，空隙を小さくし，耐流動性，水密性，耐摩耗性，すべり抵抗性の性能を有する。

このような性能を利用して，重交通道路の表層や橋面舗装の**下層**（基層といわない）や表層に使用される。一般に仕上り厚さは，3～5cmである。

(1) 砕石マスチック舗装の目的
① 耐流動性の性能から重交通道路の表層に用いる。
② 水密性，耐流動性，耐摩耗性，たわみ性，すべり抵抗性の性能から橋面の下層，表層に用いる。

この他，積雪寒冷地の表層，ひび割れ路面のオーバーレイとして用いることができる。

(2) 砕石マスチック舗装の材料
① 2mm以上の砕石が70～80％のギャップ粒度の骨材を用いる。
② アスファルトは，一般地域には針入度40～60を積雪寒冷地域には60～80のストレートアスファルトを用いる。
③ 耐久性の向上のため，繊維質補強材や改質アスファルトを用いることもある。

(3) 砕石マスチック混合物の配合

砕石マスチック混合物は，粗骨材が多く，フィラーの割合が10％以上と高いので，アスファルトの混合の空隙率を調べ，とくに水密性を確保できる配合としなければならない。

(4) 砕石マスチック舗装の施工
① 混合物の製造時，粗骨材が多いための過加熱や，フィラーの多いことによる**混合物の温度低下**に留意する。
② 締固め度94％が確保できる作業標準を設定し，水密性を確保する施工を行う。

5-3-3 すべり止め舗装

すべり止め舗装は，路面のすべり抵抗性を高め，**車両のスリップを防止する性能を持つ舗装の総称**で，大きく分けて，次の三つの方法によりすべり抵抗を増大させている。
① ギャップ粒度，開粒度の骨材を用いて舗装本体にすべり抵抗性を与える工法。
② 一般のアスファルト舗装の表面に，樹脂系接着材を塗布し，その上に硬質骨材を付着させる工法（ニート工法）。
③ 一般のアスファルト舗装の表面を物理的に凹凸をつける**グルービング**，ブラスト処理して粗面仕上げする工法。

(1) すべり止め舗装の適用箇所
① 舗装の急坂部，曲線部
② 踏切，交差点等とくに安全上すべり抵抗性の要求される箇所

(2) 混合物自体にすべり抵抗性を高める工法
① 骨材として，開粒度またはギャップ粒度を用いたアスファルト混合物を用いて，路面に粗さを確保する。
② 骨材として，硬質骨材を用いたアスファルト混合物を使用する。
③ ロールドアスファルト混合物や排水性アスファルト混合物を使用する。

(3) 樹脂系接着材と硬質骨材を用いる工法（ニート工法）
① エポキシ樹脂（$1.6\,\mathrm{kg/m}$）を塗布し，エメリー $8\,\mathrm{kg/m^2}$，**着色磁器質骨材** $6.5\,\mathrm{kg/m^2}$ を標準として散布し，必要に応じ転圧する。施工は，アスファルト舗装を交通開放してのち3週間経過ののちに行う。
② 気温が5℃以下のときは，エポキシの保温対策や加温対策を施す。
③ 交通開放前に，余分な硬質骨材は除去しておく。

(4) 粗面仕上げ工法
① グルービングマシンで，舗装面に小さい溝切を行う。**グルービング工法で粗面**とする。
② ブラストマシンで，舗装面に小さな凹凸をつける。

5-4 特殊な箇所の舗装

5-4-1 橋面舗装

　橋面舗装は，振動等の変形や降雨による影響を大きく受け，一般的なアスファルト舗装面にない，たわみ性，不透水性，耐久性等の性能が要求される。
　橋面の基盤には，コンクリート床版と，鋼床版があり，それぞれの特性に応じた性能を持つ舗装として，基盤と舗装との水密性を確保するため，各層間の密着性，たわみ性等がある材料を選定し施工しなければならない。

（1）　橋面舗装の構造

　橋面舗装は，一般のアスファルト舗装と異なり，基盤となるコンクリート床版，鋼床版は，交通荷重等により常に変形しているため，舗装構造は，耐ひび割れ性能を確保する必要がある。また，鋼床版は，雨水の影響で錆を発生するので，とくに防水性能が要求される。こうしたことから，橋面舗装は，図 5-9 のように接着層，防水層を有する構造とする。

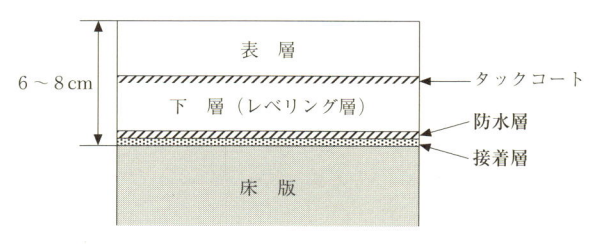

図 5-9　橋面舗装の構造

(2) 橋面舗装の施工

橋面舗装の構造の各層の持つべき性能を確保するため，次の点に留意する。

① 表層の性能

橋梁は，一般に，交通要所であり，補修する回数，期間をできるだけ少なくする必要があるため，次の性能を持つものとする。

a 耐流動性，耐摩耗性，平坦性
b 耐ひび割れ性，耐剥離性
c すべり抵抗性，耐せん断抵抗性

② 橋面舗装の表層とタックコートの施工の留意点

a 表層のバインダーとして改質アスファルトを使用する。
b 表層の混合物として，密粒度アスファルト混合物，密粒度ギャップアスファルト混合物，細粒度ギャップアスファルト混合物，開粒度アスファルト混合物を使用する。
c タックコートは，散布する面の粗さにより石油アスファルト乳剤を $0.3 \sim 0.6$ l/m^2 散布する。表層に開粒度アスファルト混合物を使用した排水性舗装等をしたときは，ゴム入りアスファルト乳剤を $0.4 \sim 0.6 l/m^2$ 散布する。

③ 橋面舗装の基層（レベリング層）と防水層の施工上の留意点

基層（レベリング層）は，床版の不陸を整正し，荷重を分散させる役割を持つ。その構造は次のようである。

a コンクリート床版上に施工する舗装では，基層として粗粒度アスファルト混合物，砕石マスチック混合物，密粒度アスファルト混合物を用いる。防水層として雨水の浸透を防止するため，**シート系防水，塗膜系防水，舗装系防水**のいずれかを施工する。
b 鋼床版では，下層として，防水層をかねて，不透水性のグースアスファルト混合物や砕石マスチック混合物を用いる。

④ 橋面の接着層の施工

接着層は，床版と防水層または，**床版とグースアスファルト舗装**とを一体化するもので，一般に，次のように施工する。

a コンクリート床版の場合，一般には，アスファルト乳剤やゴム入りアスファルト乳剤 $0.4 \sim 0.5 l/m^2$ を用いる。接着力を高めるため，溶剤型のゴム入りアスファルトや，ゴム系接着剤を用いる。
b 鋼床版では，**溶剤型のゴムアスファルト系粘着剤** $0.3 \sim 0.4 l/m^2$ を用いる。
c 降雨時は，接着剤の散布をただちに中止し，接着剤の流出防止の措置をする。

⑤ 床版の表面処理

床版と接着層の接着を確実にするため，床版表面のごみ，**錆**，油等を除去する。

a　コンクリート床版の上面は，レイタンスをブラッシングして，**スイーパ**で除去し，油のついたものは，溶剤で拭きとっておく。

b　鋼床版では，錆を除去するため，普通，ブラスト処理として**第1種ケレン**をする。ブラスト研掃後直ちに接着層を施工する。

c　鋼床版の舗装の下層部を除去するときは，ボルト等を損傷しないよう，**ウォータージェット**等を用いる。

(3)　**橋面舗装の目地**

道路橋は，道路の一部であり，一般の舗装と道路橋の接続部は，接合部の左右で構造が異なるため，縁を切っておく必要がある。この境界に設けるものが目地である。この他，鋼床版のはね出部分が長いときは，はね出し部のつけ根に大きな力が作用し，縦桁方向に舗装がひび割れるため，あらかじめ，左右の縁を切るため，目地を設ける。目地からの雨水の浸入を防止し，鋼床の錆を防止する。

① **目地板材**の種類と特徴

目地材は，**木材系，ゴムスポンジ・樹脂発泡体系，瀝青繊維質系，瀝青系**に分類される。

木質系：復元率が十分でないが，曲がりにくく施工性がよいので広く用いられている。

ゴムスポンジ・樹脂発泡体系：主にコンクリート版の膨張収縮に順応ができるが，曲がりやすいので，施工に留意する。

瀝青繊維質系：コンクリート版の膨張収縮に順応できない欠点がある。目地のはみ出しが生じやすく施工性は低い。

瀝青系：**目地はみ出しが大きいので**，主に路側の構造物との縦目地として用いる。

② コンクリート床版に用いる目地注入材

目地注入材には，瀝青材にゴム等の**改質剤**（ポリマ）を混入して，弾性を高めたものがあり，**低弾性タイプ**と**高弾性タイプ**のものがある。

目地注入材は，加熱施工式注入目地材の高弾性タイプのものは，低温時の引張量が大きいので，寒冷地やトンネル内の維持の困難な所に用いる。

③ コンクリート床版に用いる各種の目地材

加熱施工式以外にも，**常温施工式**（2成分硬化型），ガスケットタイプの中空ゴムの成型品がある。

④ 鋼床版の目地材

グースアスファルト混合物を用いる場合，グースアスファルト混合物を高温で流し込み施工するため，あらかじめ，収縮を見込んだ目地の位置に成型目地材を設置し，構造物とのすき間を生じないように施工する。

(4) **橋面舗装の排水処理**

水は，アスファルト混合物の剥離を生じさせるので，橋面からすみやかに排水しなければならない。

① コンクリート床版では，**縁石**や**地覆**あるいは**排水ます**と舗装が接する部分，桝および伸縮継手付近の床版に水抜き孔を設ける。また，舗装前の仮排水用の孔も事前に設けておく。

② 鋼床版では，舗装端部に舗装止めのある構造のものは**図5-10**のように水抜き孔を設け，舗装止めのない構造には，鋼床版に直接水抜き孔を設ける。

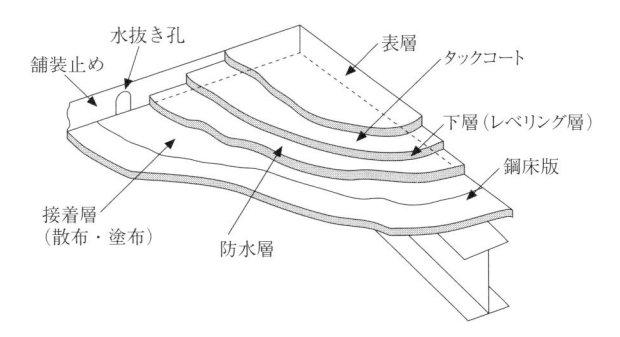

図5-10 舗装止めと水抜き孔

5-4-2　グースアスファルト舗装の施工

　グースアスファルト舗装は，鋼床版の下層や，寒冷地の道路の表層，山岳道路の表層として用いられ，たわみ性，不透水性のアスファルト混合物として施工される。とくに，バインダーとしてトリニダットレイクアスファルトと舗装用石油アスファルトを混合して用いるので，施工にあたり，一般のアスファルト混合物と異なる施工機械を用いて1層の仕上り厚さ3〜4cmに施工する。

(1)　グースアスファルト舗装の目的
　① 不透水性で基盤の変形に対しても追従性があるため，**鋼床版の下層**として用いる。
　② プレコート砕石を用いるため，耐摩耗性，耐流動性が高い。また，トリニダットレイクアスファルトを用いるため，耐水性が高く，寒冷地や山岳道路の表層として用いる。

(2)　グースアスファルト舗装の材料
　① バインダーとして，舗装石油アスファルト（針入度20〜40）にトリニダットレイクアスファルト，または**熱可塑性エラストマー**を配合した改質アスファルトを用いる。
　　トリニダットレイクアスファルトを使用する場合，次の性能を確保できる。
　　a　施工時の作業性を向上させるため，流動性を改善することができる。
　　b　供用時には，耐流動性を改善することができる。
　　c　表層のすべり抵抗性を改善することができる。
　② 骨材の粒度は，2.36mmの通過質量百分率で45〜62％のものとし，プレコート砕石として5号または6号の砕石を用いる。

(3) グースアスファルト混合物の配合設計

グースアスファルト混合物は，**貫入量試験**（140℃）でグースアスファルト用の粒度を持つ骨材と硬質アスファルトを用いて混合し供試体をつくる。その貫入量が表層混合物で1～4mm，下層混合物で1～6mmとなる範囲で目標を定め，これに適合する配合を求める。配合されたグースアスファルト混合物の性状は，混合物の流動性を流動性試験で測定し，**リュエル流動性**（240℃）で，3～20（秒）の範囲を目標値とする。急な坂道の場合，流動性を低下させた15～20秒を用いる。すなわち，リュエル流動性は，その指数（秒）が小さいほど流動しやすいことを示す。こうしたことから所要の範囲の流動性を持つように配合設計する必要がある。

(4) グースアスファルト混合物の施工

① グースアスファルト混合物の製造と運搬

グースアスファルト混合物は，2種類のアスファルトを用いることや，フィラー（石粉）が多いため，施工規模によっては，専用のアスファルトプラントを用いる。

材料の混合温度は，アスファルト220℃以下，石粉は常温～150℃とし，ミキサから排出する混合物の温度は180～220℃が望ましい。

また，粘性と流動性を確保するため，アスファルトプラントから，専用のクッカに入れて，40分以上加熱，混練して220～260℃になるように運搬する。

② グースアスファルト混合物の敷き均し

クッカより排出されたグースアスファルト混合物は，グースアスファルト混合物専用のフィニッシャで敷き均し，すべり抵抗性や耐流動性を確保するときには，敷き均しの直後に，プレコート砕石を散布する。

a グースアスファルトを表層に用いるときには，5号，6号砕石で5～15 kg/m^2，7号では8 kg/m^{2}程度を散布する。

b プレコートと同時に石粉を用いるときは，石粉量とアスファルト量は共に1％程度とする。

c グースアスファルトを下層に用いるときは，耐流動性改善のため必要により5号，6号の砕石のプレコートを用いることができる。

③ グースアスファルト舗装のプレコート砕石の転圧

　　グースアスファルト混合物は転圧していないがプレコート砕石は，ロードローラで圧入し，圧入できない砕石は，除去しておく。グースアスファルト混合物の仕上り厚さは3～4cmとする。

④ 鋼床版のグースアスファルトの施工

　　鋼床版上に直接，下層として施工するときは，防水層を兼ねることが多く，鋼床版の表面は十分に素地調整をし，乾燥させる。水分が鋼床版上にあると，水蒸気が生じ，グースアスファルトが持ち上げられる**ブリスタリング**が生じ，接着を損なうおそれがある。ブリスタリングの生じたときは，カッタで十文字に切り空気を抜き，早急に密着させる。

⑤ 鋼床版上の接着層の施工

　　鋼床版上にグースアスファルトを施工するにあたり，あらかじめ，溶剤型ゴムアスファルト系粘着剤を0.3～0.4 l/m^2塗布しておく。また，鋼床版のボルト等の突起物がある場合には，10mm程度の舗装かぶりをグースアスファルト混合物で確保することが望ましい。

⑥ コンクリート床版上のグースアスファルトの施工

　　コンクリート床版上に，直接グースアスファルト混合物を舗設するときは，ブリスタリングが生じないよう充分に乾燥させ，あらかじめ，一般のアスファルト混合物でレベリング層を設ける。

⑦ 路肩，歩道部のグースアスファルトの施工

　　グースアスファルトを路肩や歩道部に用いるときは，人力施工となるのでとくに温度管理に留意する。

5-4-3 歩道および自転車道の舗装

歩道・自転車道，公園内道路，広場の舗装は，**安全性**，**快適性**，**走行性**を確保し，親しみ，うるおい等**アメニティ**なものとすることが求められている。

このため，色彩，造形，質感等の環境の調和と，適度の弾力性，すべり抵抗性，排水性等の安全面の両方の性状を満足しなければならない。

(1) 歩道および自転車道の舗装の種類

① アスファルト混合物系を用いた舗装には，透水性舗装，半たわみ性舗装，着色加熱アスファルト舗装，加熱アスファルト舗装がある。
② 樹脂系混合物系を用いた舗装には，合成樹脂混合物舗装（エポキシをバインダーとする），着色加熱アスファルト舗装がある。
③ コンクリート系を用いた舗装には，**ポーラスコンクリート舗装**がある。
④ ブロック系を用いた舗装には，**インターロッキング舗装**，**コンクリート平板舗装**，**レンガブロック舗装**，**天然石ブロック舗装**，**木レンガ舗装**がある。
⑤ 二重構造系を用いた舗装には，**タイル舗装**，**天然石舗装**がある。
⑥ その他として，**常温塗布式舗装**（エポキシ塗材，アクリル塗材），**弾力性舗装**（ゴム，樹脂），**スラリーシール舗装**（着色スラリーシール舗装）等がある。

(2) 歩道，自転車道の舗装の施工の留意点

① 路面すべり抵抗の測定と基準値

歩道，自転車道の表層部のすべり抵抗は，平坦な場所において，湿潤状態において，BPNで40以上となるようにする。BPNは路面のすべり抵抗値を表すもので，振子式スキッドレジスタンステスタ試験により求められる。

振子式スキッドレジスタンステスタは図5-11のように振子部にゴム製スライダーを振子アームにつけ，90°の位置から振子を離し，舗装面と接触させ，振子の上昇する角度をBPNの単位で測定する。

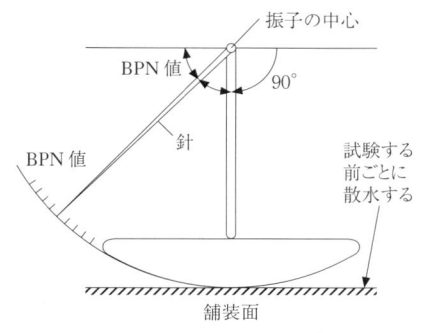

図5-11　BPN値の測定

② 歩道・自転車道，一般部での舗装の施工
　a　寒冷地では必要により厚さ15cm以上の凍上抑制層を設ける。
　b　透水性舗装を表層に用いるときは，300 ml/15 s以上の**現場透水量**を目標として施工し，プライムコートは用いない。
　c　コンクリート舗装とするとき，路盤上に路盤紙またはアスファルト乳剤でシールし，**フレッシュコンクリート**の吸水を防止する。
　d　コンクリート舗装の目地は，横膨張目地を30 m間隔に，幅員1m未満のとき，**横収縮目地**（打込み目地）を3 m，幅員1m以上のときは5 m間隔に横収縮目地を設ける。
　e　常温塗布式舗装は，加熱アスファルト混合物またはコンクリート版上に0.5～1.0 cmの厚さで着色舗装としてエポキシ樹脂やアクリル樹脂を用いて施工する。
　f　**段差**は20 mm以下，縦断勾配5％以下，横断勾配2％以下とする。
　g　路盤厚さは粒状路盤で10 cm程度，4 tの**管理車両**が通行するときは厚さ15 cm程度とする。
③ 歩道・自転車道の橋梁部での舗装の施工
　　鋼床版を用いるとき床版部への水の浸透を防ぐため，アスファルト系混合物を用いるときはグースアスファルト混合物を用いる。また，樹脂系混合物を用いるときは，アクリル樹脂，ウレタン樹脂，エポキシ樹脂を用いて，鋼床版面に直接表層を施すこともある。
④ 歩道橋の舗装の施工
　　歩道橋および**ペデストリアンデッキ**（歩行者用景観用のデッキ）の舗装では，アスファルト舗装やブロック系舗装の他，**カラー舗装**等が用いられる。

5-4-4　瀝青路面処理

交通量のきわめて少ない箇所に用いる簡易な舗装である。在来路盤の砂利層の路面を整正して，3cm以下の加熱アスファルト混合物を施工するものである。
また，場合によって，路盤と表層をかねた構造とする。

(1)　瀝青路面処理の構造
① 路盤として，厚さ3～5cm程度のクラッシャランを入れ，不陸を整正する。路盤を補強するときは，10cm程度のクラッシャランとアスファルト乳剤やセメント等で路上混合安定処理する。
② 表層は，アスファルト乳剤による浸透式工法または常温混合式工法，加熱混合式工法が用いられ，その厚さは3cmを標準とする。

(2)　瀝青路面処理の施工
① 路盤は，モータグレーダで補足材を敷き広げローラで転圧し，プライムコートを施す。また，路上混合方式では，ロードスタビライザまで，均一になるように混合し，締固めて平坦にして，プライムコートを施す。
② 表層の施工の工法特徴は次のようである。
　a **浸透式工法**は，骨材の散布はチップスプレッダで行い，ローラで締固め，アスファルト乳剤をディストリビュータで散布する。
　b **常温混合式工法**は，アスファルトフィニッシャで敷き均し，転圧後，シールコートを散布する。敷き均し直後に転圧できないときは，2～3時間曝気乾燥させて転圧する。
　c **加熱混合式工法**は，アスファルトフィニッシャで敷き均し，ローラで転圧する。ローラが使えない所では，小型振動ローラで転圧回数を増やして締固める。

5-5　特殊構造の舗装

特殊構造とは，次の三つの構造を持つ舗装である。
① フルデプスアスファルト舗装（舗装全層をアスファルト混合物）
② サンドイッチ舗装（路床の設計 CBR が 3 未満のまま構築する舗装）
③ コンポジット舗装（下層にコンクリート版または半たわみ性舗装を用い，表層にアスファルト舗装を用いる舗装）

5-5-1　フルデプスアスファルト舗装

全舗装をアスファルト混合物で施工するもので，工期の短縮や舗装厚さを薄くすることができる。

(1) フルデプスアスファルト舗装の目的

フルデプスアスファルト舗装は以下のような場合の解決策を目的としている。
① 施工期間を短縮することが必要なとき。
② 地下埋設物が浅く，地下埋設物の保全が必要なとき。
③ 舗装厚をできるだけ小さくしたいとき（ガード下の舗装等）。

(2) フルデプスアスファルト舗装の構造設計
① フルデプス舗装は，図 5-12 のように，路床上に，瀝青安定処理路盤を路盤として，基層，表層を設け，全層をアスファルト混合物で施工するものである。

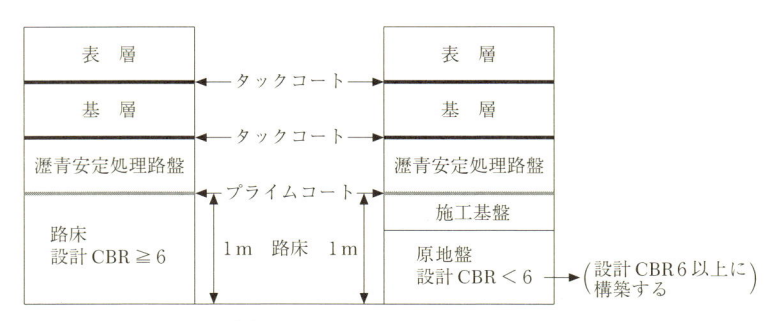

図 5-12　フルデプスアスファルト舗装の構成

② 路床の設計 CBR は 6 以上とする。設計 CBR が 6 未満のときは，設計 CBR 6 以上に構築し，施工基盤（構築路床 15 cm 標準）を設ける。**施工基盤は路床の一部であり，等値換算係数は求めない。**
③ フルデプスアスファルト舗装の断面は，T_A 法により設計する。

(3) フルデプスアスファルト舗装の材料と配合
　材料と配合設計は，一般部のアスファルト混合物の場合と全く同じ取扱いとする。

(4) フルデプスアスファルト舗装の施工
　フルデプスアスファルト舗装の施工は，一般部の場合と全く同じ取扱いとする。
　瀝青安定処理路盤の施工で，シックリフト工法を用いるときは，舗装表面の温度が50℃以下となるのを待って交通開放する。

5-5-2 サンドイッチ舗装

　路床の設計CBRが3未満の場合，遮断層を施工して舗装するもので，一般に理論的設計法により設計する。

(1) サンドイッチ舗装の目的
　サンドイッチ舗装は，路床の設計CBRが3未満で，路床の改良が困難か，または不経済であるとき，やむを得ないときに採用される舗装である。このため，サンドイッチ舗装は，**軟弱路床**上に舗装することを目的としている。

(2) サンドイッチ舗装の構造と設計施工
　① サンドイッチ舗装の構造例
　　サンドイッチ舗装の代表的な例として，図 5-13 のようなものがある。

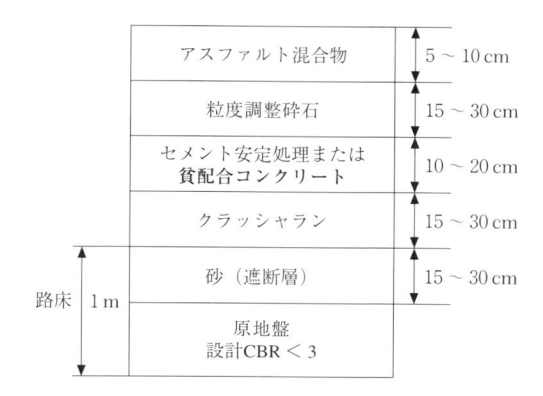

アスファルト混合物	5～10 cm
粒度調整砕石	15～30 cm
セメント安定処理または**貧配合コンクリート**	10～20 cm
クラッシャラン	15～30 cm
砂（遮断層）	15～30 cm
原地盤　設計CBR＜3	

路床 1 m

図 5-13　サンドイッチ舗装の一例

② サンドイッチ舗装の設計

　一般に，サンドイッチ舗装の設計は，過去の経験によって確認されたものを用いるが，事例のないときは，試験舗装か，**理論的設計法**として**多層弾性理論**により解析する。多層弾性理論では，各層は無限に続く平面と考えて次の手順で設計する。

a　サンドイッチ舗装の各層の材料の**弾性係数**と**ポアソン比**（横弾性係数と縦弾性係数の比）を，試験室で，路盤材・路床土およびアスファルト混合物については，**レジリエントモデュラス試験**を，コンクリートについては，**静的弾性係数試験**等の各種試験によって求める。

b　想定したサンドイッチ舗装の表層に輪荷重 49 kN を作用させ，荷重と弾性係数との関係から各層の上面と下面の圧縮ひずみと引張ひずみを計算し，1 回走行当たりのサンドイッチ舗装の**疲労度**（ダメージ）を求め，破壊にいたるまでの疲労破壊輪数 N 回を計算して，発注者から設定されている疲労破壊輪数 N_0 と比較して，$N \geq N_0$ を確認する。

(3)　サンドイッチ舗装の施工

① 遮断層は，川砂，**海砂**，山砂等を用い，軽いブルドーザで敷き均し，ローラまたはソイルコンパクタ等で締固める。
② 遮断層の上層に設けるクラッシャラン層は，15 ～ 30 cm の厚さとして施工する。
③ 粒状材料のクラッシャランの上層には，貧配合のコンクリートか，セメント安定処理層を 10 ～ 20 cm の厚さに敷き均し各層を仕上げる。
④ その上に，粒度調整砕石路盤を施工してのち加熱アスファルト混合物を施工することが多い。

5-5-3　コンポジット舗装

　コンポジット舗装は，下層にコンクリート版（ホワイトベース）または，半たわみ性舗装を用い，その上に，基層，表層としてアスファルト混合物を用いるもので，舗装の耐久性が得られ，長い寿命が期待できる。

　しかし，コンクリート版には目地が必要で，目地の伸縮の影響で，アスファルト舗装の**表層部に割れ目**（リフレクションクラック）が生じやすい。このため，コンクリート版の温度応力による影響を軽減するため，コンクリート版は連続鉄筋コンクリート版を採用することが多い。可とう性である半たわみ性舗装を下層に用いるときは温度応力は考慮しなくてよいのでリフレクションクラックは生じないものとする。

（1）　コンポジット舗装の構造

　コンポジット舗装は，コンクリート版等の**ホワイトベース**で，舗装の耐久性を，表層をアスファルト舗装することで，車両の走行性を確保することができる有利な構造である。舗装は，主に，コンクリート版で荷重を支え，アスファルト舗装は，舗装に作用する輪荷重を分散させる効果を期待して設計することが多い。このため，構造設計の主体はコンクリート舗装と考える。

　コンポジット舗装では，コンクリート版の目地部に発生する，表層の**リフレクションクラック**を低減するため，図 5-14 のようにコンクリート版上に**応力緩和層**として，**マスチックシール**，シート，または，**ジオテキスタイル**，開粒度アスファルト混合物を用いることを検討する。

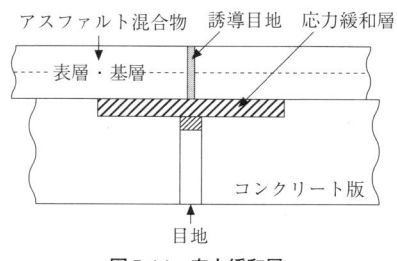

図 5-14　応力緩和層

（2）　コンポジット舗装の施工

① アスファルト混合物は一般のアスファルト舗装と同じものを用いる。
② 半たわみ性舗装は，開粒度アスファルト混合物と浸透用セメントミルクを用い，コンクリート版は，連続鉄筋コンクリートに適するコンクリートを用いる。
③ 表層に**誘導目地**を設置するときは，図 5-14 のようにコンクリート版の目地の位置と合わせて設ける。

5-6 特殊な素材を持つ舗装

　特殊な素材として，25 mm 以上の粗骨材寸法を用いる大粒径アスファルト舗装，白色系の骨材を用いる明色舗装，特殊な色彩にカラーリングする着色舗装および凍上抑制舗装を取扱う。

5-6-1　大粒径アスファルト舗装

　大粒径アスファルト舗装は，骨材の最大粒径が 25 mm を超えるアスファルト混合物を用いて，基層，表層を施工したものである。施工法は一般の場合に準じて行うが，材料分離と締固めに注意して施工する。

(1)　大粒径アスファルト舗装の目的
　① 耐流動性，耐摩耗性の向上を目的として施工する。
　② 骨材のかみ合せ効果で**変形抵抗**を増大し，表層，基層，**アスファルト中間層**に用いる。
　③ 粗骨材の最大寸法が 40 mm の骨材を用いて，上層路盤や基層に適用することができる。

(2)　大粒径アスファルト舗装の材料と配合
　① 一般部の大粒径アスファルト舗装は，針入度 40 〜 60 または 60 〜 80 の，ストレートアスファルトを**重交通道路**では，改質アスファルトを用いることがある。
　② 骨材の最大粒径は 25 mm を超えたものを用いる。
　③ 舗装表面のキメや耐久性向上のため，繊維質補強材を 0.3 〜 1.0 ％程度用いる。

(3)　大粒径アスファルト舗装の施工
　① 施工厚さは，最大粒径の 1.5 〜 2 倍が必要とされ，仕上り厚さ 10 cm のシックリフト工法では，最大粒径 40 mm 以上としてよい。シックリフト工法では，冷却時間が長くかかるため，**交通開放温度 50 ℃以下**を確認する。
　③ 粒径が大きく，材料が分離しやすく，締固めが困難となることもあるので，事前によくその施工法を確認しておく。また，平坦性が得にくいので，注意して施工する。

5-6-2 明色舗装

明色舗装は，表層に用いる混合物に，バインダーとして樹脂結合材料と**白色顔料**を用いたり，アスファルト混合物の骨材として，明色（白色）骨材を用いて施工する。

(1) **明色舗装**

明色舗装は，光の反射率の大きい明色骨材を用い，路面を明るくし，**光の再帰性**を高め，**照明効果**や夜間の視認性を向上させる舗装で3～5cmの表層に用いる。

① 明色舗装の特徴
- a 明色舗装の路面は輝度が高く明るいので，トンネル内舗装，交差点，橋面に用い，夜間の照明効果が高く，かつ，夏期に路面温度の上昇が少なく耐流動性も期待できる。
- b 光の再帰性で，夜間の視認性が向上する。

② 明色舗装の材料と配合
- a 材料は，明色骨材として，白色をした天然骨材のけい石があり，人工骨材として，けい砂，石灰，ドロマイトを溶融して造った骨材を用いる。
- b バインダーは，アスファルトや樹脂系結合材料を用いる。
- c 配合設計では，明色骨材の混入量は，全骨材の30％以上とする。また粒径の大きい方が効果は高い。
- d 各種の骨材を用いるので，密度差が0.2より大きい骨材を用いるときは，必要により，**密度補正**して，配合設計する。

③ 明色舗装の施工
- a 明色骨材の混合方式では明色舗装後，交通開放により，アスファルト被覆部分が剥がれることにより明色骨材が表面に現れるので，一定の期間が必要である。
- b 早期に効果を期待するときは，**サンドブラストやシシットブラスト**により，アスファルトの被覆を除去することもできる。
- c 明色骨材を路面に散布する路面散布方式による施工では，アスファルト混合物の施工直後に，プレコートした明色骨材を5～12 kg/m^{2}散布しロードローラで転圧する。

5-6-3　着色舗装

着色舗装は，アスファルト系混合物の表層に各種の着色を施した舗装である。施工にあたり，施工温度の管理により，所要の色彩が得られるようにする。

また，着色舗装は，路面を着色し街路の景観向上や交通の円滑化に寄与できる。

(1)　着色舗装の適用箇所
① 通学路，交差点，バスレーンにおいて安全で円滑な交通を助ける。
② 公園等，景観の必要な箇所

(2)　着色舗装の施工
着色舗装は次の4工法のうちどれかを用いる。
① 加熱アスファルト混合物に顔料を添加する工法では，次の点に留意する。
　a　赤色にするため，表層用アスファルト混合物に5～7％の**ベンガラ（酸化鉄）**を加える。また，5～10％の**酸化クロム**を加えて緑色とする。
　b　顔料の添加量は，アスファルト量に比例させ，その添加量の容積に換算して，その分だけ石粉量（フィラー）を減じる。また，事前に，室内配合等で，色彩を確認する。
② 着色骨材を使用する工法では，施工直後に表面をブラスト処理して，ただちに着色効果を実現させる。
③ 樹脂系結合材料を用いる工法では，次の方法が用いられる。
　a　着色に用いる有機顔料は，樹脂結合材の1～4％，**無機顔料**では10～20％とする。**有機顔料**は，加熱時の熱や紫外線で，比較的変色しやすいので注意する。
　b　熱可塑性の樹脂結合材料と着色骨材とを併用することで着色効果が高くなる。一般に2.5～4mmの厚さとして仕上げる。
　c　熱硬化性の樹脂結合材料と，けい砂，着色骨材等を用い，1層の仕上り厚さを5～15mm程度とする。施工にあたり，路面を清掃し乾燥させて，こて仕上げや，簡易専用フィニッシャを用いることもある。
④ 半たわみ性舗装では，浸透用セメントミルクに顔料を入れたり，**着色セメント**を用いる。

5-6-4　フォームドアスファルト舗装

　フォームドアスファルト舗装は，加熱アスファルト混合物を製造するとき，アスファルトを水蒸気にて泡状に噴射しアスファルトの粘度を下げて，アスファルト混合物の混合性を向上させるもので，製造された混合物を舗装したものをフォームドアスファルト舗装という。すなわち，アスファルト混合物の混合方式が普通の**アスファルトの混合方式**と異なった混合物で舗装するものである。

　フォームドアスファルト混合物として製造するときは，フィラー量が使用するアスファルト量の2倍以上となる場合である。このため細粒度アスファルト混合物や，瀝青安定処理路盤混合物，砕石マスチック混合物等，混合性の悪い材料を用いる場合に用いられることがある。

5-6-5　凍上抑制舗装

　凍上抑制舗装は，アスファルト混合物に塩化物を持つ物質を粒状，粉状にして混合し，フィラーの量と置換えて配合を定め混合して施工する。これは，**浸透圧**，**毛細管現象**等の化学作用を効果的に利用し，氷点降下をさせるものである。

　また，物理的な工法として，路面にゴム等の弾性体を圧入し露出させ，走行面での弾性変形を大きくさせ，路面の氷盤を破壊するものである。

　化学的，物理的な工法により除雪作業の効率化，車両の安全走行性の確保を目的として，凍上抑制舗装が用いられる。

5-7 演習問題

特殊舗装設計

問1 舗装の構造設計に関する次の記述のうち，**不適当な**ものはどれか。
(1) 透水性舗装を T_A 法で設計する場合，表層および基層に用いる透水性アスファルト混合物の等値換算係数は 1.0 とする。
(2) フルデプスアスファルト舗装では，施工の基盤となる路床の支持力が，設計 CBR6 未満のときは，6 以上となるように構築路床を設ける。
(3) アスファルト舗装の理論的設計法には，舗装を多層構造として扱い弾性理論や粘弾性理論を適用した構造解析によって構造を決定する方法がある。
(4) コンポジット舗装の下層に半たわみ性舗装を用いる場合には，温度応力を考慮しなければならない。

排水性舗装配合設計

問2 排水性舗装用アスファルト混合物の配合に関する次の記述のうち，**不適当な**ものはどれか。
(1) 施工箇所が積雪寒冷地や急勾配である場合は，目標空隙率を 25％以上とする。
(2) 設計アスファルト量は，まずダレ試験等を行ってアスファルト量の目安を得たのち，透水試験やホイールトラッキング試験等を実施して決定する。
(3) 最大粒径の選定を行う際，騒音低減効果を期待するならば，最大粒径が小さい方が望ましい。
(4) 大型車交通量の多い道路における動的安定度（SD）の目標値は，交通条件，気象条件および経済性を考慮して 1500 回/mm 以上で設定する。

問1解説
コンポジット舗装の下層に半たわみ性舗装を用いるとき，温度による伸縮が少なく，温度応力について考慮しない。　　　　　　　　　　　　　　　　正解　4

問2解説
排水性舗装の空隙率の目標は 20％程度とし，25％程度では，結合力が弱く，骨材が飛散する。　　　　　　　　　　　　　　　　　　　　　　正解　1

演習問題　2-5-2

橋面舗装構造

問3　橋面舗装に関する次の記述のうち，**不適当なもの**はどれか。
(1) コンクリート床版の場合，表面のレイタンスをワイヤブラシや研掃機械等により十分に除去しておく。
(2) 鋼床版の場合，錆や付着物をブラスト等により十分に除去し，発錆しないよう速やかに接着層を施工する。
(3) 舗装系の防水層としては，シートアスファルト混合物，マスチックアスファルト混合物，グースアスファルト混合物等が用いられる。
(4) 鋼床版舗装の接着層には，一般にアスファルト乳剤のほか，ゴム入りアスファルト乳剤を用いることが多い。

特殊舗装機能

問4　機能別の舗装に関する次の記述のうち，**不適当なもの**はどれか。
(1) 保水性舗装は，舗装体内に保水された水分が蒸発して，その気化熱によって路面温度の上昇を抑制する機能を有する。
(2) 砕石マスチック舗装は，粗骨材のかみ合わせ効果とアスファルトモルタルの充てん効果により，水密性，耐摩耗性，すべり抵抗性の高い舗装である。
(3) 低騒音舗装の騒音低減効果を向上させるためには，一般に粗骨材の最大粒径をできる限り大きくし，偏平なものを少なくする。
(4) 明色舗装は，路面の輝度が高いことから照明費用の低減が図れるとともに，夏期に路面温度の上昇を抑制できる。

問3 解説
　鋼床版の接着剤は，溶剤型ゴムアスファルト系粘着剤 $0.3 \sim 0.4\ l/m^2$ を用いる。
正解　4

問4 解説
　低騒音舗装の効果を向上するため，一般に粗骨材の最大粒径を小さくし，丸味のあるものとする。
正解　3

演習問題　　　　　　　　　　　　　　　　　　　　　　　　　2-5-3

特殊舗装機能

問5　特殊な機能や構造を持つ舗装に関する次の記述のうち，**不適当なもの**はどれか。
(1) フルデプスアスファルト舗装は，施工の基盤となる路床の設計 CBR が 3 未満の場合に採用する。
(2) コンポジット舗装の構造設計は，セメント系の舗装の構造設計法等で行うとよい。
(3) 全浸透型の半たわみ性舗装では，セメントミルクを浸透させたアスファルト混合物の等値換算係数を 1.0 とする。
(4) 排水性舗装は，表層または表層・基層に排水性舗装用アスファルト混合物を用い，その下の層に雨水が浸透しない不透水の層を設ける。

特殊舗装機能

問6　特殊な機能や構造を持つ舗装に関する次の記述のうち，**不適当なもの**はどれか。
(1) グースアスファルト混合物は，クッカで 40 分以上混練することにより，舗設時には流動性に富み，かつ粘着性のよいものとなる。
(2) ロールドアスファルト混合物は，アスファルトモルタル中に粗骨材を一定量配合した連続粒度の混合物である。
(3) 混合物方式の明色舗装では，明色骨材の使用量が多いほど明色効果は高く，明色骨材の配合率は全骨材中 30 % 以上が望ましい。
(4) 半たわみ性舗装は，空隙率の大きな開粒度のアスファルト混合物にセメントミルクを浸透させたものである。

問5解説
　フルデプスアスファルト舗装は，基盤（路床）の設計 CBR は 6 以上とする。
　　　　　　　　　　　　　　　　　　　　　　　　　　　　　　正解　[1]

問6解説
　ロールドアスファルト舗装に用いる骨材の粒度は，不連続粒度（ギャップ粒度）とし，すべり抵抗性を向上させる。
　　　　　　　　　　　　　　　　　　　　　　　　　　　　　　正解　[2]

演習問題　2-5-4

特殊舗装構造

問7　各種の舗装等に関する次の記述のうち，**不適当なもの**はどれか。
(1) 半たわみ性舗装は，空隙率の大きな開粒度アスファルト混合物に浸透用セメントミルクを浸透させたものである。
(2) フルデプスアスファルト舗装工法は，路床の設計CBRが3未満の場合に有効な工法で，シックリフト工法と併用することにより工期短縮が図れる。
(3) コンポジット舗装工法とは，表層または表層・基層にアスファルト混合物を用い，直下の層にセメント系の版を用いる工法である。
(4) グースアスファルト舗装は，不透水性でたわみに対する追従性が高いことから，一般に鋼床版舗装等の橋面舗装に用いる。

特殊舗装施工

問8　各種の舗装の施工に関する次の記述のうち，**不適当なもの**はどれか。
(1) すべり止め舗装に樹脂系材料を使用する場合には，気温と硬化時間の関係や路面の水分に留意する。
(2) 透水性歩道舗装の施工では，雨水による路盤や路床の支持力の低下を防ぐために，路盤上に所定量のプライムコートを散布する。
(3) ロールドアスファルト舗装は，混合物を敷き均した後，この上にプレコート砕石を散布・圧入して仕上げる。
(4) サンドイッチ舗装の施工は，軟弱路床上での施工となるため，とくに下層部の施工の際には路床を乱さないように留意する。

問7解説
　フルデプスアスファルト舗装は，設計CBR 6以上とし，シックリフト工法で，工期の短縮が図れる。　　　　　　　　　　　　　　　　　　　　　　　正解　[2]

問8解説
　透水性舗装は，路盤下に透水させるため，プライムコートを施工してはならない。　　　　　　　　　　　　　　　　　　　　　　　　　　　　　　　正解　[2]

演習問題　　　　　　　　　　　　　　　　　　　　　　　　　2-5-5

特殊舗装施工

問9　各種の舗装に関する次の記述のうち，**不適当なもの**はどれか。
(1) 良質な岩を路床上面とする場合でも，レベリング層として貧配合のコンクリート等を施工する。
(2) 透水性舗装の路盤材料として，クラッシャランを用いてはならない。
(3) 鋼床版の橋面舗装には，防水層を兼ねてグースアスファルト混合物を用いることが多い。
(4) 延長の長いトンネルは，照明効果等の面からコンクリート舗装または半たわみ性舗装等を用いることが多い。

特殊舗装施工

問10　グースアスファルト混合物の施工に関する次の記述のうち，**不適当なもの**はどれか。
(1) 表層に用いる場合は，すべり抵抗性や耐流動性等の向上等を目的に，通常，敷き均し直後にプレコート砕石を散布し圧入する。
(2) 基層に用いる場合でも，耐流動性等の向上等を目的にプレコート砕石を散布・圧入することがある。
(3) グースアスファルト混合物の仕上がり厚さは，一般に 3～4 cm である。
(4) グースアスファルト混合物の締固めは，一般にタイヤローラで行う。

問9 解説
　透水性舗装には，路盤の軟化を防止するため，路盤材料として，透水性の高いクラッシャランを用いる。　　　　　　　　　　　　　　　　　　　正解　②

問10 解説
　グースアスファルト舗装は，グースアスファルト専用フィニッシャにより敷き均すが転圧はしないで，砕石を散布し鉄輪ローラで圧入して仕上げる。　正解　④

演習問題　2-5-6

特殊舗装施工

問11　各種の舗装の施工に関する次の記述のうち，**不適当なもの**はどれか。
(1) 硬質骨材を樹脂系材料で路面に接着させるすべり止め舗装は，一般に気温が5℃以下の場合は施工してはならない。
(2) 排水性混合物の締固めは，透水能力の低下を避けるために一般にローラによる転圧は1往復程度とし，できるだけ締固め度を小さくする。
(3) 半たわみ性舗装の浸透用セメントミルクの施工は，一般に舗装体表面の温度が50℃以下になってから振動ローラ等を用いて行う。
(4) 路面散布方式による明色舗装では，アスファルト混合物を舗設した直後に，明色骨材を路面に散布し直ちに転圧して仕上げる。

排水性舗装混合物製造・運搬

問12　排水性舗装用アスファルト混合物の製造・運搬に関する次の記述のうち，**不適当なもの**はどれか。
(1) 高粘度改質アスファルトを使用する際の混合温度は，材料製造者の推奨値を参考に，設定することもある。
(2) 混合物の製造においては，粗骨材の使用量が多いため，通常のアスファルト混合物と比較し，骨材の温度制御が容易である。
(3) 排水性舗装用アスファルト混合物は，通常の加熱アスファルト混合物より冷却しやすいので，運搬中は二重シート等で保護し，温度低下を防ぐ。
(4) 混合物の製造にあたっては，計量待ち時間やホットビンの貯蔵骨材量を調整する作業が必要であり，一般に製造能力が低下する。

問11 解説
　排水性舗装は，締固め度94％以上を確保するよう，140〜160℃で初転圧とし，10〜12tのロードローラ二次転圧もロードローラで行い，仕上げ転圧はタンデムローラまたはタイヤローラを用いる。　　　　　　　　　　　　　　　正解　[2]

問12 解説
　排水性舗装の混合物の粗骨材は80％程度と，粗骨材が多く過加熱しやすく，骨材の温度制御が困難である。　　　　　　　　　　　　　　　　　　正解　[2]

演習問題　2-5-7

歩道・自転車道舗装施工

問13　歩道，自転車道の舗装に関する次の記述のうち，**不適当な**ものはどれか。

(1) 透水性舗装では，路盤面のプライムコートは透水機能を阻害するので施工しない。

(2) 管理用車両の入らない場合の一般的な舗装構成は，10 cm の路盤を設け，その上に加熱アスファルト混合物による厚さ3～4cm の表層を設ける。

(3) 表層のすべり抵抗値は，一般に湿潤状態で測定した BPN で 25 以上とすることが望ましい。

(4) 橋梁の歩道部分は，一般に転圧しにくいことや景観の配慮等から，ブロックによる舗装を施工することがある。

問13 解説

　　歩道，自転車道の舗装の表層すべり抵抗値は，湿潤状態で測定した BPN が 40 以上としている。　　　　　　　　　　　　　　　　　　　　　　　　正解　3

索　引

【1】
1時間当たりのバッチ数 …………………238
1バッチ当たりの所要時間 ………………238

【3】
3m のプロフィルメータ …………………130

【7】
75μm ふるい通過量の比率の制限 ……183

【B】
BPN …………………………………………293

【C】
CAE の一軸圧縮試験………………………228

【D】
DS ……………………………………………197

【E】
EPS ……………………………………………48

【F】
(F)付混合物 …………………………………178

【G】
GPS 測量 ……………………………………101

【I】
IR 法 …………………………………………5

【L】
L 形 …………………………………………52

【P】
PI ……………………………………………167
PK-3 …………………………………………239
PK-4 …………………………………………240
PKR-T ………………………………………240

【U】
U 型擁壁 ……………………………………44

【V】
V 型鉛直打継目 ……………………………54

【あ】
アクリル樹脂 ………………………………157
アスファルトコンクリートの再生骨材 …169
アスファルト混合物の運搬時間 …………236
アスファルト混合物の積込み ……………236
アスファルト混合物の曲げ試験 …………206
アスファルト再生骨材 ……………………236
アスファルトスプレヤー …………………239
アスファルト中間層 ………………………300
アスファルト抽出試験 ……………………206
アスファルトディストリビュータ ………239
アスファルト乳剤 ……………………239,240
アスファルト乳剤添加量 …………………233
アスファルトの混合方式 …………………303
アスファルトフィニッシャ ………………237
アスファルト舗装素材 ……………………150
アスファルト密度試験 ……………………205
アスファルトモルタル ……………………284
アスファルトモルタルの充填効果 ………281
アスファルト量の共通範囲 …………199,226
圧縮空気 ……………………………………276
アブソン法 …………………………………160

—311—

索　引

編柵工 …………………………………34
アメニティ ……………………………293
粗目砂 …………………………………224
アングルドーザ ………………………11
安全性 …………………………………293
安全率 …………………………………51
安全率方式 ……………………………214
安定材 …………………………………213
安定材散布機 …………………………214
安定処理 ………………………………137
安定処理工法 …………………………212
安定度 ……………………………180,222
安定度÷フロー値 ……………………195
案内標識 ………………………………63

【い】

石張・ブロック張工 …………………35
一軸圧縮強さ …………………………217
一時貯蔵ビン …………………………236
一次変位量 ……………………………222
一括下請の原則禁止 …………………93
一般工法 ………………………………227
一般地域 ………………………………153
移動式ミキサ …………………………280
入口部照明 ……………………………79
引火点 …………………………………154
引火点試験 ……………………………205
インターロッキング舗装 ……………293

【う】

ウォータージェット …………………288
雨水対策 ………………………………235
雨水の流出係数 ………………………56
ウレタン樹脂 …………………………157
上屋 ……………………………………235
運搬車台数 ……………………………237

【え】

エージング ……………………………160
液性限界試験 …………………………9
エポキシアスファルト ………………271

エポキシ樹脂 …………………………157
エマルジョン系 ………………………249
エメリー ………………………………151
エングラー度 …………………………156
エングラー度試験 ………………157,206
円形カルバート ………………………62
円弧すべり ……………………………28
縁石 ……………………………………289
縁石ます ………………………………60
鉛直軸誤差 ……………………………100
沿道・地域社会費用 …………………125

【お】

オイル系 ………………………………249
横断測量 ………………………………114
応力緩和層 ……………………………299
置換え工法 ……………………………212
温度管理 ………………………………234

【か】

ガードケーブル ………………………71
ガードパイプ …………………………71
ガードレール …………………………71
海砂 ……………………………………298
改質アスファルト ……………………153
改質アスファルトⅠ型 ………………153
改質アスファルトⅡ型 ………………153
改質アスファルト混合物の施工 ……246
改質剤 …………………………………288
回収アスファルトの針入度 …………236
回収アスファルトの針入度試験 ……160
回収ダスト ………………………197,272
快適性 …………………………………293
外部照明方式 …………………………65
開放型 …………………………………30
開粒度アスファルト混合物 …………165
かかと版 ………………………………46
かげろう対策 …………………………108
過酸化水素 ……………………………276
かし担保 ………………………………96
ガスケットタイプの中空ゴムの成型品 …289

索　引

ガスバーナ	243
下層	284
下層路盤	126
下層路盤材料の最大粒径	216
片対数グラフ	189
片持ばり式擁壁	44,52
滑動の安定性	49
カットオフ形	78
カットバック	246
過転圧	242
加熱混合式工法	295
加熱施工式	289
加熱貯蔵サイロ	236
壁の伸縮目地	54
花木の剪定	83
カラー舗装	294
空練り	234
仮BM設置	114
仮排水路	212
カルサインドボーキサイト	151
幹周	80
含水比試験	8
完成検査	97
間接加熱混合式	236
乾燥密度	233
乾燥密度規定	28
カンタブロ試験	206,273
貫入量試験	291
管理車両	294

【き】

器械高	111
気化潜熱	278
棄却	134
器高式野帳	110
気差	105
規制標識	63
既設アスファルト混入率	230
既設表層混合物	249
基層	127
基本照明	79

キメ	300
逆L形	52
逆T形	52
客土	33
ギャップアスファルト混合物	281
キャリーオーバ	235
急硬性の改質アスファルト乳剤	157
球差	105
吸油性材料	152
供試体	224
強度規定	28
橋面舗装	268,286
玉砕	151
玉砕試験	204
局部照明	75
切込砂利	167
切土工法	212

【く】

杭基礎	53
空気間隙率規定	28
空隙部の目詰り	276
空隙率	180,186,222,275
グースアスファルト舗装	268,287
区間のCBR	135
区間のCBRと設計CBRの関係	135
クッカー	237
駆動輪	241
クラッシャラン	167
クラッシャラン層	277
クラッシャラン鉄鋼スラグ	167
クラムシェル	11
クリンカーアッシュ	160
グルービング	285
グルービング工法	285
グルービングマシン	285
グレア	75

【け】

警戒標識	63
経験に基づくTA法による舗装の設計	138

索　引

けい光水銀ランプ ……………………77
けい光ランプ …………………………77
掲示板 …………………………………63
掲示板の基板材料 ……………………65
径深 ……………………………………57
けい石 ………………………………151
ケットル ……………………………283
原位置試験 ……………………………4
牽引力 …………………………………16
現場CBR試験 …………………………5
現場打コンクリート枠工玉石空張工 ……36
現場説明書 ……………………………91
現場説明書に対する質問回答書 ……91
現場代理人と主任技術者との兼任 ……92
現場透水量 …………………………294
現場配合 ……………………………234

【こ】

高圧ナトリウムランプ ………………77
降雨強度 ………………………………56
高温動粘度試験 ……………155,205,206
工期の短縮 …………………………227
公共工事標準請負契約約款 …………90
公共測量作業規程 …………………104
硬質アスファルト …………………153
硬質骨材 ……………………………151
鋼床版の下層 ………………………290
鋼床版舗装用改質アスファルト ……153
構成部材の飛散防止性能 ……………69
剛性防護柵 ……………………………68
厚層基材吹付工 ………………………32
構造設計 ……………………………132
構造物に隣接する盛土 ………………30
高弾性タイプ ………………………288
構築路床材料 ………………………166
構築路床の施工法 …………………212
交通開放温度 ………………………300
交通視距 ………………………………82
交通量換算比 ………………………139
交通量多 ……………………………178
抗土圧型 ………………………………30

高粘度改質アスファルト …………153,270
高粘度型石油樹脂系バインダー ……271
光波測距儀 …………………………101
高分子乳化剤 ………………………279
工法規定 ………………………………28
工法規定方式 …………………………28
高木 ……………………………………80
高木の剪定 ……………………………83
合理式 …………………………………56
高炉徐冷スラグ ……………………159
高炉水砕スラグ ……………………159
コールドジョイント ………………243
コーン貫入試験 ………………………5
小型ソイルコンパクタ ……………215
小段 ……………………………………24
小段排水施設 …………………………62
骨材 …………………………………151
骨材間隙容積 ………………………186
骨材相互のかみ合わせ ……………242
骨材の配合比 ………………………180
骨材飛散抵抗性 ……………………271
骨材表面積 …………………………274
固定式混合プラント ………………280
小波 …………………………………242
ゴム入りアスファルト乳剤 ……157,240
ゴムチップ …………………………163
ゴムレーキ …………………………280
コルゲーション ……………………242
コンクリート積みブロック …………48
コンクリート張工 ……………………37
コンクリートブロック枠工 …………35
コンクリート平板舗装 ……………293
混合 …………………………………225
混合物の温度低下 …………………284
混合物の温度抑制 …………………246
混合ムラ ……………………………235
コンシステンシー試験 ………………9
コンポジット舗装 ………………269,299

【さ】

サージビン …………………………236

索　引

載荷重	46
サイクルタイム	20
最小アスファルト量	206,273
最小空隙率	283
再生アスファルト	153
再生加熱アスファルト混合物	165
再生クラッシャラン	167
再生骨材	151
再生材料の混入率	217
再生石灰安定処理用材料	169
再生セメント安定処理用材料	169
再生粗粒度アスファルト混合物	200
再生添加材	249
再生密粒度アスファルト混合物	200
再生用添加剤	200,235
再生粒度調整砕石	167
砕石	151
砕石マスチック舗装	268
最大アスファルト量	206
最大乾燥密度	7
最適アスファルト量	194,273
最適含水比	7
最適含水比よりやや湿潤側で転圧	224
最適セメント量	231
在来地盤	137
細粒度アスファルト混合物	164
細粒度ギャップアスファルト混合物	164
材料分離	234
作業計画	114
作業勾配	15
作業標準	235
柵の桟間隔	73
錆	288
三塩化エタン可溶分試験	205
山岳道路	281
酸化クロム	302
散水量	232
暫定アスファルト量	274
サンドイッチ舗装	269,297
サンドブラスト	301
サンプリング	4,5

残留安定度	199
残留強度率	222

【し】

仕上り厚さ	223
仕上げ転圧	241
シート系防水	287
シールコート	219
ジオテキスタイル	299
ジオテキスタイル工法	212
ジオテキスタイル補強土壁	44
試験練り	235
支持地盤の安定性	49
シシットブラスト	301
指示標識	63
視準軸誤差	100,105
地震の影響	47
自然地盤	136
持続道路の照明	79
シックリフト工法	227
湿地ブルドーザ	12
室内 CBR 試験	9,133
室内配合	234
地覆	289
締固め温度	184,205
締固め順序	241
締固めたアスファルト混合物の密度試験	206
締固め度	216
締固め土量	18
締固め率	17
遮断層	215
地山土量	18
砂利	151
車両の逸脱防止性能	68
車両のスリップ	285
車両の誘導性	69
車両用防護柵	67
車両用防護柵の色彩	72
車両用防護柵の高さ	70
重交通道路	300
十字線の明視と目標の視準	99

—315—

索　引

修正 CBR	167
縦断測量	114
重量平均	113
重力式擁壁	44
樹脂結合材料	152,157
樹脂発泡体系	288
主働土圧	47
受働土圧	47
ジョイントヒータ	276
常温混合式工法	295
常温施工式	289
常温塗布式舗装	293
仕様規定発注方式	124
昇降式野帳	109
詳細測量	114
仕様書	91
上層路盤	127
上層路盤材料の規格	222
衝突速度	67
蒸発後の針入度比試験	205
床版	287
照明効果	301
植栽帯	82
植生工	30
植生土のう工	33
植生マット工	32
植物性繊維	163
植物性繊維	271
ショットブラス	280
初転圧温度	246
ショベル系掘削機械	11
シリカサンド	151
新規アスファルト	200
新規アスファルト混合物	234,249
新規骨材	236
人工硬質骨材	161
伸度	154
浸透圧	303
振動コンパクタ	252
浸透式工法	295
浸透水量	131

浸透用のセメントミルク	278
振動ローラ	13,225
伸度試験	205
針入度	153
針入度試験	205
信頼性を考慮した舗装構造の設計	139

【す】

スイーパ	288
水硬性粒度調整鉄鋼スラグ	167
水浸後のアスファルト混合物の安定度	199
水浸ホイールトラッキング試験	206
水浸膨張比試験	160
水浸マーシャル安定度試験	206
垂直荷重	73
水平角と鉛直角の観測時間帯	98
水平荷重	73
水平軸誤差	100
水密性	281
スカリファイア	219
スクリード	241
スクリーニングス	151
スクリーニングス粒度試験	204
スクレーパ	14
スクレープドーザ	14
筋芝工	32
スタビライザ	213
ステップ	24
ストックヤード	234
ストレートドーザ	12
砂	151
砂系路床材	214
砂置換法	5
すべり抵抗性	178,270
すべり止め舗装	268
スラリーシール舗装	293
すり減り減量	159

【せ】

正位・反位の観測	98
整形	225

索　引

整形転圧 …………………………………232
製鋼スラグ ………………………………151
製鋼スラグの水浸膨張性試験 …………204
制止土圧 ……………………………………47
製造運搬 …………………………………234
静的弾性係数試験 ………………………298
性能規定発注方式 ………………………124
性能指標値 ………………………………187
セイボルトフロール秒試験 ………157,206
積雪寒冷地域 ……………………………153
石粉粒度試験 ……………………………204
石油アスファルト乳剤 …………………156
石油樹脂系結合材 ………………………157
石油潤滑油系 ……………………………163
施工基盤 …………………………………296
施工速度 ……………………………………20
施工継目 …………………………………221
施工方法等の決定 …………………………92
石灰 ………………………………………151
石灰安定処理工法 ……………………216,222
石灰系安定材 ……………………………151
石灰系固化材 ……………………………151
設計CBR …………………………………135
設計図書 ……………………………………91
設計図書に定められていない保険 ………96
接地圧 ………………………………………16
接着層 ……………………………………286
セミカットオフ形 …………………………78
セミブローンアスファルト ……………153
セメント …………………………………150
セメント・瀝青安定処理工法 …………222
セメント安定処理工法 ………………216,222
セメント系安定材 ……………………150,219
セメント系固化材 ………………………150
セメントコンクリート再生骨材 ………169
繊維質補強材 ……………………………152
全応力法 ……………………………………28
線形決定 …………………………………114
線状切削機 ………………………………253
全浸透型 …………………………………279
せん断試験 …………………………………9

全面植生工法 ………………………………32
全面反射材料 ………………………………65

【そ】

ソイルコンパクタ ………………………298
走行性 ……………………………………293
即日交通開放 ……………………………232
側帯 ………………………………………130
粗骨材の軟石試験 ………………………204
塑性限界試験 ………………………………9
塑性変形輪数 ……………………………129
ソックスレー抽出法 ……………………206
側溝の排水能力 ……………………………59
側溝ます ……………………………………60
粗面 ………………………………………285
粗粒度アスファルト混合物 ……………164

【た】

第1種ケレン ……………………………288
待機時間 …………………………………238
耐候性 ……………………………………271
耐水性 ……………………………………271
耐摩耗性 ………………………………178,281
耐摩耗対策 ……………………………196,198
タイヤ式 ……………………………………15
タイヤチェーン …………………………198
タイヤチェーン等の抵抗性 ……………206
タイヤローラ ………………………………13
耐油性 ……………………………………278
大粒径アスファルト舗装 ……………268,300
耐流動性 ………………………………178,271
耐流動対策 ………………………………196
タイル舗装 ………………………………293
ダウンヒルカット工法 ……………………26
多交通量一般地域 ………………………153
多層弾性理論 ……………………………298
多層弾性理論設計法 ……………………142
タックコート …………………………127,240
たて壁 ………………………………………46
縦排水施設 …………………………………61
縦方向の施工目地 ………………………221

索　引

種吹付工 ······················· 32
タフネス・ティナシティ ················ 155
タフネス試験 ····················· 205
ダメージ ······················· 298
ダレ試験 ····················206,273
ダレ防止用 ······················ 163
たわみ性が要求される鋼床版の舗装に適用 206
たわみ性防護策 ···················· 68
単位体積質量試験 ····················5
単位度砕石 ····················· 226
段切 ························· 29
段差 ························ 294
弾性係数 ······················ 298
弾性材料 ······················ 152
タンパ ······················· 252
タンピングローラ ··················· 13
ダンプトラック1台当たりのバッチ数 ··· 238
ダンプトラックの積込み時間 ············ 238
単粒度製鋼スラグ ·················· 159

【ち】

地域産材料 ····················· 223
地下排水 ······················· 55
置換土 ······················· 136
チップスプレッダ ·················· 252
着色骨材 ······················ 161
着色磁器質骨材 ··················· 285
着色セメント ···················· 302
着色舗装 ···················· 268,302
中央プラント ···················· 213
中央プラント混合方式 ················ 219
中央プラント方式 ·················· 218
中央分離帯 ······················ 82
中央粒度 ······················ 273
中温化剤 ······················ 152
抽出試験 ······················ 165
中心線測量 ····················· 114
中等の品質 ······················ 92
中木 ························· 80
超重交通用改質アスファルト ············ 153

直接基礎 ······················· 53
貯蔵安定度試験 ··················· 206
チルトドーザ ···················· 12

【つ】

通過質量百分率 ··················· 188
通常避けることのできない損害 ··········· 95
突固め回数 ····················· 282
突固めによる土の締固め試験 ·············6
継目転圧 ······················ 241
つま先版 ······················· 46

【て】

低圧ナトリウムランプ ················ 77
低温地域 ······················ 153
定誤差 ························ 99
呈色反応試験 ···················· 160
低騒音舗装 ····················· 268
低弾性タイプ ···················· 288
ティナシティ試験 ·················· 205
低木 ························· 80
テーパーポール ···················· 65
出口部照明 ······················ 79
鉄鋼スラグ ····················· 151
電気炉スラグ ···················· 159
天災・不可抗力による損害 ·············· 94
転倒の安定性 ····················· 49
天然硬質骨材 ···················· 161
天然石ブロック舗装 ················· 293
天然石舗装 ····················· 293
展望快適性 ······················ 71
転炉スラグ ····················· 159

【と】

凍結深さ ······················ 215
凍結融解 ······················ 166
凍結抑制舗装 ···················· 268
凍上抑制層 ····················· 166
凍上抑制層の材料 ·················· 215
凍上抑制層用材料 ·················· 166
凍上抑制舗装 ···················· 303

動植物油系アスファルト乳剤系	163
透水係数	275
透水性舗装	268
透水性瀝青安定処理路盤	277
等値換算係数	138
動的安定度	197,206,275
動粘度	155,184
道路管理者	128
道路管理者費用	125
道路構造令	128
道路設計条件	187
道路標識	63
道路用砕石試験	204
トータルステーション	103
特殊アスファルト舗装	268
特殊性能舗装	268
特定化学物質	201
特定箇所舗装	268
土積曲線	21
特記仕様書	91
塗膜系防水	287
ドラグライン	11
トラックショベル	252
ドラムドライヤ混合式	235
取り付け管	60
トリニダットレイクアスファルト	153
土粒子の密度試験	9
土量の換算係数	17
ドロマイド	161
トンネル内舗装	268

【な】

内部照明方式	65
軟化点	154
軟化度試験	205
軟弱路床	297

【に】

ニート工法	285
二次集塵装置	162
二次転圧	241
二次転圧の終了温度	242
二重構造系	293
乳剤運搬用ローリ	232

【ね】

熱可塑性エラストマー	197,290
粘性土系路床材	214
粘度	155

【の】

ノニオン系アスファルト乳剤	228
のり肩排水施設	61
のり面アンカー工	37
のり面蛇籠工	36
のり面排水	55

【は】

配合温度の設定	205
配合率	165
排水機能層	270
排水性混合物	276
排水性舗装	268
排水設備	235
排水ます	60,289
ハイドロプレーニング現象	270
背面傾斜	49
バインダー	165
破壊検査の費用負担	93
バキューム高圧洗浄水	276
白色顔料	301
バグフィルタ	162
薄膜加熱後の粘度比	201
薄膜加熱質量変化率	201
薄膜加熱質量変化率試験	205
薄膜加熱針入度試験	205
剥離抵抗性	271
剥離防止	196
剥離防止剤	152,163
剥離率	206
破砕混合厚	232
伐開除根	25,26

索　引

曝気乾燥 …………………………217
バックホウ …………………………11
バッチ式プラント …………………234
初転圧 ………………………………241
発泡スチロール ……………………48
張芝工 ………………………………32
パワーショベル ……………………11
半浸透型 ……………………………279
半たわみ性舗装 ……………………268

【ひ】

ヒートアイランド …………………165
控え壁式擁壁 ………………………44
光の再帰性 …………………………301
必須の性能指標 ……………………130
ひび割れ抵抗性 ……………………197
標高の最確値 ………………………112
標尺の傾斜誤差 ……………………108
標尺の零点目盛誤差 ………………107
標準貫入試験 ………………………4
標準のり面勾配 ……………………23
標準偏差 ……………………………130
標準粒度範囲 ………………………183
表層 …………………………………127
表層・基層用再生骨材 ……………160
表層と基層の縦継目位置 …………244
表層と基層を加えた最小厚さ ……141
表層部に割れ目 ……………………299
表面処理工法 ………………………157
表面排水 ……………………………55
疲労度 ………………………………298
疲労破壊輪数 ………………………128
ビン …………………………………236
品質規定方式 ………………………28
品質証明 ……………………………234
ピンチローラ ………………………237
貧配合コンクリート ………………297

【ふ】

フィーダ ……………………………235
フィラー ……………………………152

フィラビチューメント ……………284
フィルター層 ………………………277
風荷重 ………………………………47
フォームドアスファルト舗装 ……303
復元率 ………………………………288
付着性改善改質アスファルト ……153
付着度試験 …………………………206
付着防止 ……………………………242
不定誤差 ……………………………99
不透水性層 …………………………270
部分植生工法 ………………………33
プライムコート …………………127,239
プライムコートの施工場所 ………239
ブラストマシン ……………………285
フラッシュ …………………………240
プラント再生舗装工法 …………228,249
プラント配合 ………………………234
プラントミックスタイプ …………153
ブリージング ………………………239
振子式スキッドレジスタンステスタ …293
ブリスタリング ……………………292
ふるい残留分試験 …………………206
ふるい目詰まり ……………………235
ふるい分け試験 ……………………188
フルデプスアスファルト舗装 …269,296
ブルドーザ …………………………12
ブレーカ ……………………………253
プレキャスト枠工 …………………34
プレコート …………………………281
フレッシュコンクリート …………294
プレミックスタイプ ………………153
ブローイング ………………………155
フロー値 …………………………180,222
不陸 …………………………………242
ブロック積擁壁 ……………………44
紛状生石灰 …………………………225
分離帯用 ……………………………67

【へ】

ヘアクラック ………………………243
平均運搬距離 ………………………22

索　引

平均流速 …………………………57
併設加熱混合式 …………………236
平坦性 ……………………………130
平板載荷試験 ………………………5
壁面摩擦角 ………………………49
ペデストリアンデッキ …………294
ベンガラ …………………………302
変形抵抗 …………………………300
変形量規定 ………………………28
偏心誤差 …………………………100
ベンチカット工法 ………………25

【ほ】

ポアソン比 ………………………298
ホイールトラッキング試験 ………197,206
防水層 ……………………………286
法的拘束力を有さない書類 ……91
法的拘束力を有する設計図書 …91
飽和度 ……………………………180,186
飽和度規定 ………………………28
ポーラスコンクリート舗装 ……293
保温対策 …………………………236
補強土擁壁 ………………………44
ほぐし土量 ………………………18
ほぐし率 …………………………17
歩行者・自転車用防護柵 ………67
歩車道境界用 ……………………67
補助標識 …………………………63
保水性のモルタル ………………278
保水性舗装 ………………………268
舗装計画交通量 …………………131
舗装系防水 ………………………287
舗装石油アスファルト …………153
舗装の１区間 ……………………133
舗装の構造に関する技術基準 …128
舗装の性能指標 …………………131
舗装の設計期間 …………………131
舗装表面温度 ……………………245
舗装冷却機械 ……………………245
補足材 ……………………………200
ボックスカルバート ……………62

ボックスビーム …………………71
ホットジョイント ………………244
ホットスレージサイロ …………236
ホッパ ……………………………237
歩道自転車道舗装 ………………268
ゴムスポンジ ……………………288
ポリマ ……………………………153
ホワイトベース …………………278,299
本標識 ……………………………63

【ま】

マーシャル安定度試験 …………180,206
マーシャル安定度試験の供試体 …230
前払金 ……………………………97
マカダムローラ …………………253
マスカーブ ………………………21
マスチックシール ………………299
マニング式 ………………………57
マルチング ………………………83
マンホール ………………………60

【み】

ミキサ ……………………………234
密度 ………………………………155,180
密度差 ……………………………183
密度補正 …………………………301
密閉型 ……………………………30
密粒度アスファルト混合物 ……164
密粒度ギャップアスファルト混合物 ……164

【む】

無機顔料 …………………………302
無機系材料 ………………………163
無反射 ……………………………65

【め】

明色骨材 …………………………161
明色性 ……………………………278
明色舗装 …………………………268,301
目地注入材 ………………………288
目地はみ出し ……………………288

目地板材 ･････････････････････････288
目盛不均一誤差 ･･････････････････100

【も】

毛細管現象 ･････････････････････303
モース硬度 ･････････････････････161
モータグレーダ ･･････････････････232
木材系 ････････････････････････288
木レンガ舗装 ････････････････････293
もたれ式擁壁 ････････････････････44
盛土の安定 ･････････････････････27
盛土の締固め規定 ････････････････28
盛土のり面の勾配 ････････････････27
盛土工法 ･･････････････････････212
モルタル吹付工 ･･････････････････35
門型カルバート ･･････････････････62

【や】

夜間の視認性 ････････････････････270
山砂利 ････････････････････････167

【ゆ】

有機顔料 ･･････････････････････302
有機系材料 ････････････････････163
有効応力法 ････････････････････28
誘導目地 ･････････････････････299

【よ】

溶剤型のゴムアスファルト系粘着材 ･･････287
養生期間 ･････････････････････239
用地幅杭設置測量 ･･････････････114
擁壁に作用する加重 ････････････46
溶融アルミナ ････････････････････151
横収縮目地 ････････････････････294
横施工継目 ････････････････････224
予備破砕 ･････････････････････232

【ら】

ライフサイクル ･･････････････････124
ライフサイクルコスト ･････････････124
落石防止工 ････････････････････36

ラショナル式 ････････････････････56
ラベリング試験 ･･････････････････206
ランマ ････････････････････････252

【り】

履帯式 ････････････････････････15
リッパドーザ ････････････････････12
リフレクションクラック ･･･････････224,299
リペーバ ･････････････････････250
リペーブ方式 ･･････････････････248
リミキサ ･････････････････････250
リミックス方式 ･････････････････248
硫酸ナトリウム安定性試験 ･････････204
硫酸ナトリウムによる安定性試験 ･････159
粒状の生石灰 ･････････････････214
粒状路盤工法 ･････････････････216
粒状路盤材料 ･････････････････167
粒度調整工法 ･････････････････222
粒度調整砕石 ･････････････････167
粒度調整鉄鋼スラグ ････････････167
リュエル流動性 ･･･････････････292
利用者便益費用 ･･････････････125
緑化基礎工 ･････････････････34
理論最大密度 ･･･････････････186
理論的設計法 ･･･････････････298
輪荷重 ････････････････････128

【れ】

レーンマーク ･････････････････244
瀝青安定処理工法 ･･･････････222
瀝青系 ･･･････････････････288
瀝青材料 ･････････････････150
瀝青繊維質系 ･････････････288
瀝青路面処理 ･･････････268,295
レジリエントモデュラス試験 ･････298
レベリング層 ･･････････････287
レンガブロック舗装 ･････････293
連続空隙率 ･･････････････276
連続照明 ････････････････75
連続パグミキサ ･･･････････235
連続プラント ･････････････235

【ろ】

- ロータリーフィーダー ……………………162
- ロードローラ ………………………………13
- ローラの線圧 ………………………………243
- ローラマークの消去 ………………………242
- ローリ ………………………………………232
- ロールドアスファルト舗装 …………268,281
- ロサンゼルス試験 …………………………273
- 路床 …………………………………………126
- 路上混合再生工法 …………………………222
- 路上混合方式 ………………………………214
- 路上再生路盤工法 …………………………228
- 路床の評価 …………………………………133
- 路上破砕混合機 ……………………………232
- 路上表層再生工法 …………………………247
- 路線測量 ……………………………………114
- 路側用 ………………………………………67
- 路体 …………………………………………126
- 六価クロム溶出量 …………………………214
- 路盤各層の最小厚さ ………………………141
- 路盤からの水分の蒸発 ……………………239
- 路盤用骨材 …………………………………160
- 路面温度の上昇を抑制 ……………………278
- 路面性能指標 ………………………………187
- 路面設計 ……………………………………132
- 路面切削機 …………………………………232

【わ】

- 割増率方式 …………………………………214

1級舗装施工管理技術者試験一般試験2
コンクリート舗装・補修・管理・検査・法規 編（別売）索引

【1】
1回抜取検査 …………………………181
1点管理図 ……………………………177

【2】
2回抜取検査 …………………………181
2軸パグミル型バッチミキサ …………49
2成分硬化型 ……………………………21

【3,4】
3mプロフィルメータ ………………210
4費目 …………………………………119

【A】
AE減水剤 ………………………………18

【B】
BS値 …………………………………210

【C】
CPM ……………………………………122

【F】
FWD ……………………………………69

【I】
ISO ……………………………………168
ISO14000シリーズ環境の保全 ………168
ISO9000シリーズ製造製品の管理 ……168

【M】
MCI ……………………………………71

【P】
PL法 …………………………………168
PSI ……………………………………71

【R】
RI計器 ………………………………197

【S】
S字型 …………………………………137

【あ】
アクティビティ ………………………134
アスファルト・コンクリートの塊 …103
アスファルト混合物の対策検討試験 …193
アスファルト中間層 …………………4,11
アスファルト抽出試験 ………………213
アスファルトプラントの定期点検 …190
アセンブリ ……………………………19
厚さ ……………………………………195
厚さの測定 ……………………………211
荒仕上げ ………………………………41
アルカリ骨材反応 ……………………17
安全衛生協議会 ………………………157
安全衛生責任者 ………………………157
安全管理者 ……………………………155
安全灯 …………………………………151
暗騒音 …………………………………102
安定型 …………………………………107

【い】
維持 ……………………………………64
維持管理指数 …………………………71
委託契約書 ……………………………109
一括下請の禁止 ………………………242
一般建設業の許可 ……………………240
一般廃棄物 ……………………………108
一般粉塵 ………………………………278
移動柵 …………………………………151
移動柵の設置および撤去方法 ………152
イベント ………………………………134
印字記録 ………………………………190
インターフェアリングフロート ……136

【う】
打換え工法 ……………………………66
打切補償 ………………………………229
打込み目地 ……………………………45
運搬業者 ………………………………107

運搬時間 …………………………………22

【え】
営業活動の範囲 …………………………240
衛生管理者 ………………………………155
エクストラコスト ………………………143
えぐり掘 …………………………………255
エロージョン ……………………………87
沿道障害の防止 …………………………102
縁部補強鉄筋 ……………………………19
遠方よりの工事箇所の確認 ……………153

【お】
オーバーレイ工法 ………………………66
温度応力 …………………………………13
温度ひび割れ ……………………………47

【か】
加圧型 ……………………………………40
カーペットコート工法 …………………77
解雇の予告 ………………………………224
解雇の予告の制限 ………………………225
海砂 ………………………………………17
開削調査 …………………………………68
改善勧告 …………………………………266
改善命令 …………………………………266
解体工事業者の登録 ……………………111
化学法 ……………………………………17
各作業用工程表 …………………………131
かし担保 …………………………………101
ガスケットタイプの目地材 ……………21
下層路盤 …………………………………11
下層路盤材料の基準試験 ………………191
下層路盤の品質管理 ……………………197
カタピラを有する車両の通行制限 ……253
カッタ溝 …………………………………43
カットバックアスファルト ……………75
割裂引張強度 ……………………………215
稼働率の向上 ……………………………130
加熱アスファルト混合物の基準試験 …193
仮設備計画 ………………………………100
川砂 ………………………………………17
環境影響評価 ……………………………267
環境基準 …………………………………267
環境保全関係法 …………………………266
看守するための最小限度の人員 ………260
干渉余裕 …………………………………136
間接費 ……………………………………122
ガントチャート工程表 …………………132

管理型 ……………………………………107
監理技術者 ………………………………244
管理基準 …………………………………189
管理計画 …………………………………100
管理図 ……………………………………177
管理データ ………………………………213
管理の相互関係 …………………………98

【き】
危険有害業務 ……………………………161
疑似矢線 …………………………………135
寄宿舎の規則の届出 ……………………232
寄宿舎の構造 ……………………………231
基準試験 …………………………………189
基準高さ …………………………………195
基層・表層の品質規格試験項目 ………193
亀甲状破損 ………………………………70
機能的対策工法 …………………………74
休業手当 …………………………………225
休業補償 …………………………………229
休憩時間 …………………………………227
急硬化性改質アスファルト乳剤 ………76
休日 ………………………………………227
休養室 ……………………………………231
強化型スクリード付きアスファルトフィニッシャ
　……………………………………………49
協議 ………………………………………128
凝結遅延剤 ……………………………22,53
強度率 ……………………………………162
供用性指数 ………………………………71
供用性能 …………………………………64
許可替え …………………………………241
許可証 ……………………………………252
局部打換え工法 ………………………66,79
記録の保存期間 …………………………224
金品の返還 ………………………………226
近隣対策 …………………………………150

【く】
空気量 ……………………………………26
空隙つぶれ等の抵抗性 …………………51
空隙づまり ………………………………88
空隙部のつぶれ …………………………70
クラス ……………………………………172
クラッシャラン …………………………10
クラッシュ時間 …………………………142
グラフ式工程表 …………………………133
クリティカルパス ………………………135
グルービング ……………………………84

クロスバー	19
クロスバー付チェア	38

【け】

計画	99
計画修正	118
経済速度	98
掲示板	151
計数管理図	178
軽微な建設工事	240
契約条件調査項目	101
計量管理図	177
原価の圧縮	118
検査職員	209
建設 CALS	169
建設資材廃棄物	110
建設指定副産物	103
建設発生土砂	103
建設リサイクル法	110
検討	99
現場敷地境界線上	266
現場条件調査項目	101
現場組織体制	150
現場透水量試験	209
現場透水量試験器	69
現場に掲げる標識	248
現場の安全衛生教育	161
現場配合表	33

【こ】

コア採取	68,213
高圧水	88
公安委員会の許可	261
公害	266
環境基本法	266
公共工事の入札および契約の適正化の促進に関する法律	242
後期養生	46
工事規模	189
工種別編成	119
合成応力	15
鋼繊維	18
構造的対策工法	74
高弾性タイプ	21
構築路床の品質管理	197
交通対策	153
交通流の背面	152
工程管理曲線	138
工程管理曲線工程表	138

工程管理の目的	127
工程計画の手順	128
工程能力図	175
工程の変更	128
購入強制の禁止	242
公民権行使の保証	225
高炉スラグ細骨材	17
ごく小規模な工事	190
国土交通大臣の許可	240
骨材飛散抵抗性	210
固定柵	151
ゴムスポンジ	20
コンクリートの塊	103
コンクリートの基準試験	194
コンクリートの養生	46
コンクリート版	4
コンクリート版打換え工法	85
コンクリート版局部打換え工法	85
コンクリート版の目地に使用する材料の基準試験	194
コンクリートフィニッシャ	40
コンクリート舗装の基準試験	194
コンクリート舗装の材料の基準試験	194
混合セメント	16
混和材	18
混和剤	18
混和材料	18

【さ】

災害・その他非常事態発生時の規制	272
細骨材	17
砕砂	17
採算速度	121
再資源化	110
最終利益予想	120
最少短縮費用	143
最小沈下度	31
再生クラッシャラン	104
再生資源有効利用促進計画	106
再生資源利用計画	106
再生粒度調整砕石	104
最大施工速度	127
最長経路	135
最適工程	98
最適細骨材率	35
差異分析	118
作業可能日数	129
作業効率の向上	130
作業指揮者	159

作業主任者	158	就業制限	160
作業主任者の職務	158	修繕	64
作業場	151	重点管理作業	141
作業場内の工事車両の駐車	153	自由な余裕	136
作業上の区分	151	縮減	110
作業場の出入口	153	樹脂系表面処理工法	77
作業場付近における交通誘導	154	樹脂発泡体系	20
作業場への車両の出入り	152	出産休暇の就業時間	235
作業標準	189	主任技術者	244
作業標準の設定	190	ショア硬度計	53
作業量管理	130	常温施工方式	21
座標式工程表	133	障害補償	229
三角屋根養生	46	小規模の工事	189
産業廃棄物	107	使用材料の性状	189
産業廃棄物管理表	109	乗車，積載の制限の許可	261
産業廃棄物処理業の許可	109	乗車人員，積載物の制限	260
産業廃棄物の処分の型式	107	上層路盤	11
残存等値換算厚	72	上層路盤材料の基準試験	192
		上層路盤の品質管理	197
【し】		承諾	128
シーリング工法	65	床版上面増厚工法	52
シール材注入工法	75	小粒径骨材露出舗装	52
時間外労働	227	初期養生	46
時間的な変化	176	植樹帯	256
視距	256	女性・妊産婦の危険有害業務の制限	236
試験成績書	190	女性の就労が禁止されている業務	235
試験施工	189	処置	99
試験頻度	195	ショットブラスト	52
指示	128	処分業者	107
事前調査	101	真空マット	46
下請負人の意見の聴取	243	真空養生	46
実行予算	118	浸透型養生剤	22
実施	99	振動規制基準値	276
実施原価	118	振動規制地域の指定	276
指定仮設備	101	振動規制法特定建設作業	25
指定建設業	244	振動規制法特定建設作業の届出	277
指定性能	209	浸透水量	210
自転車道	259	振動目地切り機械	54
自転車歩行車道	259		
示方配合表	33	**【す】**	
締固め	49	水浸マーシャル安定度試験	193
遮音壁	102	スクリュー型スプレッダ	38
斜線式工程表	133	スケジューリング	142
遮断型	107	すべり抵抗車	210
車道幅員と制限区間	154	すべり抵抗値	210
車両交通のための路面維持	154	スラリーシール工法	77
車両制限令	252	スリップフォーム工法	25
就業規則	230	スリップフォームペーバ	48
就業規則で定める項目	230	すり減り量	210

【せ】

正規分布 …………………………………179
成型目地 …………………………………45
正常施工速度 ……………………………127
製造物責任法 ……………………………168
性能確認検査体制 ………………………208
性能規定発注 ……………………………208
性能指標の値 ……………………………209
セイフティコーン ………………………151
施工技術計画 ……………………………100
施工計画の手順 …………………………100
施工体系図 ………………………………243
施工体制台帳 ……………………………243
設計基準曲げ強度 ………………………13
切削オーバーレイ工法 …………………66
切削工法 …………………………………75
セットフォーム工法 ……………………25
セメント安定処理 ………………………10
セメントグラウト ………………………53
繊維 ………………………………………18
センサーライン …………………………48
線状打換え工法 …………………………80
全数検査 …………………………………179
全体出来高用工程表 ……………………131
専任の監理技術者 ………………………246
専任の主任技術者 ………………………246
専任を必要とする工事 …………………246
占用期間 …………………………………255

【そ】

騒音・振動対策 …………………………102
騒音規制基準 ……………………………272
騒音規制地域の指定 ……………………273
騒音規制法 ………………………………266
騒音規制法特定建設作業 ………………270
騒音値 ……………………………………210
騒音特定建設作業 ………………………266
総括安全衛生管理者 ……………………155
早期交通開放 ……………………………53
早強ポルトランドセメント ……………16
総建設費用 ………………………………122
走行軌跡の沈下ひび割れ ………………70
促進載荷試験 ……………………………210
側帯 ………………………………………256
粗骨材 ……………………………………17
粗骨材の最大寸法 ………………………17
塑性変形輪数 ……………………………210
粗面仕上げ ………………………………41
粗面仕上げ機械 …………………………54

そり目地 …………………………………43
粗粒率 ……………………………………17
損益分岐点 ………………………………121

【た】

第一種事業 ………………………………269
第三者認証機関 …………………………168
対象建設工事 ……………………………110
対象事業 …………………………………269
ダイナミックフリクション・テスタ …210
第二種事業 ………………………………269
タイバー …………………………………19
タイングルバー …………………………54
ダウエルバー ……………………………13
高い構造物等および危険箇所の照明 …154
立会確認検査 ……………………………208
タックコート ……………………………4
縦自由縁部の横ひび割れ ………………15
縦取り型荷卸し機械 ……………………54
縦方向鉄筋 ………………………………48
縦膨張目地 ………………………………42
縦目地 ……………………………………42
ダミー ……………………………………135
ダミー目地 ………………………………21,43
単位水量 …………………………………26
単位セメント量 …………………………26
単位粗骨材容積 …………………………26
段階検査 …………………………………208
段差すりつけ工法 ………………………76

【ち】

地域の類型 ………………………………268
チェア ……………………………………19
チェックシート …………………………190
地下埋設物調査 …………………………101
チッピング ………………………………85
チップシール工法 ………………………76
着色材 ……………………………………18
中規模以上の工事 ………………………189
抽出試験 …………………………………68
注入工法 …………………………………87
注入目地材 ………………………………50
調達計画 …………………………………100
頂部と路面との距離 ……………………255
直接費 ……………………………………122
沈下度 ……………………………………27
沈下ひび割れ ……………………………47
賃金支払いの5原則 ……………………225

【つ】

通過質量百分率 ……………………213
突き合せ目地 ………………………43
つぼ堀 ………………………………255

【て】

提出 …………………………………128
低騒音舗装 …………………………210
低弾性タイプ ………………………21
出入口 ………………………………231
定量調査 ……………………………67
データベース化 ……………………73
出来形・品質確認検査体制 ………208
出来形・品質検査 …………………211
出来形管理 …………………………195
出来形検査項目 ……………………211
出来形の合格判定値 ………………212
出来高累計曲線工程表 ……………137
鉄網 …………………………………13
デミングサークル …………………99
デュアレーション …………………129
転圧コンクリート版 ………………13
転圧コンクリート配合設計 ………35
転圧コンクリート舗装 ……………5
天井高 ………………………………231

【と】

等価騒音レベル ……………………268
統括安全衛生責任者 ………………157
道路管理者 …………………………252
道路管理者の行う維持・修繕 ……261
道路工事 ……………………………261
道路構造令 …………………………252
道路使用許可 ………………………252
道路占用許可 ………………………252
道路の使用許可 ……………………261
道路標識 ……………………………151
道路付属物 …………………………254
特殊車両の通行許可 ………………252
特性要因図 …………………………182
特定建設業の許可 …………………240
特定建設作業の作業時間規制 ……272
特定建設作業の届出 ………………274
特定建設資材 ………………………110
特定粉塵 ……………………………278
特定粉塵発生施設 …………………278
特別管理産業廃棄物 ………………107
特別の教育 …………………………161
度数分布表 …………………………172

度数率 ………………………………162
突貫工事 ……………………………98
特急時間 ……………………………142
都道府県知事の許可 ………………240
都道府県知事の指定する地域 ……273

【に】

荷卸し ………………………………49
日常的な維持 ………………………65
日程短縮 ……………………………143
任意仮設備 …………………………101

【ぬ】

抜取検査 ……………………………179
抜取検査をする条件 ………………180
布堀 …………………………………255

【ね】

ネットワーク式工程表 ……………134
年次有給休暇 ………………………228
年少者の危険有害業務の就業の制限 ……234
年少者の戸籍証明書 ………………233
年少者の重量物の取扱業務の制限 ……233
年千人率 ……………………………162

【の】

ノーマル時間 ………………………142
乗り心地 ……………………………71
ノンアスベスト製のスレート板 …21

【は】

バーアセンブリ ……………………45
バーステッチ工法 …………………47
バーステッチ工法 …………………86
バーチャート工程表 ………………132
パートコスト ………………………141
パートタイム ………………………141
パートマンパワー …………………141
ばい煙発生施設 ……………………278
配合強度 ……………………………24
薄層オーバーレイ工法 ……………65
薄層コンクリート舗装 ……………52
破損原因調査 ………………………67
バックアップ材 ……………………21
パッチング工法 ……………………65
バナナ曲線 …………………………138
幅 ……………………………………195

【ひ】

非常時払い ……………………………… 226
ヒストグラム …………………………… 172
ヒストグラムの読み方 ………………… 174
必須性能 ………………………………… 209
必要に応じて行う基準試験項目 ……… 191
避難階段 ………………………………… 231
非破壊調査 ………………………………… 68
ひび割れ度 ………………………………… 68
ひび割れ率 ………………………………… 67
被膜型養生剤 ……………………………… 46
費目別編成 ……………………………… 119
標準時間 ………………………………… 142
標準養生 ………………………………… 213
表層 ……………………………………… 195
表層・基層打換え工法 …………………… 66
表面仕上げ ………………………………… 41
表面処理工法 ……………………………… 65
疲労度 ……………………………………… 13
疲労破壊輪数 …………………………… 210
品質管理記録の提出 …………………… 197
品質管理の手順 ………………………… 170
品質規格試験項目 ……………………… 191
品質検査 ………………………………… 213
品質検査項目 …………………………… 213
品質特性試験 …………………………… 171
品質特性の選定 ………………………… 170
品質の合格判定 ………………………… 215

【ふ】

ファーストスクリード …………………… 40
封かん層 …………………………………… 76
フォーリング・ウエイト・デフレクトメータ 69
フォグシール工法 ………………………… 76
フォローアップ ………………………… 127
不合格ロットの対応 …………………… 215
普通コンクリート版 ……………………… 13
普通コンクリート舗装 …………………… 5
普通ポルトランドセメント ……………… 16
プライマー ………………………………… 21
プライムコート …………………………… 4
プラスチックひび割れ …………………… 47
ブラッシング ……………………………… 53
フラットバー ……………………………… 47
プランニング …………………………… 142
フリーフロート ………………………… 136
振子式スキッド・レジスタンステスタ … 210
プルーフローリング …………………… 197
プレーサスプレッダ ……………………… 54
プレキャストコンクリート版舗装 ……… 53
フロート ………………………………… 136
ブローンアップ …………………………… 42

【へ】

平均管理図 ……………………………… 178
平坦仕上げ ………………………………… 41
平坦仕上げ機械 …………………………… 54
平坦性 ……………………………67,195,210
平板直径 …………………………………… 7
ベンケルマンビーム ……………………… 69
変動係数 …………………………………… 22

【ほ】

保安灯 …………………………………… 153
ホイールトラッキング試験 …………… 193
棒グラフ ………………………………… 172
膨張材 ……………………………………… 18
ポーラスコンクリート舗装 ……………… 51
補強用繊維 ………………………………… 51
歩行者用通路の幅 ……………………… 154
補修工法 …………………………………… 74
補修断面の設計の必要な構造的対策工法 … 81
舗装 ……………………………………… 259
舗装構造の寿命 …………………………… 64
舗装の構造評価 …………………………… 72
ボックス型スプレッダ …………………… 38
歩道 ……………………………………… 259
ポンピング ………………………………… 87

【ま】

マイクロサーフェシング ………………… 76
膜養生剤 …………………………………… 22
曲げ強度 ………………………………… 215
マニフェスト …………………………… 109
摩耗わだち掘れ …………………………… 70
まわり道 ………………………………… 154

【み】

水セメント比 ……………………………… 27
密度試験 ………………………………… 213

【め】

目地間隔 …………………………………… 51
目地板 ……………………………………… 45
目地板 ……………………………………… 50
メッシュインストーラ …………………… 40
メッシュカート …………………………… 40

【も】

木材	103
木材系	20
元方安全衛生管理者	157
モルタルバー法	17

【や】

矢線	134
山砂	17
山積・山崩	141

【ゆ】

有害業務の時間外労働	228
有害大気汚染物質	278
有害大気汚染物質発生施設	278
有害物含有量制限	17

【よ】

養生剤	22
予告板	153
横収縮目地	13,45
横線式工程表	131
横取り型荷卸し機械	54
横方向鉄筋	48
横膨張目地	45
横目地	44
予防的維持	65
予防的維持工法	65
余盛	38
余裕日数	136

【ら】

ライフサイクルコスト	64
ラベリング	86
ラベリング試験	193
ランダムサンプリング	179

【り】

リペーブ方式	81
リミックス方式	81
硫酸ナトリウムによる骨材の安定性試験	17
流動わだち掘れ	70
粒度調整砕石	10
輪荷重応力	13,15

【れ】

瀝青質系	20
瀝青繊維質系	20

レジリエントモジュラス	70
レディーミクストコンクリート	22
レベリング工法	75
連続鉄筋コンクリート版	13
連続鉄筋コンクリート舗装	5

【ろ】

廊下	231
労働時間	227
労働者の就業にあたっての措置	161
労働条件の書面による明示	224
ロサンゼルス試験	210
路床	4
路上再生路盤工法	66
路床材料の基準試験	191
路床の現状評価	73
路床の支持力	7
路上表層再生工法	66
路体	4
ロックボルト	85
ロット	179
路盤	4
路盤厚さ	6
路盤材料	6
路面性状測定車	69
路面騒音測定車	210
路面損傷の程度	71
路面の寿命	64
路面の摩擦係数	210

【わ】

ワーカビリティ	17
わだち部オーバーレイ工法	75
わだち掘れ	67
割増賃金	228
割増賃金の基礎となる賃金	228

難関突破
1級舗装施工管理技術者試験一般試験1
土木工学・アスファルト 編

定価はカバーに表示してあります.

2005年2月1日　1版1刷発行

ISBN4－7655－1675－X　C3051

著　　者	建設技術教育研究会	
発行者	長　　祥　　隆	
発行所	技報堂出版株式会社	

〒102－0075　東京都千代田区三番町8－7
　　　　　　　（第25興和ビル）

日本書籍出版協会会員
自然科学書協会会員
工学書協会会員
土木・建築書協会会員

電　話　営　業　（03）(5215)3165
　　　　編　集　（03）(5215)3161
FAX　　　　　　　（03）(5215)3233
振替口座　00140－4－10
http://www.gihodoshuppan.co.jp

Printed in Japan

©Kensetsugijyutsukyouikukenkyuukai, 2005

装幀　芳賀正晴　印刷・製本　技報堂

落丁・乱丁はお取り替え致します．
本書の無断複写は，著作権法上での例外を除き，禁じられています．

●小社刊行図書のご案内●

●舗装施工試験対策用参考書

1級舗装施工管理技術者試験 演習問題と解説（第2版）　建設技術教育研究会編　A5・234頁

2級舗装施工管理技術者試験 演習問題と解説（第2版）　建設技術教育研究会編　A5・240頁

難関突破 1級舗装施工管理技術者試験 応用試験編　建設技術教育研究会編　A5・230頁

人のための道と広場の舗装 －設計・施工要覧　金井格ほか著　B5・190頁

修景石材と舗装　小林恒己ほか著　B5・184頁

景観舗装の知識　鈴木敏著　A5・156頁

コンクリート工学演習（第四版）　村田二郎監修　A5・236頁

コンクリート技士 試験問題と解説　長瀧重義・友澤史紀監修　A5・年度版（毎年7月刊行）

コンクリート主任技士 試験問題と解説　長瀧重義・友澤史紀監修　A5・年度版（毎年7月刊行）

●図解土木講座（2色刷, イラスト多数）

アスファルト混合物の知識（第三版）　小谷昇ほか著　B5・110頁

コンクリートの知識（第五版）　小谷昇ほか著　B5・126頁

●はなしシリーズ

コンクリートのはなしⅠ・Ⅱ　藤原忠司ほか編著　B6・各230頁

道のはなしⅠ・Ⅱ　武部健一著　B6・各260頁

街路のはなし　鈴木敏ほか著　B6・190頁

技報堂出版　TEL 編集 03(5215)3161　営業 03(5215)3165　FAX 03(5215)3233